U0255897

高职高专机电类专业系列教材

零件加工工艺与夹具设计

主　编　欧艳华　谷礼双
副主编　陈　新　林　泉
参　编　李　成　贾　文　黄锡光　杨　南
主　审　宾玉宝

机械工业出版社

本书是根据国家示范性高职院校教学改革要求，结合机械制造业对应用型技能人才的培养需求编写而成的。本书按照生产技术岗位应具备的知识能力和工作能力设计教学项目，以编制零件的加工工艺规程为主线，融合了金属切削原理与刀具、金属切削机床、机械制造工艺学及机床夹具设计等内容，并以典型零件为切入点分成若干不同的任务。本书共由四个教学项目组成：认知金属切削加工、编制零件加工工艺、机床专用夹具设计基础、典型零件的加工工艺与专用夹具。

本书按 100~120 学时编写，适合于高职高专院校机电一体化、模具设计与制造、数控技术等专业教学使用，也可供相关专业师生及工程技术人员参考。

本书配有电子课件，凡使用本书作为教材的教师可登录机械工业出版社教育服务网 www.cmpedu.com 注册后下载。咨询邮箱：cmpgaozhi@ sina.com。咨询电话：010-88379375。

图书在版编目（CIP）数据

零件加工工艺与夹具设计/欧艳华，谷礼双主编 . —北京：机械工业出版社，2014.8（2022.8 重印）
高职高专机电类专业系列教材
ISBN 978-7-111-47252-0

Ⅰ.①零… Ⅱ.①欧…②谷… Ⅲ.①零部件-加工-高等职业教育-教材②夹具-设计-高等职业教育-教材 Ⅳ.①TH13②TG702

中国版本图书馆 CIP 数据核字（2014）第 155221 号

机械工业出版社（北京市百万庄大街 22 号 邮政编码 100037）
策划编辑：刘良超 责任编辑：刘良超
版式设计：霍永明 责任校对：张莉娟
封面设计：鞠 杨 责任印制：常天培
北京虎彩文化传播有限公司印刷
2022 年 8 月第 1 版·第 4 次印刷
184mm×260mm·15.25 印张·370 千字
标准书号：ISBN 978-7-111-47252-0
定价：45.00 元

电话服务　　　　　　　　　网络服务
客服电话：010-88361066　　机　工　官　网：www.cmpbook.com
　　　　　010-88379833　　机　工　官　博：weibo.com/cmp1952
　　　　　010-68326294　　金　书　网：www.golden-book.com
封底无防伪标均为盗版　　机工教育服务网：www.cmpedu.com

前　言

本书是根据国家示范性高职院校教学改革要求，结合机械制造业对应用型技能人才的培养需求编写而成的。本书以应用为目的，以必需、够用为度，按照生产技术岗位应具备的知识能力和工作能力精心安排教学内容，重点培养学生运用理论知识解决生产现场技术问题的能力。

本书共由四个教学项目组成，以编制零件的加工工艺规程为主线，融合了金属切削原理与刀具、金属切削机床、机械制造工艺学及机床夹具设计等内容，并以典型零件为切入点分成若干不同的任务，围绕企业一线生产技术工艺人员应具备的能力展开，应用大量的工程实例，介绍从认识机床的工艺范围、刀具的应用及拟定加工工艺路线到确定各工艺参数、编制工艺文件以及夹具设计的完整过程。全书的教学内容力求形成一个清晰的机械加工主线，既要符合知识认知的理论性、系统性，又为学生今后的工作发展奠定良好的知识基础。本书所涉及的标准为最新国家标准，本书的编写力求做到内容充实、文字规范，有所创新。

本书由柳州职业技术学院欧艳华、谷礼双担任主编，陈新、林泉担任副主编，参加本书编写工作的还有柳州职业技术学院李成、贾文、黄锡光、杨南。其中，项目一由陈新、杨南合作编写；项目二由谷礼双、贾文合作编写；项目三及附录部分由欧艳华、林泉合作编写；项目四由李成、黄锡光合作编写。宾玉宝高级工程师审阅了本书并提出了宝贵意见，在此表示感谢。

由于编者水平有限，疏漏之处在所难免，恳请广大读者批评指正。

编　者

目　　录

课 程 导 入

一、制造业、制造系统与制造技术

制造是人类最主要的生产活动之一。它是指人类根据目的，运用主观掌握的知识和技能，应用可利用的设备和工具，采用有效的方法，将原材料转化为有使用价值的物质产品并投放市场的全过程。

制造业是指对原材料进行加工或再加工，以及对零部件进行装配的工业的总称。它是国民经济的支柱产业之一。据统计，工业化国家中以各种形式从事制造活动的人员约占全国从业人数的四分之一，其余人口中又有约半数人所做工作与制造业有关。图0-1显示了当今制造业的社会功能。

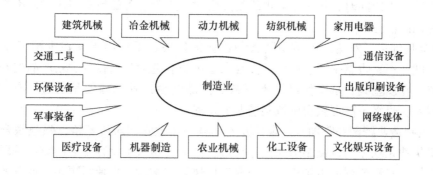

图 0-1　当今制造业的社会功能

制造系统是制造业的基本组成实体。制造系统是由制造过程及其所涉及的硬件、软件和制造信息等组成的一个具有特定功能的有机整体，其中的硬件包括人员、生产设备、材料、能源和各种辅助装置，软件包括制造理论和制造技术，而制造技术又包括制造工艺和制造方法等。

广义而言，制造技术是人们根据目的，运用主观掌握的知识和技能，利用客观物质和采用有效的方法，使原材料转化为物质产品所施行的手段的总和，是生产力的主要体现。制造技术是制造业的支柱，而制造业又是工业的基石，因此，可以说制造技术是一个国家经济持续增长的根本动力。

二、机械制造业在国民经济中的地位和作用

机械制造业的主要任务是完成机械产品的决策、设计、制造、装配、销售、售后服务及后续处理等，其中包括对半成品零件的加工技术、加工工艺的研究及其工艺装备的设计制造。机械制造业担负着为国民经济建设提供生产装备，为国民经济各行业提供各种生产手段的重任，其带动性强，波及面广，产业技术水平的高低直接决定着国民经济其他产业竞争力

的强弱以及今后运行质量和效益的好坏；机械制造业也是国防安全的重要基础之一，为国防提供武器装备，世界军事强国无一不是装备制造业的强国。

国民经济中任何行业的发展，必须依靠机械制造业的支持并提供装备；在国民经济生产力构成中，制造技术的作用占 60%以上。当今制造科学、信息科学、材料科学、生物科学四大支柱学科相互依存，但后三种学科必须依靠制造科学才能形成产业和创造社会物质财富，而制造科学的发展也必须依靠信息科学、材料科学和生物科学的发展。机械制造业是高新技术实现工业价值的最佳集合点。例如：快速成形机、虚拟轴机床、智能结构与系统等，已经远远超出了纯机械的范畴，而是集机械、电子、计算机、材料等众多技术于一体的现代机械设备，体现了人文科学和个性化发展的内涵。

三、世界制造业发展的趋势

21 世纪，世界机械工业进入前所未有的高速发展阶段，对比其他行业，机械工业的发展呈现出以下特点：

1）经济规模化。全球化的规模生产已经成为各大跨国公司发展的主流。在不断联合重组、扩张竞争实力的同时，各大企业也纷纷加强对其主干业务的投资与研发，不断提高自身适应市场变化的能力。

2）地位基础化。发达国家重视装备制造业的发展，不仅由于其在本国工业中所占比重、积累、就业率、贡献率均居前列，而且在于装备制造业为新技术、新产品的开发和生产提供了重要的物质基础，是现代经济不可缺少的战略性产业，即使是迈进"信息化社会"的工业化国家，也无不高度重视机械制造业的发展。

3）机械制造业跨国并购加剧。现代并购不再一味地强调对抗竞争，强强联合成立企业以获得竞争优势正在成为机械制造业全球化过程中大公司谋求生存发展的重要手段。而且趋于饱和的市场，日渐激烈的市场竞争，投资建厂风险的增大，也使得更多企业开始采用联合并购的手段。

4）机械制造业全球化的方式发生了新变化。传统的全球化方式的特点是：自己拥有制造设施与技术，产品完全由自己制造；在资源的利用上，仅限于利用别国的原材料、人员或资金等。随着信息技术革命的发展，管理思想与方法发生了根本性变化，企业组织形式也随之改变，这种变化的主要特征是：广泛利用别国的生产设施与技术力量，在自己可以不拥有生产设施与制造技术所有权的情况下，制造出最终产品，并进行全球销售。原材料调配、零部件采购全球化已成为世界机械制造工业的发展趋势。

机械制造业在未来的发展中，有 4 种重要趋势将对其产生重大影响。

1）机械制造业技术的融合。在机械制造业的许多领域，电子控制和软件技术变得与机械工程同等重要。

2）机械制造业服务性思维。在机械制造业的各个领域，生产厂家的利润增长点已不再是按固定规格生产产品，而是按用户的要求生产产品，以满足用户的个性化需求。

3）机械制造业全球产品开发。企业的产品开发开始面向开放的公共平台和社会资源。

4）机械制造业更新生产策略。

为了进一步适应市场经济，振兴我国机械制造业，把我国的机械产品源源不断地推向国际市场，并牢固地占有国际市场，有必要重新认识机械制造业，认清 21 世纪机械制造业发展的总趋势、机械制造工艺装备的特点，掌握高新技术的主要方向。

四、本课程的性质、任务及目的

"零件加工工艺与夹具设计"是机械类相关专业的一门专业基础课程。本课程主要讨论机械制造过程的本质与规律，研究机械制造技术和方法，论述如何合理而且可行地制造各种机械设备和工艺装备。

如前所述，自动化、最优化、柔性化、集成化、智能化、精密化是当代机械制造发展的必然趋势，机械制造技术正沿着现代化、完善化、复杂化的道路不断发展，但是，进行前沿性的科学研究和解决关键的工程技术问题，总是需要带有根本性的基础知识和技术，正所谓"万丈高楼平地起"，这正是本课程对机械类专业学生的重要性所在。

学习本课程后，要求达到以下要求：

1）建立机械制造系统的基本概念，认识机械制造业在国民经济中的作用，了解机械制造技术的研究内容和制造业发展趋势。

2）认识金属切削过程的基本原理和基本规律，并将其应用于产品制造过程之中，能按实际工艺要求选择合理的金属切削机床和刀具。

3）学习机械加工工艺的基本理论知识，掌握制订机械零件制造工艺规程的方法和知识，能结合生产实际选择合理的加工方法和工艺路线，在保证质量的前提下，结合生产实际编制提高生产率、降低成本的零件制造工艺规程，初步树立质量与成本、安全与环保、效率与效益等方面的工程意识。

4）学习机械制造中工艺装备的原理、结构特点及应用，学习典型零件的加工工艺和专用工装设计方法，能结合实际加工要求合理选择和设计机床夹具。

本课程具有综合性、实践性和工程性的特点，在学习中，要注意应用多种学科的理论和方法解决机械制造过程中出现的各种实际问题，理论联系实际，在生产实际中学习，并注重学习和采用先进制造技术。

项目一　认知金属切削加工

任务一　认知金属切削加工中的基本概念

【学习目标】

1）掌握金属切削加工的运动和切削要素。
2）掌握金属切削机床型号的编制方法。

【知识体系】

一、切削运动与切削用量

（一）切削运动

金属切削时，刀具与工件间的相对运动称为切削运动。图 1-1 所示为外圆车削加工的切削运动，包括工件的旋转运动和车刀的连续纵向进给运动。切削运动分为主运动和进给运动。

1. 主运动

主运动是切除多余金属层以形成工件要求的形状、尺寸精度及表面质量所需的基本运动。主运动只有一个，它的速度最高、消耗的功率最大。图 1-1 中工件的旋转运动为主运动。铣削（图 1-2a）、磨削（图 1-2b）时，刀具或砂轮的旋转运动为主运动，而刨削（图 1-2c）中，刀具的往复直线运动是主运动。

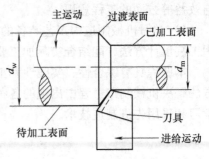

图 1-1　切削运动

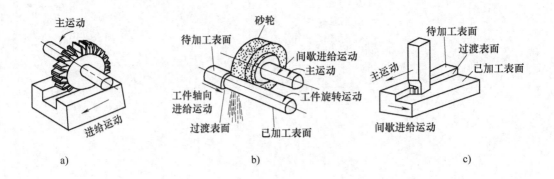

图 1-2　各种切削加工和加工表面
a）铣削　b）磨削　c）刨削

2. 进给运动

进给运动是使多余材料不断被投入切削，从而加工出完整表面所需的运动。进给运动可以有一个或几个，也可能没有。如图 1-2b 所示，磨削外圆时工件的旋转和工作台带动工件的轴向移动以及砂轮的间歇运动都属于进给运动。

（二）工件表面

在切削过程中，工件上存在 3 个不断变化着的表面，如图 1-1 所示。

（1）待加工表面　工件上即将被切除的表面。随着切削的进行，待加工表面将逐渐减小，直至完全消失。

（2）已加工表面　工件上多余金属被切除后形成的新表面。在切削过程中，已加工表面随着切削的进行逐渐扩大。

（3）过渡表面　在工件切削过程中，连接待加工表面与已加工表面的表面，或指切削刃正在切削的表面。

（三）切削用量

切削用量是切削时各运动参数的总称，包括切削速度、进给量和背吃刀量（切削深度）三要素，它们是调整机床运动的依据。

1. 切削速度v_c

切削速度是在单位时间内，工件或刀具沿主运动方向的相对位移，单位为 m/s。若主运动为旋转运动，则计算公式为

$$v_c = \frac{\pi dn}{1000 \times 60} \tag{1-1}$$

式中　d——完成主运动的工件（或刀具）的最大直径（mm）；

　　　n——主运动转速（r/min）。

若主运动为往复直线运动（如刨削），则常用其平均速度作为切削速度，即

$$v_c = \frac{2Ln_r}{1000 \times 60} \tag{1-2}$$

式中　L——往复直线运动的行程长度（mm）；

　　　n_r——主运动每分钟的往复次数（次/min）。

2. 进给量f

进给量是指在主运动每转一转或每一行程时（或单位时间内），刀具与工件之间沿进给运动方向的相对位移，单位是 mm/r（用于车削、镗削等）或 mm/行程（用于刨削）。进给运动还可以用进给速度 v_f 或每齿进给量 f_z 来表示。

进给速度 v_f（单位是 mm/min）是指在单位时间内，刀具相对于工件在进给方向上的位移量。

当刀具齿数 $z > 1$ 时（如铣刀、铰刀等多齿刀具），每个刀齿相对于工件在进给方向上的位移量，即每齿进给量，以 f_z 表示，单位为 mm/z。

上述三种表示法可写成如下形式：

$$v_f = fn = f_z zn \tag{1-3}$$

3. 背吃刀量a_p

背吃刀量是指待加工表面与已加工表面之间的垂直距离。

车削外圆时：

$$a_p = \frac{d_w - d_m}{2} \qquad (1\text{-}4)$$

式中 d_w、d_m——待加工表面、已加工表面的直径（mm）。

二、识读金属切削机床的型号

金属切削机床是用切削的方法将金属毛坯加工成零件的机器。在现代制造业中，零件（特别是精密零件）的最终形状、尺寸及表面粗糙度主要是借助金属切削机床加工来获得的，因此金属切削机床是加工零件的主要设备，它的先进程度直接影响到机器制造工业的产品质量和劳动生产率。

（一）机床的分类

1）按加工性质和所用刀具进行分类，目前将机床分为车床（C）、钻床（Z）、镗床（T）、磨床（M）、齿轮加工机床（Y）、螺纹加工机床（S）、铣床（X）、刨床\插床（B）、拉床（L）、锯床（G）和其他机床（Q）共11类。

2）按机床的适用范围进行分类，机床分为通用机床、专门化机床和专用机床。

①通用机床。通用机床工艺范围很宽，通用性较大，可以加工多种零件的不同工序，但结构比较复杂。这种机床主要适用于单件、小批量生产，如卧式车床、卧式镗床、万能升降台铣床等。

②专门化机床。专门化机床工艺范围较窄，只能加工某一类或几类零件的某一道或几道特定工序，如凸轮轴车床、曲轴车床、齿轮机床等。

③专用机床。专用机床工艺范围最窄，只能用于加工某一零件的某一道特定工序，适用于大批量生产，如加工机床主轴箱的专用镗床等。

3）按工件大小和机床质量进行分类，机床可分为仪表机床、中小型机床（一般机床）、大型机床（质量达10t及以上）、重型机床（质量达30t以上）和超重型机床（质量达100t以上）。

4）按加工精度进行分类，机床可分为普通精度机床、精密机床和高精度机床。

5）按自动化程度进行分类，机床可分为手动机床、半自动机床和自动机床。

（二）机床型号的编制方法

机床型号是机床产品的代号，用于简明地表达该机床的类型、主要规格及有关特性等。目前我国机床的型号是按国家标准 GB/T 15375—2008《金属切削机床型号编制方法》编制的，由汉语拼音字母和阿拉伯数字按一定规律排列组成。型号中的汉语拼音字母一律按其名称读音。

1. 通用机床的型号

机床型号由基本部分和辅助部分组成，中间用"/"隔开，读作"之"。基本部分按要求统一管理，辅助部分由企业决定是否纳入机床型号。机床型号的表示方法如图1-3所示。

（1）机床的分类代号及类代号　机床的类代号用大写的汉语拼音字母表示，必要时，每类可分为若干分类；分类代号在类代号前，作为型号的首位，并用阿拉伯数字表示。第一分类代号的"1"可以省略。机床的类别和代号见表1-1。

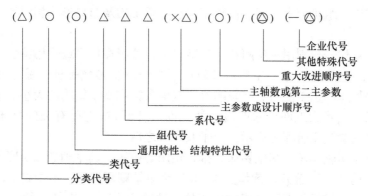

图 1-3　机床型号的表示方法

注："△"符号为阿拉伯数字；"○"符号为大写的汉语拼音字母；"（）"为
当无内容时则不表示，若有内容则不带括号；"⬡"符号为大写的汉语拼
音字母或阿拉伯数字，或两者兼有之。

表 1-1　机床的类别和代号

类别	车床	钻床	镗床	磨床			齿轮加工机床	螺纹加工机床	铣床	刨（插）床	拉床	锯床	其他机床
代号	C	Z	T	M	2M	3M	Y	S	X	B	L	G	Q
读音	车	钻	镗	磨	二磨	三磨	牙	丝	铣	刨	拉	割	其

（2）机床的特性代号　机床的特性代号表示机床具有的特殊性能，位于类代号之后。

1）通用特性代号。通用特性代号有统一的固定含义，它在各类机床的型号中表示的意义相同。当某类型机床除有普通型外，还有下列某种通用特性时，则在类代号之后加通用特性代号予以区分；如果某类型机床仅有某种通用性能而无普通型时，则通用特性不予表示。

当在一个型号中需要同时使用两至三个通用特性代号时，一般按重要程度顺序排列。机床的通用特性代号见表 1-2。

表 1-2　机床的通用特性代号

通用特性	高精度	精密	自动	半自动	数控	加工中心（自动换刀）	仿形	轻型	加重型	简式或经济型	柔性加工单元	数显	高速
代号	G	M	Z	B	K	H	F	Q	C	J	R	X	S
读音	高	密	自	半	控	换	仿	轻	重	简	柔	显	速

2）结构特性代号。对主参数值相同而结构、性能不同的机床，在型号中加结构特性代号予以区分。根据各类机床的具体情况，对某些结构特性代号可以赋予一定含义。结构特性代号与通用特性代号不同，它在型号中没有统一的含义，只在同类机床中起区分机床结构、性能的作用。当型号中有通用特性代号时，结构特性代号排在通用特性代号之后。结构特性代号用汉语拼音字母（通用特性代号已用的字母和"I""O"两个字母不能用）表示，当单个字母不够用时，可将两个字母组合使用。

（3）机床的组代号、系代号　将每类机床划分为 10 个组，每个组又划分为 10 个系（系列）。组、系划分的原则如下：在同一类机床中，主要布局或使用范围基本相同的机床，即为同一组。在同一组机床中，其主参数相同、主要结构及布局形式相同的机床，即为同一系。

机床的组、系代号分别用一位阿拉伯数字表示，位于类代号或通用特性代号之后。

（4）主参数、主轴数、第二主参数及设计顺序号　主参数是机床最主要的一个技术参数，它直接反映机床的加工能力，并影响机床其他参数和基本结构的大小。主参数通常以机床的最大加工尺寸（最大工件尺寸或最大加工面尺寸），或与此有关的机床部件尺寸来表示。机床型号中主参数用折算值表示，位于系代号之后。

主轴数。对于多轴车床、多轴钻床、排式钻床等机床，其主轴数以实际值列入型号，置于主参数之后，用"×"分开，读作"乘"。若为单轴则可省略，不予表示。

第二主参数。一般不予表示（多轴机床的主轴数除外），如有特殊情况需要在型号中表示，应按一定手续审批。在型号中的第二主参数也用折算值表示。

设计顺序号。某些通用机床，当无法用一个主参数表示时，则在型号中用设计顺序号表示。设计顺序号由1开始，当设计顺序号少于十位数时，则在设计顺序号前加"0"。

机床的组、系划分以及型号中主参数的表示涵义，可参见本书附录内容。

（5）机床的重大改进顺序号　当机床的结构、性能有更高的要求，并需按新产品重新设计、试制和鉴定时，在原型号基本部分的尾部加重大改进顺序号，按改进的先后顺序选用A、B、C等字母（"I""O"除外）。

（6）其他特性代号和企业代号　其他特性代号和企业代号是机床型号的辅助部分。其他特性代号主要用于反映各类机床的特性，例如对于数控机床，可用来反映不同的控制系统等；对于加工中心，可用来反映控制系统、自动交换主轴头、自动交换工作台等。企业代号包括机床生产厂及机床研究单位代号。企业代号可参见 GB/T 15375—2008《金属切削机床型号编制方法》。

【例1-1】　MG1432A 型高精度万能外圆磨床

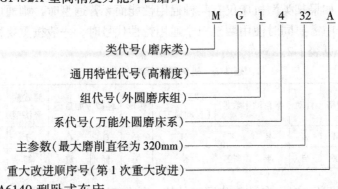

【例1-2】　CA6140 型卧式车床

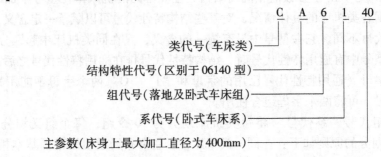

2. 专用机床的型号

专用机床的型号一般由设计单位代号和设计顺序号构成，设计顺序号按该单位的设计顺序排列。例如，B1-100 表示北京第一机床厂设计制造的第 100 种专用机床。

三、分析金属切削机床的运动

各种类型的机床在进行切削加工时，为了获得具有一定几何形状、一定加工精度和表面质量的工件，刀具和工件需作一系列的相对运动，其运动可分为表面成形运动和辅助运动两类。

1. 零件表面成形运动

表面成形运动是使工件获得所要求的表面形状和尺寸的运动。形成某种形状表面所需要的表面成形运动的数目和形式取决于采用的加工方法和刀具结构。例如，用尖头刨刀刨削成形面需要两个成形运动（图 1-4a），用成形刨刀刨削成形面只需要一个成形运动（图 1-4b）。

表面成形运动按其组成情况不同，可分为简单成形运动和复合成形运动；根据成形运动在切削加工过程中所起的作用不同，又可分为主运动和进给运动。

如果一个独立的成形运动是由单独的旋转运动或直线运动构成，则称此成形运动为简单成形运动。例如，用尖头车刀车削圆柱面时（图 1-5），工件的旋转运动 B 和刀具的直线移动 A 就是两个简单成形运动。在机床上，简单成形运动一般是主轴的旋转运动、刀架和工作台的直线移动。

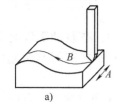 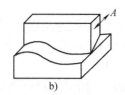　　　　

图 1-4　形成所需表面的成形运动　　　　图 1-5　简单成形运动

如果一个独立的表面成形运动是由两个或两个以上的旋转运动和（或）直线运动按照某种确定的运动关系组合而成，则称此成形运动为复合成形运动。例如，车削螺纹时（图 1-6a），形成螺旋线所需要的刀具和工件之间的相对螺旋轨迹运动就是复合成形运动。为简化机床结构和易于保证精度，通常将其分解成工件的等速旋转运动 B 和刀具的等速直线运动 A。B 和 A 彼此不能独立，它们之间必须保持严格的相对运动关系，即工件每转一转，刀具直线移动的距离应等于被加工螺纹的导程，从而 B 和 A 这两个运动组成一个复合运动。用尖头车刀车削回转体成形面时（图 1-6b），车刀的曲线轨迹运动通常由相互垂直坐标方向上的、有严格速比关系的两个直线运动 A_1 和 A_2 来实现，A_1 和 A_2 也组成一个复合运动。由复合成形运动分解的各个部分，虽然都是直线运动或旋转运动，与简单运动相似，但二者的本质不同。复合运动的各组成运动部分之间必须保持严格的相对运动关系，是互相依存且不独立的，而简单运动之间是独立的，没有严格的相对运动关系。

2. 辅助运动

机床在加工过程中除完成成形运动外，还需要完成其他一系列运动，这些与表面成形过程没有直接关系的运动，统称为辅助运动。辅助运动为表面成形创造条件，其种类很多，一

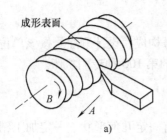
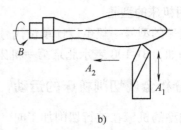

图 1-6　复合成形运动

a) 车削螺纹　b) 车削回转体成形面

般包括：

（1）切入运动　切入运动是使刀具切入工件表面一定深度的运动，其作用是在每一切削行程中从工件表面切去一定厚度的材料，如车削外圆时小刀架的横向进给运动。

（2）分度运动　加工若干个完全相同的均匀分布的表面时，使表面成形运动得以周期性地连续进行的运动称为分度运动。例如，多工位工作台、刀架等的周期性转位或移动，以便依次加工工件上的各有关表面，或依次使用不同刀具对工件进行顺序加工。

（3）操纵和控制运动　操纵和控制运动包括起动、停止、变速、换向、夹紧、松开、转位以及自动换刀、自动检测等。

（4）调位运动　调位运动是指加工开始前机床有关部件的移动，以调整刀具和工件之间的正确相对位置。

（5）各种空行程运动　空行程运动是指进给前后的快速运动。例如，在装卸工件时为避免碰伤操作者或划伤已加工表面，刀具与工件应相对退离。在进给开始之前刀具快速引进，使刀具与工件接近；进给结束后刀具应快速退回。

辅助运动虽然不参与表面成形过程，但对机床整个加工过程来说是不可缺少的，同时对机床的生产率和加工精度往往也有重大影响。

任务二　认知车削加工与车刀

【学习目标】

1）了解车床的工艺范围、结构及其种类。

2）掌握车刀几何角度的分析及选择。

【知识体系】

一、车削加工

（一）车床的工艺范围

车削主要用于加工各种回转表面，如内、外圆柱表面，内、外圆锥表面，成形回转面和回转体的端面等。通常，车削的主运动由工件随主轴旋转来实现，进给运动由刀架的纵、横向移动来完成。车床既可使用车刀对零件进行车削加工，又可用钻头、扩孔钻、铰刀进行孔加工，用丝锥、板牙加工内、外螺纹表面。由于大多数机器零件都具有回转表面，而车床的工艺范围又较广，因此，车削加工的应用极为广泛。图1-7所示为卧式车床的典型加工。

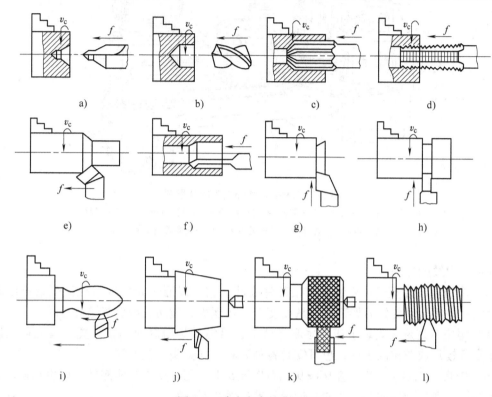

图1-7　卧式车床的典型加工

a) 钻中心孔　b) 钻孔　c) 铰孔　d) 攻螺纹　e) 车外圆　f) 镗孔　g) 车端面
h) 车槽　i) 车成形面　j) 车圆锥　k) 滚花　l) 车螺纹

车削的加工公差等级范围为IT13～IT6，表面粗糙度值为$Ra12.5～1.6\mu m$。

（二）车床种类

1. 卧式车床

卧式车床是车床中应用最为广泛的一种，其数量约占车床类机床总台数的60%。卧式车床功能性强，适用于机修和单件小批量生产。

CA6140型卧式车床主要用来加工轴类零件和直径不大的盘类零件。图1-8所示为CA6140型卧式车床的外形图，其主要组成部件及功能为：

（1）主轴箱　主轴箱1由箱体、主轴、传动轴、轴上传动件、变速操纵机构等组成，其功能是支承主轴部件，并使主轴与工件以所需速度和方向旋转。

（2）刀架与滑板　四方刀架用于装夹刀具。滑板俗称拖板，由上、中、下三层组成。床鞍（即下滑板或称大拖板）用于实现纵向进给运动。中滑板（即中拖板）用于车外圆（或孔）时控制吃刀量及车端面时实现横向进给运动。上滑板（即小拖板）用来纵向调节刀具位置和实现手动纵向进给运动。上滑板还可相对中滑板偏转一定角度，用于手动加工圆锥面。

（3）进给箱　进给箱10内装有进给运动的传动及操纵装置，用以改变机动进给的进给

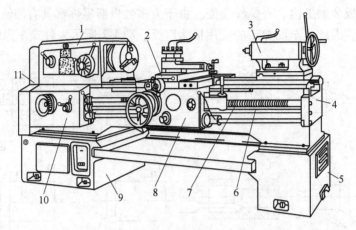

图 1-8　CA6140 型卧式车床外形图

1—主轴箱　2—刀架　3—尾座　4—床身　5—右床腿　6—光杠　7—丝杠
8—溜板箱　9—左床腿　10—进给箱　11—交换齿轮变速机构

量或被加工螺纹的导程。

（4）溜板箱　溜板箱 8 安装在刀架部件底部，它可以通过光杠或丝杠接受自进给箱传来的运动，并将运动传给刀架部件，从而使刀架实现纵、横向进给或车螺纹运动。

（5）尾座　尾座 3 安装于床身尾座导轨上，可沿其导轨纵向调整位置，其上可安装顶尖用来支承较长或较重的工件，也可安装各种刀具，如钻头、铰刀等。

（6）床身　床身 4 固定在左床腿 9 和右床腿 5 上，用以支承其他部件，如主轴箱、进给箱、溜板箱、滑板和尾座等，并使它们保持准确的相对位置。

CA6140 型卧式车床是普通精度级中型车床，适用于单件小批生产及维修车间，它的经济加工公差等级一般可达 IT8 左右，精车的表面粗糙度值可达 $Ra1.25 \sim 2.5\mu m$。其所能达到的加工精度为：精车外圆的圆柱度误差可达 0.01mm/100mm；精车外圆的圆度误差可达 0.01mm；精车端面的平面度误差可达 0.02mm/ϕ300mm。

CA6140 型卧式车床的技术参数如下：

床身上最大工件回转直径		400mm
刀架上最大工件回转直径		210mm
最大棒料直径		47mm
最大工件长度		750mm、1000mm、1500mm、2000mm 四种
最大加工长度		650mm、900mm、1400mm、1900mm 四种
主轴转速范围	正转	10 ~ 1400r/min，24 级
	反转	14.5 ~ 1600r/min，12 级
进给量范围	纵向	0.028 ~ 6.33mm/r，共 64 级
	横向	0.014 ~ 3.16mm/r，共 64 级
螺纹加工范围	米制螺纹	$P = 1 \sim 192$mm，44 种
	寸制螺纹	$a = 2 \sim 24$ 牙/in⊖，20 种

⊖　1in = 25.4mm。

| 模数制螺纹 | $m = 0.25 \sim 48$ 牙/in，39 种 |
| 径节制螺纹 | $D_p = 1 \sim 96$ 牙/in，37 种 |

2. 立式车床

一些径向尺寸大而轴向尺寸相对较小且形状比较复杂的大型零件，难以在卧式车床上装夹、找正，通常用立式车床（图1-9）进行加工。立式车床布局的主要特点是主轴垂直布置，安装工件的圆形工作台水平布置，使笨重的工件装夹和校正方便。由于工作台和工件的质量由床身导轨、推力轴承支承，极大地减轻了主轴轴承的负荷，所以可长期保持车床的加工精度。

立式车床通常用于单件小批生产，一般加工公差等级为IT8级，精密型立式车床加工公差等级可达IT7级，圆度误差可达 $0.01 \sim 0.03\mathrm{mm}$，圆柱度误差可达 $0.01\mathrm{mm}/100\mathrm{mm}$，平面度误差可达 $0.02 \sim 0.04\mathrm{mm}/\phi300\mathrm{mm}$。

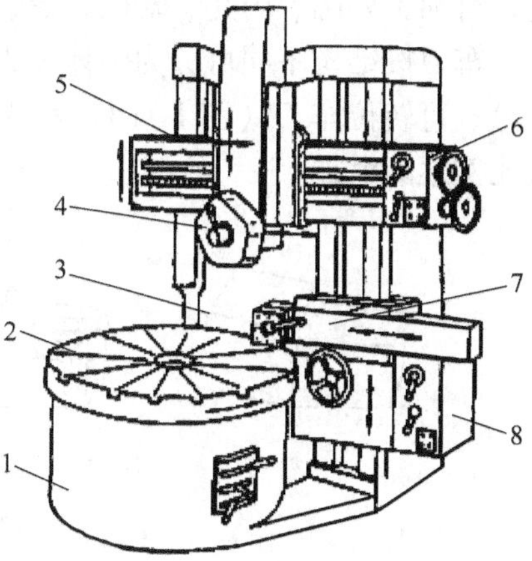

图 1-9　立式车床

1—底座　2—工作台　3—立柱　4—垂直刀架
5—横梁　6—垂直刀架进给箱　7—侧刀架
8—侧刀架进给箱

3. 转塔车床

卧式车床的方刀架上最多装四把刀具，尾座只能安装一把孔加工刀具，且无机动进给，因而，应用卧式车床加工形状复杂（特别是带有内孔和内、外螺纹）的工件时，需要频繁换刀、对刀、移动尾座以及试切、测量尺寸等，辅助时间长，生产效率低，劳动强度大，而使用转塔车床可避免上述问题。

转塔车床（图1-10）与卧式车床的主要区别是取消了尾座与丝杠，并在床身尾部装有一个可沿床身导轨纵向移动且可转动的多工位刀架。转塔车床能完成卧式车床的各种工序，但由于没有丝杠，所以只能用丝锥或板牙加工较短的内、外螺纹。

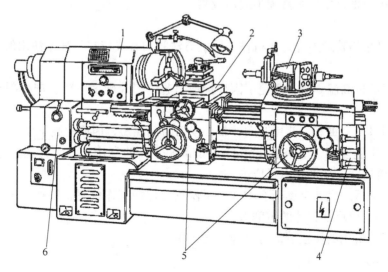

图 1-10　转塔车床

1—主轴箱　2—前刀架　3—转塔刀架　4—床身　5—溜板箱　6—进给箱

二、车刀

（一）车刀的结构类型

车刀是应用最广的一种单刃刀具，也是学习、分析各类刀具的基础。车刀用于各种车床上，可加工外圆、内孔、端面、螺纹、槽等。

车刀按结构不同可分为整体车刀（图1-11a）、焊接车刀（图1-11b）、机夹车刀（图1-11c）、可转位车刀（图1-11d）和成形车刀。其中可转位车刀的应用日益广泛，在车刀中所占比例逐渐增加。

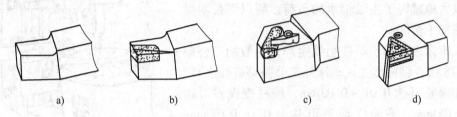

图1-11 车刀的结构类型

1. 整体车刀

整体车刀的刀体和切削部分为一个整体结构，用高速钢制造，俗称"白钢刀"。这种车刀刃磨方便，刀具刃磨得较锋利，可以根据需要刃磨成不同用途的车刀，尤其适于刃磨成各种成形车刀，如切槽刀、螺纹车刀等，刀具磨损后可多次重磨，但其刀杆也为高速钢材料，造成了刀具材料的浪费。该车刀一般用于较复杂成形表面的低速精车。

2. 焊接车刀

所谓焊接车刀，就是在碳钢刀杆上按刀具几何角度的要求开出刀槽，用钎料将硬质合金刀片焊接在刀槽内，并按所选择的几何参数刃磨后使用的车刀。焊接车刀的刀具材料利用充分，在一般的中小批量生产和修配中应用较多。

3. 机夹车刀

机夹车刀是采用普通刀片，用机械夹固的方法将刀片夹持在刀杆上使用的车刀。此类刀具有如下特点：

1）刀片不经过高温焊接，避免了因焊接而引起的刀片硬度下降、产生裂纹等缺陷，提高了刀具寿命。

2）由于刀具寿命提高，使用时间较长，换刀时间缩短，因而提高了生产效率。

3）刀杆可重复使用，既节省了钢材又提高了刀片的利用率，刀片由制造厂家回收再制，提高了经济效益，降低了刀具成本。

4）刀片重磨后，尺寸会逐渐变小，为了恢复刀片的工作位置，往往在车刀结构上设有刀片的调整机构，以增加刀片的重磨次数。

5）压紧刀片所用的压板端部可以起断屑作用。

4. 可转位车刀

可转位车刀是使用可转位刀片的机夹车刀。一条切削刃用钝后可迅速转位换成相邻的新切削刃即可继续工作，直到刀片上所有切削刃均已用钝，刀片才报废回收。更换新刀片后，车刀又可继续工作。

可转位车刀包括刀杆、刀片、刀垫、夹固元件等部分，利用刀片上的孔和一定的夹紧机构实现对刀片的夹固。

可转位车刀的刀片有三角形、偏三角形、凸三角形、正方形、五角形和圆形等多种形状，使用时可根据需要按国家标准或制造厂家提供的产品样本选用。

5. 成形车刀

成形车刀是加工回转体成形表面的专用刀具，其刃形是根据工件廓形设计的，可用在各类车床上加工内、外回转体的成形表面。用成形车刀加工零件时可一次形成零件表面，操作简便、生产率高，加工后能达到公差等级 IT10 ~ IT8，表面粗糙度值为 $Ra10 ~ 5\mu m$，并能保证较高的互换性。但成形车刀制造较复杂、成本较高，切削刃工作长度较宽，易引起振动。成形车刀主要用于加工批量较大的中、小尺寸具有成形表面的零件。

五种车刀的特点和用途见表1-3。

表1-3　五种车刀的特点和用途

名　称	特　点	用　途
整体车刀	刀体和切削部分为一个整体结构，用高速钢制造，俗称"白钢刀"，刃口可磨得较锋利	小型车床或加工有色金属
焊接车刀	将硬质合金或高速钢刀片焊接在刀杆的刀槽内，结构紧凑，使用灵活	中小批量生产和修配
机夹车刀	避免了焊接产生的应力、裂纹等缺陷，刀杆利用率高。刀片可集中刃磨获得所需参数，使用灵活方便	加工外圆、端面、镗孔、切断、螺纹等
可转位车刀	避免了焊接刀片的缺点，刀片可快速转位，刀片上所有切削刃都用钝后才需要更换刀片，车刀几何参数完全由刀片和刀槽保证，不受工人技术水平的影响	大中型车床加工外圆、端面、镗孔，特别适用于自动线和数控机床
成形车刀	用成形车刀加工零件时可一次形成零件表面，操作简便、生产率高，但成形车刀制造较复杂、成本较高，切削刃工作长度较宽，易引起振动	加工批量较大的中、小尺寸具有成形表面的零件

（二）车刀的使用类型

按用途的不同分类，车刀可分为45°弯头车刀、90°外圆车刀、75°外圆车刀、螺纹车刀、内孔镗刀、成形车刀、车槽及切断刀等，如图1-12所示。

1. 45°弯头车刀

图1-12中的车刀1为45°弯头车刀，它按其刀头的朝向可分为左弯头和右弯头两种，这是一种多用途车刀，既可以车外圆、车端面，也可以加工内、外倒角。但切削时背向力 F_P 较大，车削细长轴时，工件容易被顶弯而引起振动，所以常用来车削刚性较好的工件。

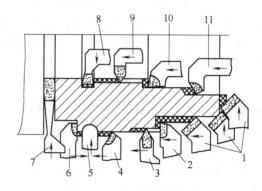

图1-12　车刀的使用类型

1—45°弯头车刀　2、6—90°外圆车刀　3—外螺纹车刀
4—75°外圆车刀　5—成形车刀　7—车槽及切断刀
8—内槽车刀　9—内螺纹车刀
10—不通孔镗刀　11—通孔镗刀

2. 90°外圆车刀

90°外圆车刀又称为90°偏刀，分左偏刀（图1-12中的车刀6）、右偏刀（图1-12中的车刀2）两种，主要车削外圆柱表面和阶梯轴的轴肩端面。由于主偏角（$\kappa_r = 90°$）大，切削时背向力F_p较小，不易引起工件弯曲和振动，所以多用于车削刚性较差的工件，如细长轴。

3. 75°外圆车刀

图1-12中的车刀4为75°外圆车刀，又称为直头外圆车刀。该刀刀头强度高，散热条件好，常用于粗车外圆和端面；通常有两种形式，即右偏直头车刀和左偏直头车刀。

4. 螺纹车刀

图1-12中的车刀3为外螺纹车刀，车刀9为内螺纹车刀。螺纹车刀属于成形车刀，其刀头形状与被加工的螺纹牙型相符合。一般来说，螺纹车刀的刀尖角应等于或略小于螺纹牙型角。

5. 内孔镗刀

内孔镗刀可分为通孔镗刀、不通孔镗刀和内槽车刀（图1-12中的件11、10和8）。图1-12中的件11为通孔镗刀，它的主偏角$\kappa_r = 45° \sim 75°$，副偏角$\kappa_r' = 20° \sim 45°$；图1-12中的件10为不通孔镗刀，其主偏角$\kappa_r \geqslant 90°$。

6. 成形车刀

图1-12中的车刀5为成形车刀，是用来加工回转成形面的车刀，机床只需作简单运动就可以加工出复杂的成形表面，其主切削刃与回转成形面的轮廓母线完全一致。

7. 车槽及切断刀

图1-12中的车刀7为车槽及切断刀，用来切削工件上的环形沟槽（如退刀槽、越程槽等）或用来切断工件。这种车刀的刀头窄而长，有一个主切削刃和两个副切削刃，副偏角$\kappa_r' = 1° \sim 2°$；切削钢件时，前角$\gamma_o = 10° \sim 20°$；切削铸铁件时，前角$\gamma_o = 3° \sim 10°$。

（三）车刀材料的选择

1. 对刀具材料的基本要求

刀具切削部分在切削过程中要承受很大的切削力和冲击力，并且在很高的温度下进行工作，经受连续和强烈的摩擦，因此，刀具切削部分材料必须具备以下基本要求：

1）高硬度。刀具切削部分材料的硬度必须高于工件材料硬度，其常温硬度一般要求在60HRC以上。

2）良好的耐磨性。耐磨性是指抵抗磨损的能力。耐磨性除与切削部分材料的硬度有关外，还取决于材料本身的化学成分和金相组织。

3）足够的强度和韧性。主要是指刀具承受切削力、冲击力和振动而不破碎的能力。

4）高的热硬性。热硬性是指材料在高温下仍能保证切削正常进行所需的硬度、耐磨性、强度和韧性的能力。热硬性越高，允许的切削速度越高。因此，它是衡量刀具材料性能的重要指标。

5）良好的工艺性和经济性。即要求材料本身的可切削性能、磨削性能、热处理性能、焊接性能要好。工艺性越好，越便于刀具的制造，且还要资源丰富，价格低廉。

除上述要求外，刀具切削部分材料还应有良好的导热性和较好的化学惰性。上述要求中有些是相互矛盾的，如硬度越高、耐磨性越好的材料的韧性和抗破损能力就越差。实际工作中，应根据具体的切削对象和条件选择合适的刀具材料。

2. 常用车刀材料

车刀材料常用的有四大类：工具钢（包括碳素工具钢、合金工具钢、高速钢）、硬质合金、陶瓷和超硬刀具材料（金刚石、立方氮化硼）。目前使用最为广泛的刀具材料是高速钢和硬质合金。

（1）高速钢　高速钢又称为锋钢或白钢，是含钨、钼、铬、钒等合金元素较多的工具钢。高速钢车刀的特点是制造简单、刃磨方便、刃口锋利、韧性好、耐冲击；但热硬性差（耐热点一般在 550 ~ 600℃），不宜用于高速切削。高速钢常用牌号有 W18Cr4V 和 W6Mo5Cr4V2 等，主要适合制造小型车刀、螺纹车刀和形状复杂的成形刀具。

（2）硬质合金　硬质合金是由硬度和熔点很高的金属碳化物（WC、TiC、TaC、NbC 等）粉末，用 Co、Mo、Ni 等作粘结剂，经高压成形，在真空炉或氢气还原炉中高温烧结而成的粉末冶金制品。硬质合金中高温碳化物含量超过高速钢，因此硬度很高（75 ~ 80HRC），耐磨性好，热硬性高达 800 ~ 1000℃，切削速度比高速钢高 4 ~ 10 倍，刀具寿命比高速钢提高几倍到几十倍，能切削淬火钢；但抗弯强度低，冲击韧度较差，承受冲击和振动能力较低。这一缺陷可通过刃磨合理的刀具几何角度来弥补。

1）YG 类硬质合金。YG 类硬质合金的牌号中：Y 表示硬质合金，G 表示粘结剂钴，数字表示含钴的质量分数。含钴量越高则含碳量越低，使硬度降低，冲击韧度提高，因此 YG8 适用于脆性材料的粗加工，YG3 适用于脆性材料的精加工。X 表示合金组织为细晶粒，在含钴量相同的条件下，YG3X、YG6X 的硬度和耐磨性比 YG3、YG6 高，但抗弯强度和冲击韧度稍差。

2）YT 类硬质合金。YT 类硬质合金中除 WC 和 Co 外，还含有质量分数为 5% ~ 30% 的 TiC。因 TiC 的硬度比 WC 高，故其硬度和耐磨性比 YG 类合金高。此外，Ti 有阻止合金元素向被加工的钢材料扩散的作用，因此热硬性比钨钴类合金高（可达 900 ~ 1100℃），抗粘附性较好，能承受较高的切削温度，适用于加工钢或其他韧性较大的塑性材料。但由于 YT 类硬质合金较脆，不耐冲击，因此不宜加工脆性材料。

YT 类硬质合金常用牌号有 YT5、YT15、YT30 等。T 表示碳化钛，数字表示 TiC 的质量分数。含 TiC 较多则含 Co 少（如 YT30），其耐磨性、耐热性更好，适用于韧性材料的精加工；含 TiC 较少则含 Co 多（如 YT5），其抗弯强度高，较能承受冲击，适用于韧性材料的粗加工。

3）YA 类硬质合金。YA 类硬质合金是由 YG 类合金添加适当的 TaC 或 NbC 派生出来的，TaC 或 NbC 能细化晶粒，提高常温、高温硬度与强度、耐磨性、冲击韧度和抗氧化能力。常用牌号为 YA6，A 表示含 TaC（NbC）的 YG 类合金。

4）YW 类硬质合金。YW 类硬质合金是由 YT 类合金添加适当的 TaC 或 NbC 派生出来的，比 YT 类合金显著提高了硬度、抗弯强度、疲劳强度、冲击韧度、高温硬度及抗氧化能力，是一种通用型硬质合金，既可以加工钢，又可加工铸铁及有色金属。目前，YW 类硬质合金车刀主要用于加工耐热钢、高锰钢、不锈钢以及可锻铸铁、球墨铸铁、合金铸铁等难加工材料。常用牌号为 YW1 和 YW2，W 表示通用合金。YW1 适用于半精加工和精加工，YW2 适用于粗加工。

常用硬质合金的牌号、力学性能和用途见表 1-4。

表1-4　常用硬质合金的牌号、力学性能和用途

种类	成分组成	代号	常用牌号	抗弯强度/GPa	硬度HRA	用途
钨钴类硬质合金	WC + Co	YG	YG3	1.08	91	适用于连续切削时，精车、半精车铸铁、有色金属及其合金与非金属材料(橡胶、纤维、塑料、玻璃)
			YG6	1.37	89.5	适用于连续切削时，粗车铸铁、有色金属及其合金与非金属材料，断续切削时的精车、半精车
			YG8	1.47	89	适用于断续切削时，粗车铸铁、有色金属及其合金与非金属材料
			YG3X	0.981	92	适用于精车、精镗铸铁、有色金属及其合金，也可以用于精车合金钢、淬硬钢
			YG6X	1.32	91	适用于加工冷硬合金铸铁和耐热合金钢，也适用于精加工普通铸铁
钨钛钴类硬质合金	WC + TiC + Co	YT	YT5	1.28	89.5	适用于断续切削时粗加工碳素钢和合金钢
			YT15	1.13	91	适用于连续切削时，粗加工、半精加工和精加工碳素钢、合金钢，也可用于断续切削时的精加工
			YT30	0.883	92.5	适用于精加工碳素钢、合金钢和淬硬钢
钨钽(铌)钴类硬质合金	WC + TaC(TbC) + Co	YA	YA6	1.32	92	适用于半精加工冷硬铸铁、有色金属及其合金，也可用于半精加工和精加工高锰钢、淬硬钢及合金钢
钨钛钽(铌)钴类硬质合金	WC + TiC + TaC(TbC) + Co	YW	YW1	1.23	92	适用于半精加工和精加工高温合金、高锰钢、不锈钢以及普通钢料和铸铁
			YW2	1.47	91	适用于粗加工和半精加工高温合金、高锰钢、不锈钢以及普通钢料和铸铁

（四）车刀几何角度的选择

1. 车刀的组成

车刀由切削部分和刀杆组成，如图1-13所示。刀具中起切削作用的部分称为切削部分，夹持部分称为刀杆。切削部分(又称为刀头)由前刀面、主后刀面、副后刀面、主切削刃、副切削刃和刀尖组成。其定义分别为：

1)前刀面是刀具上切屑流过的表面。

2)主后刀面简称为后刀面，是与工件上过渡表面接触并相互作用的刀面。

3)副后刀面是与工件已加工表面相对的刀面。

4)主切削刃是前刀面与主后刀面的交线，它

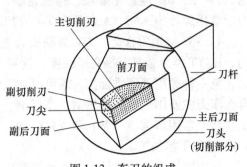

图1-13　车刀的组成

担负着主要的切削工作。

5)副切削刃是前刀面与副后刀面的交线，它协助主切削刃切除多余金属，形成已加工表面。

6)刀尖是主切削刃和副切削刃汇交的一小段切削刃，它可以是直线段或圆弧。

2. 刀具切削部分的几何参数

（1）刀具角度的参考系　参考系是用于定义和规定刀具角度的各基准坐标平面。用于定义刀具设计、制造、刃磨和测量时的几何参数的参考系称为刀具静止参考系，如图1-14所示，其主要基准坐标平面有：

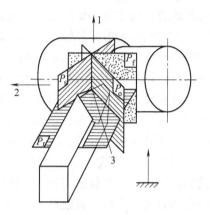

图 1-14　刀具的静止参考系
1—假定主运动方向　2—假定进给
运动方向　3—切削刃选定点

1)基面 P_r。通过主切削刃上选定点，垂直于主运动速度方向的平面。

2)切削平面 P_s。通过切削刃上选定点与切削刃相切，并垂直于基面 P_r 的平面。

3)正交平面 P_o。通过切削刃上选定点，同时垂直于基面 P_r 和切削平面 P_s 的平面。

（2）刀具的标注角度　刀具的标注角度是刀具设计图上需要标注的刀具角度，它用于刀具的制造、刃磨和测量。车刀的标注主要有五个，如图1-15所示。

1)前角 γ_o 指在正交平面内测量的前刀面与基面之间的夹角，有正、负和零值之分，正负规定如图1-15所示。

2)后角 α_o 指在正交平面内测量的后刀面与切削平面之间的夹角，一般为正值。

3)主偏角 κ_r 指在基面内测量的主切削刃在基面 P_r 上的投影与进给方向之间的夹角。

4)副偏角 κ_r' 指在基面内测量的副切削刃在基面 P_r 上的投影与进给反方向之间的夹角。

5)刃倾角 λ_s 指在切削平面 P_s 内测量的主切削刃与基面 P_r 间的夹角。当主切削刃成水平时，$\lambda_s = 0°$；当刀尖为主切削刃上最低点时，$\lambda_s < 0°$；当刀尖为主切削刃上最高点时，$\lambda_s > 0°$。

（3）刀具角度的选择　刀具的合理几何角度是指在保证加工质量和刀具寿命的前提下，能够满足生产效率高、加工成本低的几何参数。选择时，应综合考虑它们之间的作用和影响。

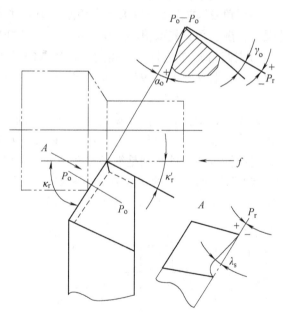

图 1-15　外圆车刀正交平面参考系标注角度

1)前角 γ_o 的选择。选择前角的原则是在保证刀具有足够强度的前提下，力求锋利。一般根据以下几方面综合考虑：

①按刀具材料选择。高速钢的抗弯强度和冲击韧度高于硬质合金，因此高速钢刀具可选择较大的前角，硬质合金刀具应选择较小的前角。

②按工件材料选择。加工塑性金属材料时，一般产生带状切屑，切削力集中在离刀尖较远的地方，为了减小切削变形，前角应取较大值；加工脆性金属材料时，产生崩碎切屑，切屑与前刀面接触时间较短，切削力集中作用在切削刃附近，容易产生冲击、崩刃，因此所选前角应比加工塑性材料时小一些，以提高切削刃强度和散热能力；用硬质合金刀具加工特硬材料(如淬硬钢)和强度很高的材料(如高锰钢)时，应选择负前角。

③按加工性质选择。粗加工，特别是断续切削，或承受冲击载荷，或有硬皮的铸锻件粗车时，应适当减小前角；精加工时，为了提高工件表面质量，应选择较大的前角；成形加工时，为了减小刃形误差，应选择较小甚至0°的前角。

2)后角 α_o 的选择。后角的选择原则是在保证刀具后刀面与工件不产生摩擦的前提下，适当减小后角，以保证刀具应有的强度和散热体积。增大后角能减少摩擦，使切削刃锋利，但后角过大会削弱刀具强度，使散热体积减小，磨损加快。

①粗加工时，特别是在强力切削及承受冲击载荷的场合下，为保证切削刃强度，应取较小后角(硬质合金刀具： $\alpha_o = 5° \sim 7°$ ，高速钢刀具 $\alpha_o = 6° \sim 8°$)；精加工时，为保证工件表面加工质量，应取较大后角(硬质合金刀具： $\alpha_o = 8° \sim 10°$ ，高速钢刀具 $\alpha_o = 8° \sim 12°$)。

②工件材料硬度和强度较高时，取较小后角；工件材料塑性和弹性较大或易产生加工硬化时，取较大后角。

③当刀具采用负前角时，相应地，后角应取大些。

④当工艺系统刚性差、容易出现振动时，应适当减小后角。

副后角 α_o' 的选择与后角基本相同。但有些薄弱刀具，如切断及切槽刀，为了保证刀具的强度，副后角只能取很小的角度值($\alpha_o' = 1°30' \sim 2°$)。

3)主偏角 κ_r 的选择。主偏角的选择取决于工件被加工表面形状的要求。车削台阶轴或不通孔时，取 $\kappa_r = 90° \sim 95°$ ；车削端面时，取 $\kappa_r = 45°$ ；需要从中间切入工件时，取 $\kappa_r = 45° \sim 60°$ 。

粗加工和半精加工，硬质合金车刀一般选用较大的主偏角。因为在切削过程中，增大主偏角，一方面可使径向分力 F_y 减小、轴向分力 F_x 增大，如图1-16所示，而径向分力的减小，对刚性较差工件特别是细长轴在车削时可以减小工件变形和振动；另一方面，在切削深度 a_p 和进给量 f 一定的情况下，增大主偏角时，切削宽度 a_w 将减小，切削厚度 a_c 将增大，如图1-17所示，使切屑变得窄而厚，容易折断。

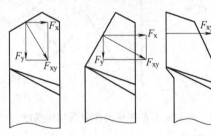

图1-16 主偏角对切削分力 F_x
和 F_y 的影响

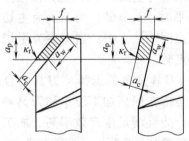

图1-17 主偏角与切削厚度 a_c 和
切削宽度 a_w 的关系

强力切削、加工很硬的材料(如冷硬铸铁和淬火钢)时,从提高刀具寿命考虑,宜取较小的主偏角(一般取 $\kappa_r = 45° \sim 75°$)。由于减小主偏角,不但使主切削刃工作长度增长,切削刃单位长度上的负荷随之减小,而且使刀尖角增大,刀具的散热条件得到改善,刀尖处强度提高,有利于提高刀具寿命。

4)副偏角 κ_r' 的选择。副偏角的合理数值首先应满足加工表面质量要求,其次考虑刀尖强度和散热要求。减小副偏角,可以减小已加工表面的残留面积,降低表面粗糙度,但会增大径向分力 F_y,易引起振动。

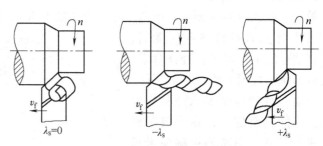

图 1-18　刃倾角对切屑流出方向的影响

5)刃倾角 λ_s 的选择。合理选用刃倾角可以有效控制切屑的排出方向,如图 1-18 所示。当正刃倾角增大时,可增大实际工作前角,使切削力下降;当负刃倾角的绝对值增大时,由于刀尖处于主切削刃的最低点,切削时离刀尖较远的切削

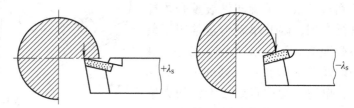

图 1-19　刃倾角对刀尖强度的影响

刃先切入工件,而后切削刃逐渐切入,这样可使刀尖免受冲击,有利于提高刀具寿命,如图 1-19 所示。

加工一般碳钢和灰铸铁,粗车时,$\lambda_s = 0° \sim -5°$;精车时,$\lambda_s = 0° \sim 5°$;有冲击负荷时,$\lambda_s = -5° \sim -15°$;冲击剧烈时,可取负刃倾角的绝对值更大些,甚至取 $\lambda_s = -30° \sim -45°$。

车削淬硬钢时,$\lambda_s = -5° \sim -12°$ 或负的绝对值更大一些。

三、车床常用附件及装夹

切削加工时,工件需正确装夹在机床上,并使它在整个切削过程中始终保持这个正确的位置不变,这就是机床夹具的功用。车床安装工件常用的通用夹具及附件有自定心卡盘、单动卡盘、顶尖、花盘、心轴、中心架和跟刀架等。

1. 用自定心卡盘装夹

自定心卡盘是车床上应用最广的通用夹具之一,如图 1-20 所示。使用时将卡盘扳手方榫插入小锥齿轮 2 的方孔 1 中转动,小锥齿轮 2 带动大锥齿轮 3 转动,大锥齿轮 3 背面的平面螺纹 4 与三个卡爪 5 背面的螺纹相啮合。当平面螺纹 4 转动时,带动三个卡爪作同步径向移动。

自定心卡盘的卡爪有正爪和反爪之分,反爪用来装夹较大直径的盘类工件。

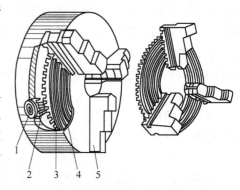

图 1-20　自定心卡盘
1—方孔　2—小锥齿轮　3—大锥齿轮
4—平面螺纹　5—卡爪

自定心卡盘能自定中心夹紧或撑紧圆形、三角形、六边形等形状的工件外表面或内表面进行切削加工；校正和安装工件简单迅速，但定心精度不高，约为 0.05 ~ 0.15mm；夹紧力较小，不能装夹形状不规则和大型的工件。

2. 用单动卡盘装夹

单动卡盘如图 1-21 所示，由四个互不相关的卡爪 1、四个螺杆 2 和一个盘体组成。当卡盘扳手方榫插入螺杆方孔转动时，与螺杆啮合的卡爪单独作径向移动，以适应形状不规则工件的装夹需要。

单动卡盘的四个卡爪是独立移动的，不能自动定心，在安装工件时须进行找正，只有通过调整卡爪位置将工件加工部分的旋转轴线找正到与车床主轴旋转轴线重合才能进行车削，因此单动卡盘常用于装夹截面为方形、长方形、偏心、椭圆以及其他形状不规则的工件。同时，单动卡盘比自定心卡盘的夹紧力大，所以也可用来装夹较大的圆形工件。

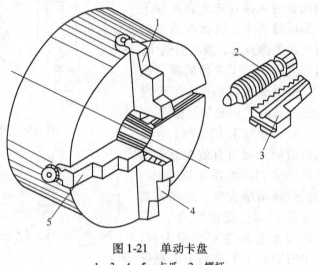

图 1-21 单动卡盘
1、3、4、5—卡爪 2—螺杆

3. 用顶尖装夹

在轴两端用标准中心钻钻出中心孔，用前后顶尖进行装夹，由鸡心夹或拨盘带动工件旋转进行加工的装夹方式称为顶尖装夹，适用于较长轴（长径比 $L/D = 4 ~ 10$）或需多次装夹但要求有同一个基准的轴类零件的精加工。这种装夹方法安装方便，不需校正，装夹精度高。

（1）前顶尖 顶尖的作用是定中心、承受工件的质量和切削力。前顶尖随同工件一起旋转，与中心孔无相对运动，因而不产生摩擦。前顶尖的形式有两种，一种是插入主轴锥孔内的前顶尖，如图 1-22a 所示，它通常是车床配置的标准件；另一种是夹在卡爪上的前顶尖，如图 1-22b 所示，它是非标准件，由操作者根据需要自制。

（2）后顶尖 后顶尖分为固定顶尖和回转

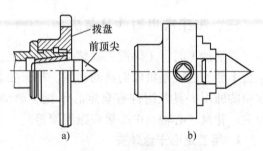

图 1-22 前顶尖
a）顶尖装入主轴内孔 b）顶尖用卡盘装夹

顶尖两种，如图 1-23 所示。切削时，固定顶尖定心精度高、刚性好，不易产生振动，但和工件中心孔之间由于滑动摩擦而产生高温，往往会将中心孔和顶尖烧坏或磨损。因此，采用固定顶尖时，应在轴端中心孔涂上润滑脂，以减小摩擦。目前固定顶尖的头部一般镶有硬质合金，在高速旋转下能承受高温且耐磨。

回转顶尖内部安装有滚动轴承，以滚动摩擦代替顶尖与工件中心孔的滑动摩擦，这样既能承受高速，又可避免滑动摩擦产生的热量。但回转顶尖存在一定的装配累积误差，并且当滚动轴承磨损后，会使顶尖产生径向摆动，从而降低了定心精度，故一般用于轴的粗车或半精车。

（3）鸡心夹　仅有前、后顶尖是不能带动工件的，必须通过装在车床主轴上的拨盘和鸡心夹才能带动工件旋转。鸡心夹的结构常见的有直柄式和弯柄式两种，如图 1-24 所示。

图 1-23　后顶尖

a）固定顶尖　b）回转顶尖

直柄式鸡心夹需与装有拨杆的拨盘配合使用，如图 1-25 所示。

弯柄式鸡心夹的安装方式有两种：一种是安装在开有 U 形槽的拨盘上，由拨盘拨动鸡心夹带动工件旋转，如图 1-26a 所示；另一种是不用拨盘，由自定心卡盘的卡爪直接拨动鸡心夹，如图 1-26b 所示。

图 1-24　鸡心夹

a）直柄式　b）弯柄式

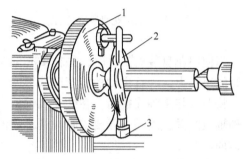

图 1-25　直柄鸡心夹的使用

1—拨盘　2—鸡心夹　3—方头螺钉

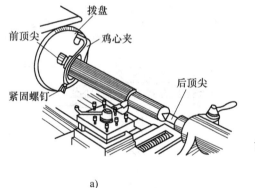

a）

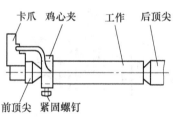

b）

图 1-26　采用两顶尖和鸡心夹安装工件

4. 用花盘装夹

花盘是安装在车床主轴上的一个大圆盘，其端面有许多长槽，用以穿放螺栓，压紧工件。花盘的端面需平整，且应与主轴中心线垂直。

花盘装夹适用于不能用卡盘装夹的形状不规则或大而薄的工件。当零件的加工表面相对安装平面有平行度要求或加工的孔和外圆的轴线相对于安装平面有垂直度要求时，则可把工件用压板、螺栓直接装夹在花盘上加工，如图 1-27 所示。当零件的加工表面相对安装平面有垂直度要求或需加工的孔和外圆的轴线相对于安装平面有平行度要求时，则用花盘、弯板（角铁）装夹工件，如图 1-28 所示。弯板要求有一定的刚度，用于贴靠花盘及安放工件的两个平面有较高的垂直度要求。

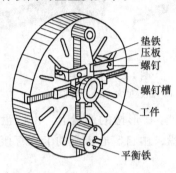

图 1-27　采用花盘装夹工件

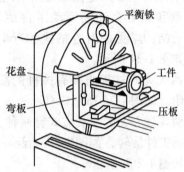

图 1-28　采用花盘、弯板装夹工件

当使用花盘装夹工件时，往往重心偏向一边，因此需要在另一边安装平衡块，以减小旋转时的离心力，并且主轴的转速应选得低一些。

将花盘与主轴连接后，在装夹工件前，应先用百分表检验花盘盘面的平面度以及盘面与主轴轴线的垂直度，一般要求轴向圆跳动误差在 0.02mm 以内。如果误差太大，可以精车一刀盘面。

5. 用心轴装夹

盘套类零件常以内孔为定位基准安装在心轴上，再把心轴安装在前、后顶尖之间来车削外圆和端面，以满足外圆与内孔的同轴度要求或外圆内孔与端面的垂直度要求，如图 1-29 所示。

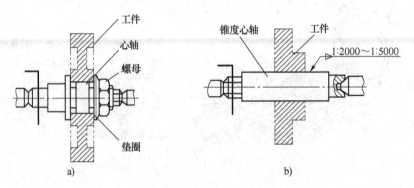

图 1-29　用心轴装夹工件
a）用圆柱心轴装夹工件　b）用锥度心轴装夹工件

（1）圆柱心轴　工件装入圆柱心轴后需加上垫圈，用螺母锁紧，如图 1-29a 所示。其夹紧力较大，可用于较大直径盘类零件外圆的半精车和精车。圆柱心轴外圆与孔配合有一定间隙，对中性较锥度心轴差。使用圆柱心轴，为保证内、外圆同轴，孔与心轴之间的配合间隙应尽可能小。

（2）锥度心轴 如图1-29b所示，其常用锥度为1：2000～1：5000。工件压入后，靠摩擦力与心轴紧固。锥度心轴对中准确，装夹方便，但不能承受较大的切削力，多用于盘套类零件外圆和端面的精车。

6. 中心架和跟刀架的应用

加工细长轴（长径比$L/D > 25$）时，由于细长轴本身刚性较差，当受到径向切削力的作用时，会产生弯曲、振动，使加工困难。L/D越大，加工就越困难，易形成两头细中间粗的腰鼓形。为防止工件变形，常用中心架或跟刀架作为辅助支承，以增加工件刚性，如图1-30所示。

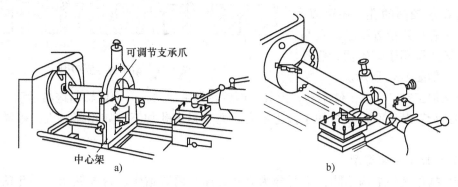

图1-30 中心架和跟刀架

a）中心架 b）跟刀架

（1）中心架 中心架固定在床身导轨上使用，有三个独立移动的可调节支承爪，并可用紧固螺钉予以固定。使用时，将工件安装在前、后顶尖上，先在工件支承部位精车一段光滑表面，再将中心架紧固于导轨的适当位置，最后调整三个支承爪，使之与工件支承面接触，并调整至松紧适宜。

（2）跟刀架 对不适宜掉头车削的细长轴，不能用中心架支承，而要用跟刀架支承进行车削，以增加工件的刚性。跟刀架固定在大拖板上，随刀架纵向运动，抵消径向切削力，提高车削细长轴的形状精度和减小表面粗糙度。跟刀架一般有两个支承爪，紧跟在车刀后面起辅助支承作用。

任务三 认知钻削加工、镗削加工及其刀具

【学习目标】

1）了解钻床及镗床的功用、类型及结构。
2）掌握钻削和镗削刀具的选用。

【知识体系】

钻削与镗削是加工内孔表面的基本方法。一般尺寸较小的孔采用钻削；尺寸较大的孔采用镗削；大工件或位置精度要求较高的孔用镗削加工。

一、钻削加工

（一）钻削加工特点

钻床是孔加工的主要机床，一般用于加工直径不大、精度要求不高的孔，加工公差等级为 IT13 ~ IT11，表面粗糙度值为 $Ra50 ~ 12.5\mu m$。其主要加工方法是用钻头在实心材料上钻孔，也可以通过钻孔—扩孔—铰孔的工艺手段加工精度要求较高的孔，还可以利用夹具加工有一定位置要求的孔系。另外，钻床还可用于锪平面、锪孔、攻螺纹等，如图 1-31 所示。

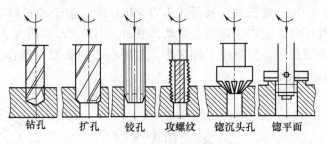

| 钻孔 | 扩孔 | 铰孔 | 攻螺纹 | 锪沉头孔 | 锪平面 |

图 1-31   钻床的主要功用

钻床在加工时，一般工件不动，刀具一面旋转做主运动，一面做轴向进给运动，故钻床适用于加工没有对称回转轴线的工件上的孔，尤其是多孔加工，如箱体、机架等零件上的孔。

（二）钻床的主要类型

钻床根据用途和结构不同，主要分为立式钻床、摇臂钻床、台式钻床、深孔钻床等类型。

1. 立式钻床

钻床的主参数是最大钻孔直径。根据主参数不同，立式钻床有 18mm、25mm、35mm、40mm、50mm、63mm、80mm 等多种规格。图 1-32 所示为最大钻孔直径为 35mm 的 Z5135 型立式钻床，机床由主轴箱 5、进给箱 4、立柱 7、工作台 2 和底座 1 组成，电动机 6 通过主轴箱 5 带动主轴 3 回转，同时通过进给箱 4 获得轴向进给运动。

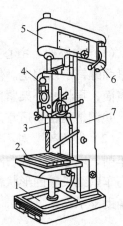

图 1-32   Z5135 型立式钻床
1—底座   2—工作台   3—主轴
4—进给箱   5—主轴箱
6—电动机   7—立柱

主轴箱和进给箱内部均有变速机构，分别实现主轴转速的变换和进给量的调整，还可以实现机动进给。工作台 2 和进给箱 4 可沿立柱 7 上的导轨上下移动，调整其位置的高低，以适应在不同高度的工件上进行钻孔加工。在立式钻床上钻不同位置的孔时，需要移动工件，因此，立式钻床仅适用于中、小零件的单件、小批生产。

2. 摇臂钻床

在大型零件上钻孔时，因工件移动不便，找正困难，因此不便于在立式钻床上加工。在这种情况下需要工件固定不动而钻床主轴能在空间调整到任意位置，这就产生了摇臂钻床。图 1-33 所示为 Z3050 型摇臂钻床，摇臂 3 可绕立柱 2 回转和升降，主轴箱 7 可在摇臂 3 上作水平移动，因此，主轴 8 的位置可在空间任意地调整。被加工工件安装在工作台上，如果工件较大，还可以卸掉工作台直接安装在底座 1 上，或直接放在周围的地面上，这就为在各种批量的生产中加工大而重的工件上的孔带来了很大的方便。

3. 台式钻床

台式钻床是放置在台桌上使用的小型钻床（图1-34），其主轴垂直布置，用于钻削中小型工件上的小孔，按最大钻孔直径划分有 2mm、6mm、12mm、16mm、20mm 等多种规格。台式钻床小巧灵活，使用方便，主轴通过变换 V 带在塔形带轮上的位置来实现变速，钻削时只能手动进给，多用于单件、小批量生产。

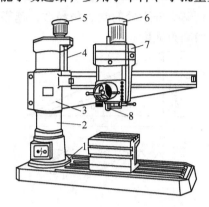
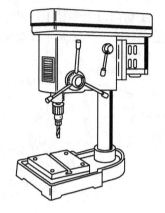

图 1-33　Z3050 型摇臂钻床　　　　　　　　　　图 1-34　台式钻床

1—底座　2—立柱　3—摇臂　4—摇臂升降丝杠
5、6—电动机　7—主轴箱　8—主轴

二、孔加工刀具

钻床上常用的刀具有两类：一类用于在实体材料上加工孔，如麻花钻、扁钻、中心钻及深孔钻等；另一类用于对工件上已有的孔进行再加工，如扩孔钻、铰刀等。其中，麻花钻是最常用的孔加工刀具。

（一）麻花钻

1. 麻花钻的结构

标准麻花钻由工作部分、颈部和柄部组成，如图 1-35 所示。工作部分担负切削与导向工作；颈部是柄部与工作部分的过渡部分，通常用作砂轮退刀和打印标记的部位；柄部是钻头的夹持部分，用于与机床的连接并传递动力，小直径钻头用圆柱柄（图1-35a），钻头直径在 12mm 以上时采用圆锥柄（图1-35b）。

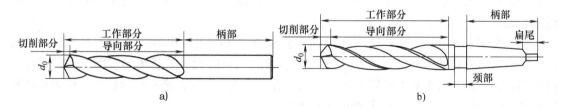

图 1-35　高速钢麻花钻的结构

麻花钻有两条主切削刃、两条副切削刃和一条横刃，如图 1-36 所示。两条螺旋槽形成前刀面，用于排屑和导入切削液；两个主后刀面在钻头端面上；钻头外缘上两小段窄棱边形成的刃带是副后刀面，在钻孔时刃带起导向作用，而且为减小与孔壁的摩擦，刃带向柄部方向有较小的倒锥量，从而形成副偏角。在钻心处的切削刃称为横刃，两条主切削刃通过横刃相连。

2. 麻花钻的几何角度

（1）螺旋角 β（图1-37a）　螺旋角 β 是钻头刃带棱边螺旋线展开成直线后与钻头轴线之间的夹角。主切削刃上半径不同的点的螺旋角不相等，钻头外缘处的螺旋角最大，越靠近中心，其螺旋角越小。螺旋角不仅影响排屑，而且影响切削刃强度。

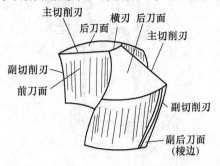

图1-36　麻花钻切削部分的组成

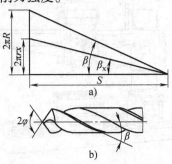

图1-37　麻花钻的螺旋角与顶角

（2）顶角 2φ 与主偏角 κ_γ　麻花钻的顶角 2φ 是两主切削刃在与它们平行的轴平面上投影得到的夹角，如图1-37b所示。顶角的大小影响钻头尖端强度和轴向抗力。顶角越小，主切削刃越长，单位切削刃上的负荷便越轻，轴向力小，定心作用也较好，但若顶角过小，则钻头强度减弱，钻头易折断。标准麻花钻的顶角一般为 $2\varphi = 118° \pm 2°$。

主偏角为在基面内测量的主切削刃在其上的投影与进给方向之间的夹角，记为 κ_γ，如图1-38所示。由于主切削刃上各点的基面不同，所以主偏角也不同。

（3）前角 γ_o　前角 γ_o 是在正交平面中测量的前刀面（螺旋面）与基面的夹角，如图1-38所示。麻花钻主切削刃上各点的前角随直径大小而变化，钻头外缘处的前角最大，一般为30°；靠近横刃处的前角最小，约为 - 30°。

（4）侧后角 α_f　如图1-38所示，侧后角 α_f 是在假定工件平面 P_f 内测量的后面与切削平面 P_s 的夹角。钻削中实际起作用的是侧后角，其大小影响后面的摩擦和主切削刃的强度。侧后角越大，麻花钻后面与工件已加工面的摩擦越小，但刃口强度降低。麻花钻主切削刃上各点处的侧后角大小不同，在钻头外缘处的侧后角最小，为8°~14°，越靠近中心越大，靠近钻心处为20°~25°。

（5）横刃斜角 θ　如图1-38所示，横刃斜角是主切削刃与横刃在端面上的投影线之间的夹角。标准麻花钻的横刃斜角 $\theta = 50°~55°$。横刃斜角的大小与后角的刃磨有关，它可以用来判断钻心处的后角是否刃磨得正确，当钻心处后角较大时，横刃斜角较小，横刃长度相应增长，钻头的定心作用变差，轴向抗力增大。

（二）扩孔钻

扩孔是用扩孔钻对已经铸出、锻出或钻出的孔做进一步加工，以扩大孔径，并提高精度和降低表面粗糙度的切削加工方法，可达到的公差等级为IT10 ~ IT9，表面粗糙度值为 $Ra6.3~3.2\mu m$，属于孔的半精加工。

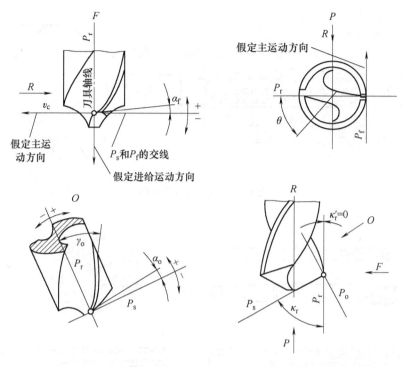

图 1-38 麻花钻的几何角度

扩孔钻的形式随直径不同而不同。直径 $\phi10 \sim \phi32$mm 时为锥柄扩孔钻，如图 1-39a 所示；直径 $\phi25 \sim \phi80$mm 时为套式扩孔钻，如图 1-39b 所示。

（三）铰刀

铰削是用铰刀从工件孔壁上切除微量金属层，以提高孔的尺寸精度和减小表面粗糙度的方法。铰孔是应用较普遍的孔的精加工方法之一，铰孔通常在钻孔和扩孔之后进行。铰孔的公差等级为 IT9 ~ IT7，加工表面粗糙度值为 $Ra1.6 \sim 0.4\mu$m。

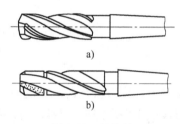

图 1-39 扩孔钻

铰刀由工作部分、颈部及柄部三部分组成，如图 1-40 所示。工作部分包括切削部分和校准部分，其中校准部分由圆柱部分与倒锥组成，圆柱部分起校正导向和修光作用，倒锥主要为了减少摩擦；切削部分由引导锥和切削锥组成，切削锥的锥角 2φ 较小，一般为 3°~15°，起主要切削作用，而引导锥起引入预制孔作用，也参与切削。铰刀是多刃刀具，有 6~12 条刀齿，导向性好，刚性好，加工余量小，铰削时工作平稳。

铰刀分为手用铰刀和机用铰刀两种，如图 1-41 所示。手用铰刀柄为直柄，机用铰刀多为锥柄，手用铰刀比机用铰刀精度高。

三、镗削加工与镗刀

（一）镗削加工

镗削是孔加工的主要方法之一，是用镗刀在镗床上加工工件上已有的预制孔。一般镗刀

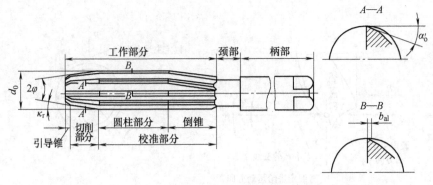

图 1-40　机用铰刀的结构

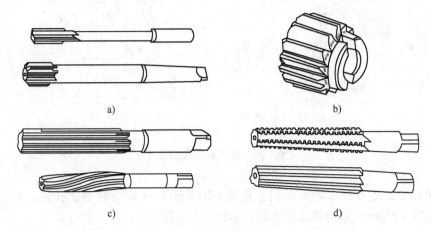

图 1-41　铰刀的种类

a）机用直柄和锥柄铰刀　b）套式机用铰刀　c）手用直槽和
螺旋槽铰刀　d）锥孔用粗铰刀与精铰刀

用镗刀杆或刀盘装夹，由主轴带动旋转做主运动，而进给运动则根据机床类型和加工情况由刀具或工件来完成。与以工件回转为主运动的孔加工方式（如车孔）比较，镗削特别适合于箱体、机架等结构复杂的大型零件上的孔或孔系加工，镗削还可以方便地加工直径很大的孔。镗孔的公差等级为 IT9～IT7，表面粗糙度值为 $Ra3.2～0.8\mu m$。

镗床类机床是孔加工机床，常用的镗床有卧式镗床、立式镗床、坐标镗床及金刚镗床等。

（1）卧式镗床　卧式镗床因其工艺范围非常广泛和加工精度高而得到普遍应用。卧式镗床除了镗孔外，还可以铣平面及各种形状的沟槽，钻孔、扩孔和铰孔，车削端面和短外圆柱面，车槽和车螺纹等，如图 1-42 所示。零件可在一次安装中完成大量的加工工序，而且其加工精度比钻床和一般的车床、铣床高，因此特别适合加工大型、复杂的箱体类零件上精度要求较高的孔系及端面。

T6180 型卧式镗床如图 1-43 所示。

机床工作时，刀具安装在主轴箱 1 的主轴 3 或平旋盘 4 上，主轴箱 1 可沿主立柱 2 的导轨上下移动。工件安装在工作台 5 上，可与工作台一起随下滑座 7 或上滑座 6 作纵向或横向

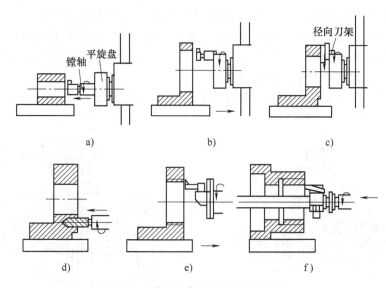

图1-42 卧式镗床上镗削的主要内容

a) 用主轴安装镗刀杆镗不大的孔 b) 用平旋盘上镗刀镗大直径孔
c) 用平旋盘上径向刀架加工平面 d) 钻孔 e) 用工作台
进给加工螺纹 f) 用主轴进给加工螺纹

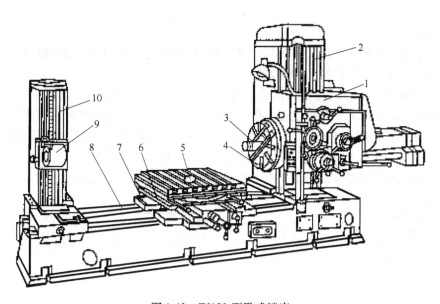

图1-43 T6180 型卧式镗床

1—主轴箱 2—主立柱 3—主轴 4—平旋盘 5—工作台 6—上滑座
7—下滑座 8—床身 9—镗刀杆支承座 10—尾立柱

移动。工作台还可沿滑座的圆导轨绕垂直轴线转位。镗刀可随主轴一起做轴向移动。当镗杆伸出较长时，可用尾立柱 10 上的支承架来支承左端。当刀具装在平旋盘 4 的径向刀架上时，可随径向刀架作径向运动。

（2）坐标镗床 坐标镗床是一种高精度机床，主要用于加工精密的孔（IT5 级或更高）

和位置精度要求很高的孔系，如钻模、镗模等精密孔。它具有测量坐标位置的精密测量装置，而且这种机床的主要零部件的制造和装配精度很高，并有良好的刚性和抗振性。

坐标镗床的工艺范围很广，除镗孔、钻孔、扩孔、铰孔、精铣平面和沟槽外，还可进行精密划线以及孔距和直线尺寸的精密测量等。

坐标镗床主要有卧式单柱坐标镗床（图1-44）、立式双柱坐标镗床（图1-45）和卧式坐标镗床等几种类型。

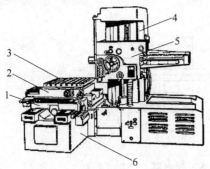

图1-44　卧式单柱坐标镗床
1—下滑座　2—上滑座　3—工作台
4—立柱　5—主轴箱　6—床身

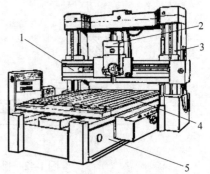

图1-45　立式双柱坐标镗床
1—横梁　2—主轴箱　3—立柱
4—工作台　5—床身

（二）镗刀

镗床上用的刀具种类较多，除了可用钻床所用的各种孔加工刀具和铣床所用的各种铣刀外，多采用单刃镗刀、微调镗刀和浮动镗刀。

（1）单刃镗刀　单刃镗刀切削部位与普通车刀相似，刀体较小，适用于孔的粗、精加工，有整体式（图1-46a）和机夹式（图1-46b、c、d）之分。整体式常用于加工小直径孔；大直径孔一般采用机夹式进行加工。镗刀头安装在镗杆的孔中，在镗不通孔或阶梯孔时，为使镗刀头在镗杆内有较大的安装长度，并具有足够的位置安置压紧螺钉2和调节螺钉1，常将镗刀头在镗杆内倾斜安装，如图1-46d所示；镗通孔时，镗刀头安装如图1-46b、c所示。

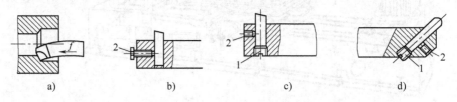

a)　　　　　　b)　　　　　　c)　　　　　　d)

图1-46　单刃镗刀的类型
a) 整体式单刃镗刀　b)、c)、d) 机夹式单刃镗刀
1—调节螺钉　2—压紧螺钉

机夹式单刃镗刀尺寸调节费时，调节精度不易控制。为了便于调整镗刀尺寸，可采用微调镗刀，如图1-47所示。带有精密螺纹的圆柱形镗刀头1装在固定座套6上，再用螺钉3将固定座套6固定在镗杆上。调节时，转动带刻度的微调螺母2，使镗刀头径向移动达到预定尺寸。微调镗刀具有调节尺寸容易、尺寸精度高的优点，主要用于精加工。

（2）双刃镗刀 双刃镗刀有两个切削刃对称地分布在镗杆轴线的两侧参与切削，背向力互相抵消，不易引起振动。固定式双刃镗刀如图1-48所示，刀片可采用焊接式或可转位式，工作时镗刀头通过斜楔或在两个方向上倾斜的螺钉夹紧在镗杆上，适用于直径$D>40mm$的孔的粗镗和半精镗加工。

（3）浮动镗刀 浮动镗刀将双刃镗刀块装入镗杆的方孔中，不需固定，它可以在镗杆上自由浮动，自动补偿刀具安装误差和机床主轴偏摆所造成的加工误差，因而能获得较高的加工精度。

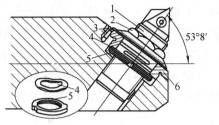

图1-47 微调镗刀
1—镗刀头 2—微调螺母 3—螺钉
4—波形垫圈 5—调节螺母
6—固定座套

在成批或大量生产时，对于孔径大（$D>80mm$）、孔深长、精度高的孔，均可用浮动镗刀进行加工。可调节的浮动镗刀块如图1-49所示，调节时，松开两个紧固螺钉2，拧动调节螺钉3以调节刀块1的径向位置，使之符合所镗孔的直径和公差要求。

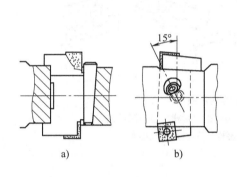

图1-48 固定式双刃镗刀

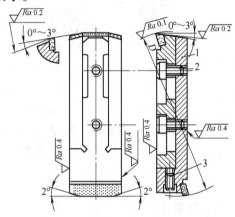

图1-49 浮动镗刀块
1—刀块 2—紧固螺钉 3—调节螺钉

任务四 认知铣削加工与刀具

【学习目标】

1）了解铣床的工作原理及刀具的选用。

2）了解铣削方式。

【知识体系】

一、铣削加工

（一）工艺范围

铣削加工是用多刃铣刀在铣床上完成的，它是目前应用范围仅次于车削的加工方法，适用于加工各种平面（水平面、垂直平面、斜面）、台阶、沟槽（直角沟槽、V形槽、燕尾槽、T形槽等）及各种特形面的加工。此外，利用分度装置还可加工需周向等分的花键、齿轮、螺旋槽等。在铣床上还可以进行钻孔、铰孔和铣孔等工作。铣削的加工公差等级为IT9~IT7，表面粗糙度值为$Ra12.5~1.6\mu m$。

铣削加工时，铣刀旋转为主运动，工件或铣刀的直线移动为进给运动。因为各铣刀刀齿的切削是断续的，切削力是变化的，故存在冲击。铣削加工的典型表面如图1-50所示。

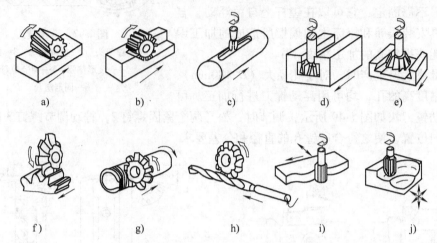

图1-50 铣削加工的典型表面

a）铣水平面　b）铣台阶面　c）铣键槽　d）铣T形槽　e）铣燕尾槽
f）铣齿轮　g）铣螺纹　h）铣螺旋槽　i）、j）铣成形面

（二）铣削方式

1. 圆周铣削

圆周铣削方式有顺铣和逆铣两种方式。图1-51a所示为顺铣，指在切点处铣刀切削速度方向与工件进给速度方向相同的铣削方式。图1-51b所示为逆铣，指在切点处铣刀切削速度方向与工件进给速度方向相反的铣削方式。

顺铣时（图1-52a），铣刀对工件在垂直方向的分力F_{fN}始终向下，对工件起压紧作用。因此，铣削平稳，对不易夹紧或细长的薄壁件尤为适宜。逆铣时（图1-52b），垂直方向的分力F_{fN}始终向上，有将工件向上抬起的趋势，易引起振动，同时工件在铣削时需要较大的夹紧力。

逆铣时，每个刀齿的切削厚度由零增至最大，由于切削刃不是绝对锋利，均有切削刃钝圆半径存在，因此在切削开始时

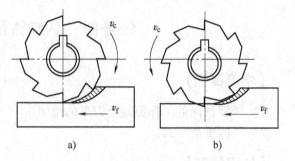

图1-51 圆周铣时顺铣与逆铣的比较

a）顺铣　b）逆铣

不能立即切入工件，而是在工件已加工表面上挤压滑行，这会加剧工件加工表面的硬化，降低表面加工质量，同时刀齿磨损加快，刀具寿命降低。而顺铣时刀齿的切削厚度是从最大逐渐减小到零，因此，铣刀后刀面与工件已加工表面的挤压、摩擦小，切削刃磨损慢，工件加

工表面质量较好，但工件表层的硬皮和杂质对刀具磨损影响较大。

顺铣时，铣刀对工件在水平方向的分力 F_f 与工作台进给方向相同（图1-52a），当工作台进给丝杠与螺母间隙较大时，F_f 会拉动工作台产生间歇性窜动。这种窜动现象不但会引起"扎刀"，损坏加工表面，严重时会导致刀齿折断、刀轴弯曲、工件与夹具产生位移甚至损坏机床等严重后果。逆铣时（图1-52b），工件受到的水平分力 F_f 与进给运动方向相反，丝杠与螺母的传动工作面始终接触，不会拉动工作台。

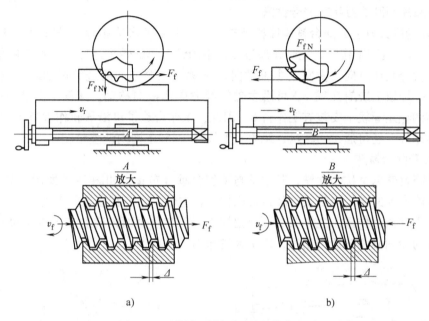

图1-52 顺铣与逆铣对进给机构的影响
a）顺铣 b）逆铣

综合上述比较，顺铣可减小工件表面粗糙度值，尤其适宜铣削不易夹紧的工件或薄壁工件，铣刀寿命可比逆铣提高2～3倍，但顺铣不宜加工有硬皮的工件。另外，应用顺铣时，工作台丝杠与螺母的传动副间需配有间隙调整机构，以免造成工作台窜动，导致铣刀损坏。

2. 端铣方式

端铣时，根据面铣刀相对于工件安装位置的不同，也可分为逆铣和顺铣两种方式。如图1-53a所示，面铣刀轴线位于铣削弧长的中心位置时，上面的顺铣部分等于下面的逆铣部分，

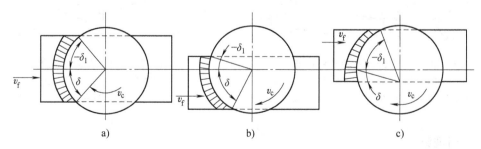

图1-53 端铣时的顺铣与逆铣
a）对称端铣 b）不对称逆铣 c）不对称顺铣

称为对称端铣。图1-53b中的逆铣部分大于顺铣部分，称为不对称逆铣。图1-53c中顺铣部分大于逆铣部分，称为不对称顺铣。图中的切入角δ与切离角δ_1位于逆铣一侧时为正值，而位于顺铣一侧时为负值。

（三）铣床

铣床的种类很多，有立式升降台铣床、卧式升降台铣床或万能铣床、龙门铣床、万能工具铣床、仿形铣床以及各种专门化铣床等，其中应用最普遍的为立式或卧式升降台铣床。

1. X6132B型卧式万能升降台铣床

X6132B型卧式万能升降台铣床简称卧铣，是一种主轴水平布置的升降台铣床，其外形如图1-54所示。机床工作时，主轴5通过刀杆带动铣刀作旋转主运动；工件安装在工作台6上，随工作台分别作纵向、横向（主轴轴向）和垂直三个方向的进给运动或快速移动。升降台8的水平导轨上装有床鞍7，可沿主轴轴线方向作横向移动。床鞍7上装有回转盘9，回转盘上面的燕尾导轨上安装有工作台6，因此，工作台除了可沿导轨作垂直于主轴轴线方向的纵向移动外，还可通过回转盘，绕垂直轴线在±45°范围内调整角度。

2. 立式升降台铣床

立式升降台铣床又称为立铣，其主轴与工作台垂直布置，如图1-55所示。其工作台3、床鞍4和升降台5的结构与卧式升降台铣床相同，主轴2安装在立铣头1内，可沿其轴线方向进给或经手动调整位置。立铣头1可根据加工需要在垂直面内向左或向右在45°范围内回转，使主轴与台面倾斜成所需角度，以扩大铣床的工艺范围。

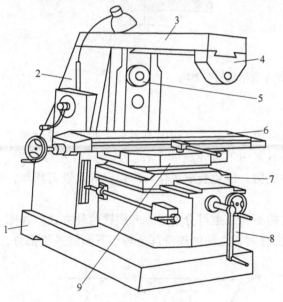

图1-54　X6132B型卧式万能升降台铣床

1—底座　2—床身　3—悬梁　4—刀杆支架　5—主轴
6—工作台　7—床鞍　8—升降台　9—回转盘

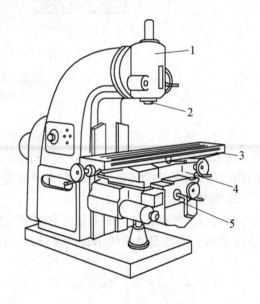

图1-55　立式升降台铣床

1—立铣头　2—主轴　3—工作台
4—床鞍　5—升降台

3. 龙门铣床

龙门铣床刚度高，主要用来加工大型工件上的平面和沟槽，可多刀同时加工多个表面或多个工件，是一种大型高效通用铣床，适用于大批量生产。

龙门铣床的外形如图1-56所示。机床主体结构为龙门式框架，横梁5可以在立柱4上升降，以适应加工不同高度的工件。横梁上装有两个铣削主轴箱（即立铣头）3和6，两个立柱上分别装有卧铣头2和8，每个铣头是一个独立的运动部件，内装主运动变速机构、主轴及操纵机构。工件装在工作台9上，工作台可在床身上作水平的纵向运动，立铣头可在横梁上作水平的横向运动，卧铣头可在立柱上升降，这些运动可以是进给运动，也可以是调整铣头与工件间相对位置的快速调位运动，而主运动是铣刀的旋转运动。

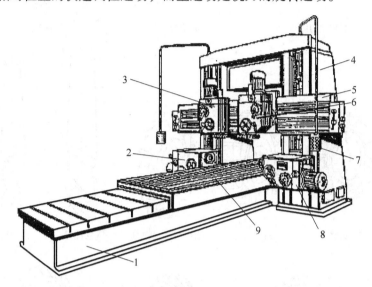

图1-56　龙门铣床
1—床身　2、8—卧铣头　3、6—铣削主轴箱（立铣头）
4—立柱　5—横梁　7—操纵箱　9—工作台

二、铣刀

铣刀的种类很多，一般可按铣刀的切削部分材料、用途、结构和齿背结构等进行分类。铣刀类型如图1-57所示。

（一）按铣刀的切削部分材料分类

铣刀分为高速钢铣刀和硬质合金铣刀。高速钢铣刀多为整体式，如锯片铣刀。部分立铣刀的刀柄部分为工具钢材料，切削刃部分为高速钢材料。硬质合金材料多用于面铣刀，但也有用于整体式的立铣刀；硬质合金面铣刀的刀头部分分为焊接式和机械夹紧式两种。

（二）按用途分类

1. 加工平面的铣刀

加工平面用的铣刀有圆柱铣刀和面铣刀两种。铣平面一般用圆柱形铣刀，圆柱形铣刀的刀齿有直齿与螺旋齿两种，由于螺旋齿刀齿在铣削时较平稳，所以常用。用面铣刀铣平面可以在卧式铣床上或立式铣床上进行，面铣刀铣削时切削力变化小，铣削平稳，刀轴短，强度与刚度好，振动小，加工表面质量好。用面铣刀可以进行高速切削、不重磨铣刀铣削，生产效率高，基于以上原因，面铣刀已经逐渐代替圆柱形铣刀铣平面。铣削平面还可以用立铣刀，较小的平面加工可用立铣刀和三面刃铣刀进行。

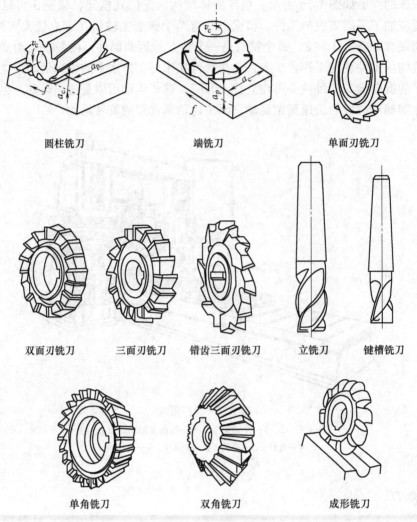

圆柱铣刀　　　　　端铣刀　　　　　单面刃铣刀

双面刃铣刀　　三面刃铣刀　　错齿三面刃铣刀　　立铣刀　　键槽铣刀

单角铣刀　　　　双角铣刀　　　　成形铣刀

图 1-57　铣刀类型

2. 加工沟槽的铣刀

（1）三面刃铣刀　通槽和槽底一端为圆弧的半通槽，一般选用三面刃圆盘铣刀加工。使用时，须把铣刀的宽度修磨到槽宽尺寸的下限。铣刀装夹时，应检查铣刀的端面圆跳动量，一般应小于 0.01 ~ 0.03mm。

（2）立铣刀　轴上键槽都可用立铣刀加工。但是由于立铣刀圆柱面上的切削刃为主切削刃，端刃是副切削刃，不能向下进给，因此在加工封闭键槽时必须预先在槽的一端钻一个下刀孔。

（3）键槽铣刀　键槽铣刀为铣键槽专用刀具，它有两个刃瓣，端面铣削刃是主切削刃，圆周切削刃是副切削刃。它兼有钻头和立铣刀的功能。可以轴向进给钻孔，不需要预先钻下刀孔，然后沿键槽方向铣出键槽全长，如图 1-58

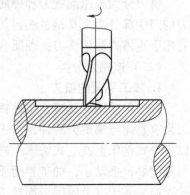

图 1-58　键槽铣刀铣键槽

所示。键槽的宽度由铣刀的直径来保证，铣槽时槽宽有扩张，故应使铣刀直径比槽宽略小（0.1mm 以内）。

3. 加工成形面的铣刀

成形铣刀是根据成形面的形状而专门设计的一种铣刀。

任务五　认知齿轮加工机床与刀具

【学习目标】

1）了解齿形加工方法。
2）了解齿轮加工机床的类型、结构及工作原理。

【知识体系】

一、齿形加工方法

齿轮传动以其传动比准确、传动力大、效率高、结构紧凑、可靠耐用等优点，在各种机械及仪表中得到了广泛的应用。齿轮的加工可分为齿坯加工和齿面加工两个阶段。齿轮的齿坯大多属于盘类零件，通常经过车削（齿轮精度较高时须经过磨削）完成。齿面加工则分为成形法和展成法两种。

（一）齿面加工的成形法

成形法加工齿轮，要求所用刀具的切削刃形状与被切齿轮的齿槽形状相吻合，如图 1-59 所示。由于存在分度误差及刀具安装误差，所以加工精度较低，一般只有 9～10 级精度。另外，加工时的多次不连续分齿也造成成形法加工齿轮效率低、精度低，只适合于单件小批量生产。

（二）展成法

展成法加工齿轮是利用齿轮的啮合原理进行的，即把齿轮啮合副（齿条—齿轮或齿轮—齿轮）中的一个开出切削刃，做成刀具，另一个则为工件，并强制刀具和工件作严格的啮合，在齿坯（工件）上留下刀具刃形的包络线，生成齿轮的渐开线齿廓，如图 1-60 所示。

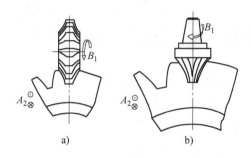

图 1-59　成形法加工齿轮

a）盘形齿轮铣刀加工　b）指形齿轮铣刀加工

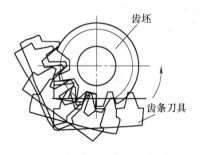

图 1-60　展成法加工齿轮

展成法加工齿轮的优点是：所用刀具切削刃的形状相当于齿条或齿轮的齿廓，只要刀具与被加工齿轮的模数和压力角相同，一把刀具便可以加工同一模数不同齿数的齿轮，而且生产率和加工精度都比较高。在齿轮加工中，展成法应用最广泛，如滚齿机、插齿机、剃齿机等都采用这种加工方法。

二、齿轮加工机床与刀具

（一）Y3150E 型滚齿机与滚刀

1. 滚齿机的工艺范围

Y3150E 型滚齿机能够加工直齿和斜齿圆柱齿轮，是齿轮加工方法中生产率较高，应用最广的一种加工方式，滚齿原理如图 1-61 所示。滚齿可直接加工 8 ~ 9 级精度的齿轮，也可用于 7 级以上精度齿轮的粗加工及半精加工，滚齿加工有较高的运动精度，但因滚齿时齿面是由滚刀的刀齿包络而成的，参加切削的齿数有限，故齿面的表面粗糙度较差，为了提高滚齿的加工精度和齿面质量，宜将粗、精滚齿分开。

2. Y3150E 型滚齿机的结构

Y3150E 型滚齿机外形如图 1-62 所示，立柱 2 固定在床身 1 上，刀架溜板 3 带动滚刀架 5 可以沿立柱导轨做垂直方向进给运动或快速移动。滚刀安装在刀杆 4 上，由滚刀架的主轴带动作旋转主运动。滚刀架可绕自己的水平轴线转动，以调整滚刀的安装角度。工件安装在工作台 9 的心轴 7 上或者直接安装在工作台上，随工作台一起做旋转运动。工作台和后立柱 8 装在同一溜板上，可沿床身水平导轨移动，以调整工件的径向位置或作手动径向进给运动。后立柱上的支架 6 可通过轴套或顶尖支承工件心轴的上端，这样可以提高滚切工作的平稳性。

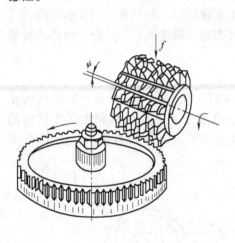

图 1-61　滚齿原理

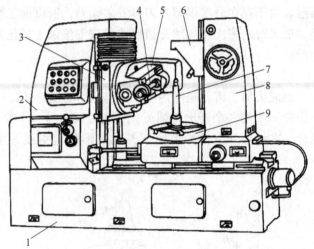

图 1-62　Y3150E 型滚齿机

1—床身　2—立柱　3—刀架溜板　4—刀杆　5—滚刀架
6—支架　7—心轴　8—后立柱　9—工作台

Y3150E 型滚齿机主要技术参数：

最大工件直径/mm　　　　　　　　500

最大加工宽度/mm	250
最大加工模数/mm	8
最少加工齿数	$5 \times k$（滚刀头数）
滚刀主轴转速及级数/（r/min）	9 级：40、50、63、80、100、125、160、200、250
刀架轴向进给量及级数/（mm/r）	12 级：0.4、0.56、0.63、0.87、1、1.16、1.41、1.6、1.8、2.5、2.9、4
机床外形尺寸（长×宽×高）/mm	2439×1272×1770
机床质量/kg	约 3450

3. 齿轮滚刀

齿轮滚刀是一种展成法加工齿轮的刀具，它相当于一个螺旋齿轮，其齿数很少（或称头数，通常是一头或二头），螺旋角很大，实际上就是一个蜗杆，如图 1-63 所示。

按国家标准 GB/T 6084—2011《齿轮滚刀通用技术条件》规定，Ⅱ型滚刀有 AA、A、B、C 级 4 种精度，一般情况下，AA 级滚刀可加工 6~7 级精度齿轮，A 级滚刀可加工 7~8 级精度齿轮，B 级可加工 8~9 级精度齿轮，C 级可加工 9~10 级精度齿轮。

滚齿时，通常情况下只有中间几个刀齿切削工件，因此这几个刀齿容易磨损，为使各刀齿磨损均匀，延长滚刀寿命，可在滚刀切削一定数量的齿轮后，用手动或机动方法沿滚刀轴线移动一个或几个齿距，以提高滚刀寿命。

（二）Y5132 型插齿机与插齿刀

1. 插齿机的工艺范围

插齿机是一种常见的齿轮加工机床，主要用于加工单联和多联的内、外直齿圆柱齿轮。插齿是按展成法原理加工齿轮，如图 1-64 所示，插齿刀实质上就是一个磨有前、后角并具有切削刃的齿轮。

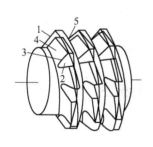

图 1-63　滚刀的基本蜗杆
1—蜗杆表面　2—前刀面　3—侧刃
4—侧铲面　5—后刀面

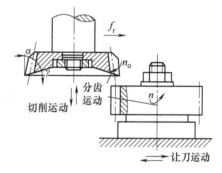

图 1-64　插齿原理

2. Y5132 插齿机的结构

图 1-65 所示为 Y5132 型插齿机的外形图，插齿刀装在刀架 3 的刀具主轴上，由主轴带动作上下往复的插削运动和旋转运动；工件装在工作台 5 上，由工作台 5 带动做旋转运动，并随同工作台 5 作直线移动，实现径向切入运动；调整挡块支架 6 上面的挡块位置，可使整个加工过程自动进行。

3. 插齿刀

插齿刀是利用展成原理加工齿轮的一种刀具，它可用来加工直齿、斜齿、内圆柱齿轮和人字齿轮等，而且是加工内齿轮、双联齿轮和台肩齿轮最常用的刀具。插齿刀的形状很像一个圆柱齿轮，其模数、齿形角与被加工齿轮对应相等，只是插齿刀有前角、后角和切削刃。

常用的直齿插齿刀已标准化，按照 GB/T 6081—2001《直齿插齿刀基本型式和尺寸》规定，直齿插齿刀有盘形、碗形和锥柄插齿刀，如图 1-66 所示。在齿轮加工过程中，插齿刀的上下往复运动是主运动，向下为切削运动，向上为空行程；此外还有插齿刀的回转运动与工件的回转运动相配合的展成运动；开始切削时，在机床凸轮的控制下，插齿刀还有径向的进给运动，沿半径方向切入工件至预定深度后径向进给停止，而展成运动仍继续进行，直至齿轮的轮齿全部切完为止；为避免插齿刀回程时与工件摩擦，还有被加工齿轮随工作台的让刀运动。

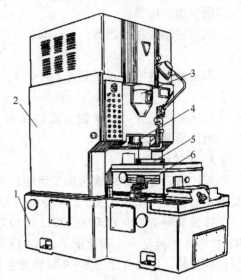

图 1-65　Y5132 型插齿机

1—床身　2—立柱　3—刀架　4—插齿刀
5—工作台　6—挡块支架

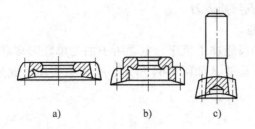

图 1-66　插齿刀的类型

a）盘形插齿刀　b）碗形直齿插齿刀　c）锥柄插齿刀

任务六　认知磨削加工与砂轮

【学习目标】

1）了解磨床的类型、功用及结构。

2）了解砂轮的组成要素及其标志。

【知识体系】

一、磨削加工

（一）磨削工艺范围

磨削是机械制造中最常用的加工方法之一。它的应用范围很广，可以磨削难以切削的各种高硬、超硬材料；可以磨削各种表面；可以用于荒加工（磨削钢坯、割浇冒口等）、粗加工、精加工和超精加工。

磨削加工容易获得较高的加工精度和较低数值的表面粗糙度，一般条件下，磨削后工件公差等级可达 IT6~IT5，表面粗糙度值可达 $Ra0.025~0.8\mu m$。

（二）磨床

磨床的种类很多，可适应加工各种不同表面、不同形状的工件，其主要类型有外圆磨床、内圆磨床、平面磨床、刀具刃具磨床及各种专门化磨床等，还有以柔性砂带为切削工具的砂带磨床，以油石和研磨剂等为切削工具的精磨机床。

1. M1432B 型万能外圆磨床

（1）机床的工艺范围 万能外圆磨床的工艺范围较宽，主要用于磨削内、外圆柱面，内外、圆锥面，还可磨削轴的端面和台阶端面等，这种磨床属于普通精度级，加工工件的表面粗糙度值为 $Ra1.25~0.08\mu m$，但其生产效率低，适用于单件小批生产。

（2）M1432B 型万能外圆磨床结构 M1432B 型万能外圆磨床如图 1-67 所示。床身 1 是磨床的基础支承件，支承着砂轮架、工作台、头架、尾座垫板及横向导轨等部件，使它们在工作时保持准确的相对位置，床身内部作为液压系统的油池，并装有液压传动部件。

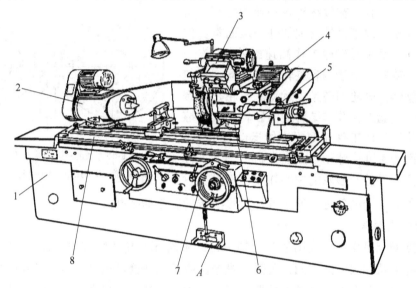

图 1-67 M1432B 型万能外圆磨床
1—床身 2—头架 3—工作台 4—内磨装置 5—砂轮架 6—尾座 7—控制箱

头架 2 用于安装和支持工件，并带动工件转动，共有 25~224r/min 范围内的 6 级转速。头架可绕其垂直轴线转动 0~90°，以便磨削锥度较大的圆锥面。

工作台 3 由上、下两部分组成。上工作台可绕下工作台的心轴在水平面内调整至某一角度位置，以便磨削锥度较小的长圆锥面，头架和尾座安装在工作台台面上并随工作台一起运动。下工作台的底面上固定着液压缸筒和齿条，故工作台可由液压传动或手轮摇动沿床身导轨往复纵向运动。

尾座 6 和头架的前顶尖一起，用于支承工件。尾座可调整位置，以适应装夹不同长度工件的需要。

砂轮架 5 用于支承并传动高速旋转的砂轮主轴，砂轮架装在床身后部的横向导轨上，当需要磨削短圆锥面时，砂轮架可绕其垂直轴线转动一定的角度。在砂轮架上的内磨装置 4 用于支承磨内孔的砂轮主轴，内磨装置主轴由单独的内圆砂轮电动机驱动。

横向导轨及横向进给机构的功用是通过转动横向进给手轮，带动砂轮实现周期的或连续的横向进给运动以及调整砂轮位置。为了便于装卸工件和进行测量，砂轮架还可作定距离的横向快速进退运动。

M1432B 型万能外圆磨床的主要技术参数：

外圆磨削直径	8 ~ 320mm
外圆最大磨削长度	1000mm，1500mm，2000mm
内孔磨削直径	30 ~ 100mm
内孔最大磨削长度	125mm
最大工件质量	125kg
电动机轴功率	8.975kW

2. 无心外圆磨床

无心外圆磨床的工作原理如图 1-68 所示。用这种磨床加工时，工件可不必用顶尖或卡盘定心装夹，而是直接被放在砂轮和导轮之间，由托板和导轮支承，以工件被磨削的外圆表面本身作为定位基准面。磨削时砂轮 1 作高速旋转，导轮 3 以较慢的速度旋转，由于两者旋转方向相同，将使工件按反向旋转。砂轮回转是主运动。导轮是由摩擦系数较大的树脂或橡胶作结合剂的砂轮，靠摩擦力带动工件旋转，使工件作圆周进给运动。工件 4 以被磨削表面为基准，浮动地放在托板 2 上。工件的中心必须高于导轮与砂轮的中心连线，而且支承工件的托板需有一定的斜度，使工件经过多次转动后逐渐被磨圆。

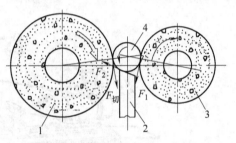

图 1-68　无心外圆磨床工作原理
1—砂轮　2—托板　3—导轮　4—工件

3. 普通内圆磨床

普通内圆磨床是生产中应用最广泛的一种内圆磨床，其磨削方法如图 1-69 所示。磨削时，根据工件形状和尺寸的不同，可采用纵磨法或切入法磨削内孔，如图 1-69b 所示。某些普通内圆磨床上装备有专门的端磨装置，采用这种端磨装置，可在工件一次装夹中完成内孔和端面的磨削，如图 1-69c、d 所示。这样既容易保证孔和端面的垂直度，又可提高生产效率。

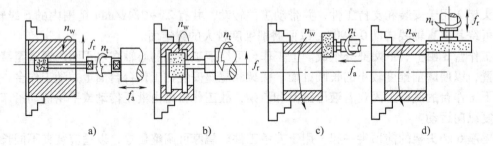

a)　　　　　b)　　　　　c)　　　　　d)

图 1-69　普通内圆磨床的磨削方法

4. 平面磨床

图 1-70 所示为平面磨床的磨削方法，并反映了机床的布局形式。平面磨床主要有以下几种类型：砂轮主轴水平布置而工作台是矩形的称为卧轴矩台平面磨床（图 1-70a）；具有圆周进给的圆形工作台的称为卧轴圆台平面磨床（图 1-70b）；依次划分还有立轴矩台平面磨床（图 1-70c）和立轴圆台平面磨床（图 1-70d）。目前应用最广的是卧轴矩台和立轴圆台两种平面磨床。

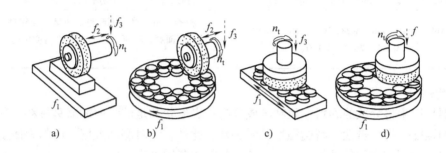

图 1-70 平面磨床的磨削方法
a）卧轴矩台平面磨床 b）卧轴圆台平面磨床 c）立轴矩台平面磨床 d）立轴圆台平面磨床

二、砂轮

砂轮是由结合剂将磨料颗粒粘结而成的多孔体，即由磨料、结合剂和气孔三部分组成（图 1-71）。

（一）砂轮的组成要素

1. 磨料

磨具（砂轮）中磨粒的材料称为磨料。磨料经压碎后，成为粗细不同且具有锐利锋口的磨粒，是砂轮产生切削作用的根本要素。磨料分为天然磨料和人造磨料两大类。一般天然磨料含杂质多，质地不均。天然金刚石虽好，但价格昂贵，故目前主要使用的是人造磨料。磨料的选择主要与工件材料及其热处理方法有关。

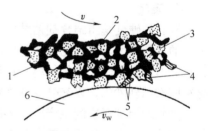

图 1-71 砂轮的构造
1—砂轮 2—结合剂 3—磨粒
4—磨屑 5—气孔 6—工件

2. 粒度

粒度是指磨料颗粒的大小。粒度有两种表示方法：对于用筛选法来区分的较大的颗粒（制砂轮用），以每英寸筛网长度上筛孔的数目表示，如 46# 粒度表示磨粒刚能通过 46 格/in 的筛网；对于用显微镜测量来区分的微细磨粒（称微粉、供研磨用），以其最大尺寸（单位 μm）前加 W 来表示。常用砂轮粒度号及其使用范围见表 1-5。

磨粒粒度影响磨削的质量和生产率。粒度的选择主要根据加工的表面粗糙度要求和加工材料的力学性能进行。一般来说，粗磨时用粗粒度，精磨时用细粒度；磨削质软、塑性大的材料宜用粗粒度，磨削质硬、脆性材料宜用细粒度。

表 1-5　常用砂轮粒度号及其使用范围

类别		粒度号	使用范围
磨粒	粗粒	8#、10#、12#、14#、16#、20#、22#、24#	荒磨
	中粒	30#、36#、40#、46#	一般磨削。加工表面粗糙度可达 $Ra0.8\mu m$
	细粒	54#、60#、70#、80#、90#、100#	半精磨、精磨和成形磨削。加工表面粗糙度可达 $Ra0.8 \sim 0.1\mu m$
	微粒	120#、150#、180#、220#、240#	精磨、精密磨、超精磨、成形磨、刀具刃磨、珩磨
微粉		W60、W50、W40、W28、W20、W14、W10、W7、W5、W3.5、W2.5、W1.5、W1.0、W0.5	精磨、精密磨、超精磨、珩磨、螺纹磨、超精密磨、镜面磨、精研、加工表面粗糙度可达 $Ra0.05 \sim 0.1\mu m$

3. 结合剂

结合剂是用来将分散的磨料颗粒粘结成具有一定形状和足够强度的磨具材料。其性能决定了砂轮的强度、耐冲击性、耐腐蚀性和耐热性。此外，它对磨削温度、磨削表面质量也有一定的影响。常用结合剂的种类、代号、性能与使用范围见表 1-6。

表 1-6　常用结合剂的性能与使用范围

结合剂	代号	性能	使用范围
陶瓷	V	耐热、耐蚀、气孔率大、易保持廓形，弹性差	最常用，适用于各类磨削加工
树脂	B	强度较 V 高，弹性好，耐热性差	适用于高速磨削、切断、开槽等
橡胶	R	强度较 B 高，更富有弹性，气孔率小，耐热性差	适用于切断、开槽及作无心磨的导轮
青铜	Q	强度最高，导电性好，磨耗少，自锐性差	适用于金刚石砂轮

4. 硬度

砂轮的硬度是指结合剂粘结磨粒的牢固程度，也是指磨粒在磨削力作用下，从砂轮表面脱落的难易程度。硬砂轮，就是磨粒粘得牢，不易脱落；软砂轮，就是磨粒粘得不牢，容易脱落。通常磨削硬度高的材料应选用软砂轮，以保证磨钝的磨粒能及时脱落；磨削硬度低的材料应选用硬砂轮，以充分发挥磨粒的切削作用。

砂轮的硬度对磨削生产率、磨削表面质量都有很大的影响。如果砂轮太硬，磨粒磨钝后仍不能脱落，会导致磨削效率降低，工作表面粗糙并可能烧伤。如果砂轮太软，磨粒还未磨钝就已从砂轮上脱落，会导致砂轮损耗加大，形状不易保持，影响工件质量。砂轮的硬度合适，磨粒磨钝后会因磨削力增大而自行脱落，使新的锋利的磨粒露出，砂轮具有自锐性，则磨削效率高，工件表面质量好，砂轮的损耗也小。砂轮的硬度分级见表 1-7。

表 1-7　砂轮的硬度分级

等级	超软			软			中软		中		中硬			硬		超硬
代号	D	E	F	G	H	J	K	L	M	N	P	Q	R	S	T	Y
选择	磨未淬硬钢选用 L~N，磨淬火合金钢选用 H~K，高质量表面磨削时选用 K~L，刃磨硬质合金刀具选用 H~L															

5. 组织

组织表示砂轮中磨料、结合剂和气孔间的体积比例。根据磨粒在砂轮中占有的体积百分数（即磨粒率），砂轮分为0～14组织号，其中0～4为紧密，5～8为中等，9～14为疏松，见表1-8。组织号从小到大，磨料率由大到小，气孔率由小到大。砂轮组织号大，组织松，砂轮不易被磨屑堵塞，切削液和空气能带入磨削区域，可降低磨削区域的温度，减少工件因发热而引起的变形和烧伤，也可以提高磨削效率，但组织号大，不易保持砂轮的轮廓形状，会降低成形磨削的精度，磨出的表面也较粗糙。一般磨削时，大多采用中等组织的砂轮；磨削硬度低、韧性大的工件，或砂轮与工件接触面积大，或粗磨时，应选用疏松组织的砂轮；精密磨削、成形磨削时，应选用紧密组织的砂轮。

表1-8　砂轮的组织号

类别	紧密				中等				疏松					大气孔	
组织号	0	1	2	3	4	5	6	7	8	9	10	11	12	13	14
磨粒率(%)	62	60	58	56	54	52	50	48	46	44	42	40	38	36	34
适用范围	重负荷、成形、精密磨削、间断及自由磨削或加工硬脆材料				外圆、内圆、无心磨削及工具磨削，淬火钢工件及刀具刃磨等				粗磨及磨削韧性大、硬度低的工件，适合磨削薄壁细长工件，或砂轮与工件接触面大以及平面磨削等					有色金属及塑料、橡胶等非金属及热敏性大的合金	

6. 强度

砂轮的强度是指在惯性力作用下，砂轮抵抗破碎的能力。砂轮回转时产生的惯性力与砂轮的圆周速度的平方成正比。因此，砂轮的强度通常用最高工作速度（也称安全圆周速度）表示。常用砂轮的最高工作速度为35m/s。

（二）砂轮的形状、尺寸和标志

为了适应在不同类型的磨床上磨削各种形状和尺寸工件的需要，砂轮有许多种形状和尺寸。常用砂轮的形状、代号及主要用途见表1-9。

砂轮的标志印在砂轮端面上。其顺序是：形状、尺寸、磨料、粒度号、硬度、组织号、结合剂、线速度。例如：

$$砂轮\ 1-300×50×75-A60L5V-35m/s$$

其中，1：形状代号（1代表平形砂轮）；300：外径D；50：厚度T；75：孔径H；A：磨料（棕刚玉）；60：粒度号；L：硬度；5：组织号；V：结合剂（陶瓷）；35：最高工作速度。

表1-9　常用砂轮的形状、代号及主要用途

代号	名称	断面形状	形状尺寸标记	主要用途
1	平面砂轮		1-D×T×H	磨外圆、内孔、平面及刃磨刀具
2	筒形砂轮		2-D×T-W	端磨平面

（续）

代号	名称	断面形状	形状尺寸标记	主要用途
4	双斜边砂轮		$4\text{-}D \times T/U \times H$	磨齿轮及螺纹
6	杯形砂轮		$6\text{-}D \times T \times H\text{-}W,\ E$	端磨平面，刃磨刀具后刀面
11	碗形砂轮		$11\text{-}D/J \times T \times H\text{-}W,$ $E,\ K$	端磨平面，刃磨刀具后刀面
12a	碟形一号砂轮		$12a\text{-}D/J \times T$ $/U \times H\text{-}W,\ E,\ K$	刃磨刀具前刀面
41	薄片砂轮		$41\text{-}D \times T \times H$	切断及磨槽

任务七　认知其他通用机床与刀具

【学习目标】

了解拉削、刨削和插削加工工艺范围及相应机床的结构及工作原理。

【知识体系】

一、拉削加工

1. 拉削工艺范围

拉削时，拉刀使被加工表面一次拉削成形，所以拉床只有主运动，没有进给运动，进给量是靠拉刀的齿升量来实现的，拉削的生产率高，加工工件的公差等级可达 IT8～IT7 级，

表面粗糙度值为 $Ra1.6 \sim 0.4\mu m$。图 1-72 所示为拉孔加工。拉削时，拉刀先穿过工件上已有的预制孔，将工件的端面靠在拉床的球面垫圈上，并将拉刀左端柄部插入拉刀夹头，拉刀夹头将拉刀从工件孔中拉过，由拉刀上一圈圈不同尺寸的刀齿，分别逐层地从工件孔壁上切除金属，而形成与拉刀最后的刀齿同形状的孔。拉削可以加工各种截面形状的孔，如图 1-73 所示，但拉削不能加工台阶孔和不通孔。

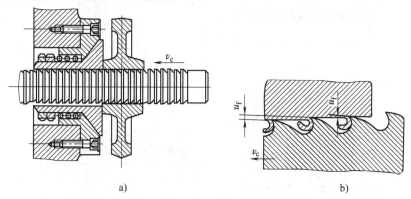

图 1-72　拉孔加工

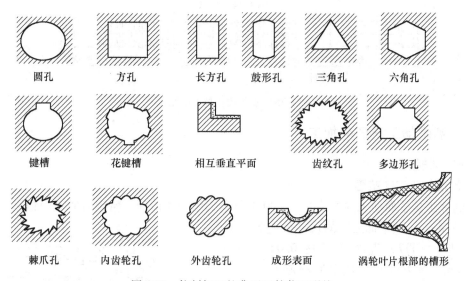

图 1-73　拉削加工的典型工件截面形状

2. 拉床

拉床按用途可分为内拉床和外拉床，前者用于拉削工件的内表面，后者用于拉削工件的外表面。按机床布局可分为卧式、立式。图 1-74a 所示为卧式内拉床，是拉床中最常见的，用以拉花键孔、键槽和精加工孔。图 1-74b 所示为立式内拉床，常用于齿轮淬火后校正花键孔的变形，图 1-74c 为立式外拉床，用于在汽车、拖拉机制造行业中加工气缸等零件的平面。图 1-74d 为连续式外拉床，它的生产率高，适用于大批量生产中加工小型零件。

3. 拉刀

拉削质量和拉削精度主要依靠拉刀的结构和制造精度来保证。图 1-75 所示为普通圆孔拉刀，它由头部、颈部、过渡锥部、前导部、切削部、校准部和后导部组成。如果拉刀太长，还可以在后导部后面加一个尾部，以便支承拉刀。

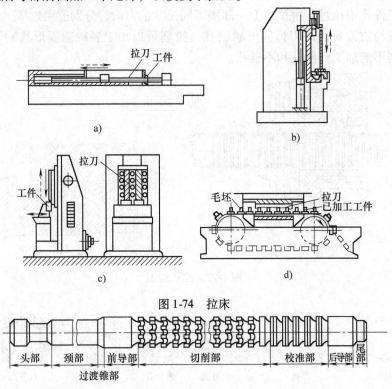

a) b)

c) d)

图 1-74 拉床

头部 颈部 前导部 切削部 校准部 后导部 尾部
过渡锥部

图 1-75 普通圆孔拉刀的结构

二、刨削加工与插削加工

（一）刨削加工

1. 刨削加工工艺范围

刨削加工是平面加工的方法之一。刨削可分为粗刨和精刨，精刨后的表面粗糙度值可达 $Ra3.2 \sim 1.6\mu m$，两平面之间的尺寸公差等级可达 IT9 ～ IT7，直线度可达 0.04 ～ 0.12mm/m。宽刃细刨是在普通精刨基础上进行的，可进一步提高精度，减小表面粗糙度。

2. 刨床

（1）牛头刨床 牛头刨床的结构如图 1-76 所示。在牛头刨床上加工时，工件一般采用平口钳或螺栓压板安装在工作台上，刀具装在滑枕的刀架上。滑枕带动刀具的往复直线运动为主切削运动，工作台带动工件沿垂直于主运动方向的间歇运动为进

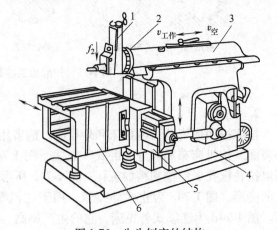

图 1-76 牛头刨床的结构
1—刀架 2—转盘 3—滑枕 4—床身 5—横梁 6—工作台

给运动。刀架后的转盘可绕水平轴线扳转角度。这样在牛头刨上不仅可以加工平面，还可以加工各种斜面和沟槽，如图 1-77 所示。

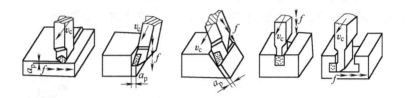

图 1-77 在牛头刨上加工平面和沟槽

（2）龙门刨床 龙门刨的结构如图 1-78 所示。在龙门刨床上加工时，工件一般用螺栓压板直接安装在工作台上或用专用夹具安装，刀具安装在横梁上的垂直刀架上或工作台两侧的侧刀架上。工作台带动工件的往复直线运动为主切削运动，刀具沿垂直于主运动方向的间歇运动为进给运动。各刀架也可以绕水平轴线扳转角度，故同样可以加工平面、斜面及沟槽。

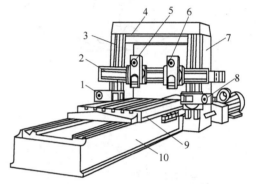

图 1-78 龙门刨床的结构
1—左侧刀架 2—横梁 3—左立柱 4—顶梁
5—左垂直刀架 6—右垂直刀架 7—右立柱
8—右侧刀架 9—工作台 10—床身

3. 刨刀

刨刀的结构与车刀相似，其几何角度的选取也与车刀基本相同。但是由于刨削的过程有冲击，所以刨刀的前角比车刀要小（一般小于 $5° \sim 6°$），而且刨刀的刃倾角也应取较大的负值，以使刨刀切入工件时所产生的冲击力不是作用在刀尖上，而是作用在离刀尖稍远的切削刃上。为了避免刨刀扎入工件，影响加工表面质量和尺寸精度，在生产中常把刨刀刀杆作成弯头结构，如图 1-79 所示。

（二）插削加工

1. 插削加工工艺范围

插削加工可被看作立式刨削加工，主要用于单件小批生产中加工零件的内表面，例如孔内键槽、方孔、多边形孔和花键孔等，也可以加工某些不便于铣削或刨削的外表面（平面或成形面），其中用得最多的是插削各种盘形零件的内键槽。

2. 插床

插削是在插床上进行的，插床外形如图 1-80 所示。在插床上加工时，工件安装在工作台上，插刀装在滑枕的刀架上。滑枕带动刀具在垂直方向的往复直线运动为主切削运动，工作台带动工件沿垂直于主运动方向的间歇运动为进给运动，圆工作台还可绕水平轴线在前、后小范围内调整角度，以便加工倾斜的面和沟槽。

3. 插刀

键槽插刀的种类如图 1-81 所示。图 1-81a 为高速钢整体插刀，一般用于插削较大孔径内的键槽。图 1-81b 为柱形刀杆，在径向方孔内安装高速钢刀头，刚性较好，可用于加工各种孔径的内键槽。插刀材料一般为高速钢，也有用硬质合金的。插刀在回程时刀面与工件已加工表面会发生剧烈摩擦，将影响加工质量和刀具寿命。因此插削时需采用活动刀杆，如图1-82所示。当刀杆回程时，夹刀板3在摩擦力作用下绕轴2沿逆时针方向稍许转动，后刀面只在工件已加工表面轻轻擦过，可避免刀具损坏。回程终了时，靠弹簧1的作用力使夹刀板恢复原位。

图1-79　刨刀刀杆

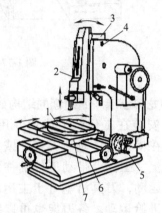

图1-80　插床外形

1—圆工作台　2—滑枕　3—滑枕导轨座
4—轴　5—分度装置　6—床鞍　7—溜板

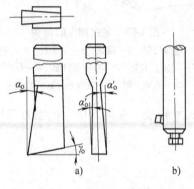

图1-81　键槽插刀的种类

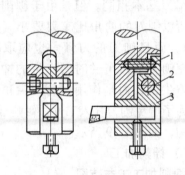

图1-82　活动刀杆

1—弹簧　2—轴　3—夹刀板

任务八　认知组合机床

【学习目标】

1）了解组合机床的特点及应用。

2）了解组合机床常用刀具的特点及类型。

【知识体系】

一、组合机床的特点及应用

组合机床是由按系列化、标准化、通用化原则设计的通用部件，以及按工件形状和加工工艺要求而设计的专用部件所组成的高效专用机床。组合机床既有一般专用机床结构简单、生产效率高、易保证精度的特点，又能适应工件的变化，重新调整和重新组合，对工件采用多刀、多面及多工位加工，特别适用于大批、大量生产中对一种或几种类似零件的一道或几道工序进行加工。组合机床可以完成钻、扩、铰、镗孔和攻螺纹、滚压以及车、铣、磨削等工序，最适合箱体类零件的加工。图 1-83 所示为立卧复合式三面钻孔组合机床。

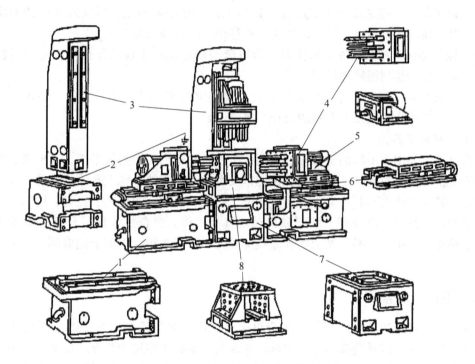

图 1-83　立卧复合式三面钻孔组合机床
1—侧底座　2—立柱底座　3—立柱　4—主轴箱　5—动力箱
6—滑台　7—中间底座　8—夹具

1. 组合机床的特点

1）设计组合机床只需选用通用零部件和设计少量专用零部件，缩短了设计与制造周期，经济效果好。

2）组合机床选用的通用零部件一般由专门厂家成批生产，是经过了长期生产考验的，其结构稳定、工作可靠、易于保证质量，而且制造成本低、使用维修方便。

3）当加工对象改变时，组合机床的通用零部件可以重复使用，有利于产品更新和提高设备利用率。

4）组合机床易于联成组合机床自动生产线，以适应大规模生产的需要。

2. 组合机床的组成

图 1-83 所示为立卧复合式三面钻孔组合机床，由 8 部分通用部件及控制部件和辅助部件（图中未示出）组成。组合机床的基础部件是通用部件，通用部件是具有特定功能，按标准化、系列化和通用化原则设计制造的，按功能分为动力部件、支承部件、控制部件和辅助部件。

（1）动力部件　动力部件用于传递动力并提供主运动和进给运动。实现主运动的动力部件有动力箱和完成各种专门工艺的切削头；实现进给运动的动力部件为动力滑台及与其配套的动力箱和各种单轴头。

（2）支承部件　支承部件用来安装和支承各部件。它包括侧底座、立柱、立柱底座和中间底座等，其结构的强度和刚度对机床精度和寿命影响很大。

（3）输送部件　输送部件用于带动夹具和工件的移动和转动，以实现工位的变换，因此，要求有较高的定位精度。输送部件主要有移动工作台和回转工作台。

（4）控制部件　控制部件用来控制组合机床按规定程序实现工作循环。它包括各种液压元件、操纵板、控制挡铁和按钮台等。

（5）辅助部件　辅助部件主要包括实现自动夹紧的液压或气动装置、机械扳手、冷却和润滑装置、排屑装置以及上下料的机械手等。

3. 组合机床的应用

组合机床主要用于平面加工和孔加工两类工序。平面加工包括铣平面、车平面、车端面和刮端面等；孔加工包括钻、扩、铰、镗孔以及倒角、攻螺纹、锪沉孔等。随着组合机床技术的发展，其工艺范围不断扩大，可完成车削、拉削、磨削、滚压孔、抛光、珩磨，甚至还可以完成冲压、焊接、热处理、装配和自动测量等工作。组合机床最适合箱体类零件的加工，对于轴类、套类、盘类、叉架类和盖板类零件，也可在组合机床上完成部分或全部工序的加工。

二、组合机床常用的刀具

根据工艺要求及加工精度不同，组合机床采用的刀具有简单刀具、组合刀具及特种刀具。如果条件允许，应尽量选择标准刀具。有时为了提高工序集中程度或保证加工精度，可采用组合刀具，用两把或两把以上的刀具组合在同一个刀体上，先后或同时加工两个或两个以上的表面。

1. 组合刀具的类型

组合刀具是按零件加工工艺的要求设计的专用刀具，但组合刀具按特征不同可分为如下类型，如图 1-84、图 1-85 所示。

1）按零件工艺要求不同分为同类工艺组合刀具和不同类工艺组合刀具。如组合扩、组合镗、组合铰为同工艺组合刀具；钻—扩组合、扩—铰组合为不同工艺组合刀具。

2）按刀齿与刀体组合方式的不同可分为整体式、焊接式和装配式。

3）按刀齿切削次序的不同分为同时切削和顺序切削组合刀具。

4）按刀具组成部分的不同分为有导向部组合刀具和无导向部组合刀具。有导向部组合刀具还可分为前导向、后导向及前后都有导向的组合刀具。

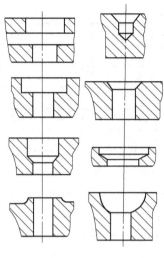

图1-84　复合孔加工范例

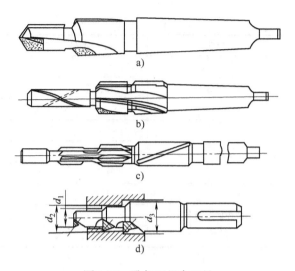

图1-85　孔加工组合刀具

a）钻—扩组合　b）组合扩　c）组合铰　d）组合镗

2. 组合刀具的特点

由于组合刀具是按零件加工工艺的要求将几道工序或工步合在一起的加工原则设计的，因此有如下特点：

1）生产效率高。由于加工工序集中，节省辅助时间，提高了生产率。

2）加工精度高。由于几把刀具组合在一个刀体上，可同时加工出零件的多个表面，因此，各表面之间具有很高的位置精度。如孔的同轴度、孔与端面的垂直度等。

3）加工成本低。由于组合刀具集中了几道工序或工步，减少了机床台数和占地面积，从而使工序成本降低。

4）使用范围广。组合刀具可加工圆孔、锥孔、螺纹孔，也可加工平面、曲面、圆弧面等。

5）对操作者技术要求低。

6）与单个刀具相比，组合刀具设计、制造和刃磨都比较麻烦，成本较高，因此，适用于大批量生产或自动生产线。

【任务拓展】

调查了解你所在学校实训基地（中心）的机械加工设备，并填写表1-10。

表1-10　设备调查表

种类	型号	特点	应用
普通车床			
普通铣床			

（续）

种类	型号	特点	应用
钻床			
磨床			
数控加工设备			

项目二　编制零件加工工艺

任务一　认知机械加工工艺过程

【学习目标】

1）能够看懂机械加工工艺过程卡。
2）掌握制定机械加工工艺规程的原则、步骤和方法。

【知识体系】

一、机械加工工艺过程的基本概念

（一）生产过程和机械加工工艺过程

生产过程是指将原材料转变为成品的全过程，对机械制造而言，它包括：

1）原材料的运输、保管和准备。
2）生产的准备工作。
3）毛坯的制造。
4）零件的机械加工与热处理。
5）零件装配成机器。
6）机器的质量检查及运行试验。
7）机器的油漆、包装和入库。

在上述生产过程中，凡是直接改变生产对象的形状、尺寸、相对位置和性质等，使其成为成品或半成品的过程称为工艺过程。例如，原材料经过铸造或锻造（或冲压、焊接等）制成铸件或锻件毛坯，这个过程就是铸造或锻造工艺过程，它们统称为毛坯制造工艺过程，它们主要是改变了原材料的形状和性质；又如，在机械加工车间，使用各种设备和工具将毛坯制成合格的零件，其过程主要是改变了毛坯的形状和尺寸，称为机械加工工艺过程；又如，将加工好的零件，按一定的装配技术要求装配成部件或机器，其过程主要是改变了零件、部件之间的相对位置，称为装配工艺过程。本项目主要讨论机械加工工艺过程。

（二）机械加工工艺过程的组成

零件的机械加工工艺过程是由许多机械加工工序按一定顺序排列而成的，毛坯依次通过这些工序就逐渐变成所需要的零件。工序是组成工艺过程的最基本单元，根据工序内容不同，每一个机加工工序可细分为安装、工步、工位和进给。

1. 工序

一个或一组工人在一个工作地（机械设备）对同一个或同时对几个工件所连续完成的

那一部分工艺过程，称为工序。其中，工作地、工人、加工对象和连续作业是构成工序的四个要素，若其中任一要素发生变化，即构成新的工序。

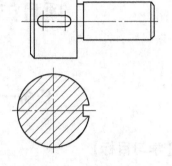

如图 2-1 所示的阶梯轴，设毛坯为锻件，各表面都需要进行加工，且精度和表面粗糙度要求不高，若采用一般机床加工，当其生产规模和车间条件不同时，则应采用不同的加工方案。表 2-1 所示的加工方案适于单件小批量生产时采用；表 2-2 所示的加工方案适于大批大量生产时采用。从表 2-1 和表 2-2 中可看出，随着零件生产规模的不同，工序的划分及每一个工序所包含的加工内容是不同的。

图 2-1　阶梯轴

表 2-1　单件小批生产的工艺过程

工序号	工 序 内 容	设 备
1	车一端面，钻中心孔 * 调头，车另一端面，钻中心孔	车床 I
2	车大外圆及倒角；调头，车小外圆、台阶面、切槽及倒角	车床 II
3	铣键槽、去毛刺	铣床

* 注：中心孔为加工需要。

表 2-2　大批大量生产的工艺过程

工序号	工 序 内 容	设 备
1	铣两端面 钻两端中心孔 *	铣端面钻中心孔机床
2	车大外圆及倒角	车床 I
3	车小外圆、台阶面、切槽及倒角	车床 II
4	铣键槽	专用铣床
5	去毛刺	钳工台

* 注：中心孔为加工需要。

2. 安装

在一道工序中，工件可能被装夹一次或多次，才能完成加工。工件经一次装夹后所完成的那一部分工序内容，称为一次安装。

例如表 2-1 中的工序 1、2 都是由两次安装所组成的，而表 2-2 中的每道工序就只有一次安装。在零件的加工过程中，应尽量减少工件装夹的次数，以避免增加零件加工时的辅助时间和定位误差，影响工艺过程的生产率和加工精度。

3. 工步

工步是指在加工表面和加工工具都不变的情况下，所连续完成的那一部分工序内容。

在表 2-1 的工序 1 中，由于加工表面和加工刀具依次在改变，所以该工序包含四个工步：两次车端面，两次钻孔。在表 2-2 的工序 1 中，由于采用如图 2-2 所示的两面同时加工的方法，所以该工序只有两个工步，像这种用几把刀具同时加工几个表面，可视为一个工步，又称为复合工步。在机械加工过程中，若采用复合工步，可有效地提高生产效率。

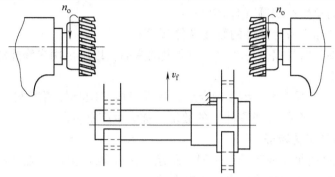

图2-2　复合工步——多刀铣削阶梯轴两端面

4. 进给

在一个工步中，有时因所需切除的金属层较厚而不能一次切完，需分几次切削，则每一次切削称为一次进给。

5. 工位

为了完成一定的工序内容，工件一次装夹后，与夹具或设备的可动部分一起，相对于刀具或设备的固定部分所占据的每一个位置称为工位。可以借助于夹具的分度机构或机床回转工作台来实现工件工位的变换（圆周或直线变位）。图2-3所示为在立式钻床上钻、铰圆盘零件上的孔，在工位Ⅰ装卸工件1后，机床夹具回转部分2带动工件一起相对于夹具固定部分3回转120°（工位Ⅱ）进行钻孔，钻孔后夹具回转部分又带动工件回转120°（工位Ⅲ）进行铰孔，所以该零件是在三个工位中完成加工的。在机械加工中采用多工位夹具，可减少工件安装次数，减少定位误差，还可缩短工序时间，提高生产效率。

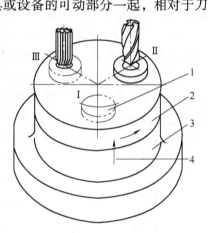

图2-3　在三个工位上钻、
铰圆盘零件上的孔
1—工件　2—机床夹具回转部分
3—夹具固定部分　4—分度机构

（三）生产纲领与生产类型

由于零件机械加工工艺规程与其所采用的生产组织类型密切相关，所以在制定零件的机械加工工艺规程时，应首先确定零件机械加工的生产组织类型。而生产组织类型主要与零件的年生产纲领有关。

1. 生产纲领

生产纲领是指企业在计划期内应当生产的产品产量和进度计划。计划期通常为一年，所以生产纲领又称为年产量。生产纲领中应计入备品和废品的数量。产品的生产纲领确定后，就可根据各零件在产品中的数量，供维修用的备品率和在整个加工过程中允许的总废品率来确定零件的生产纲领。

计划期为一年的零件生产纲领 N 可按下式计算：

$$N = Qn(1 + a\%)(1 + b\%) \tag{2-1}$$

式中　N——零件的年生产纲领（件/年）；

　　　Q——产品的年生产纲领（件/年）；

　　　n——每台产品中所含零件的数量（件/台）；

　　　$a\%$——备品率，对易损件应考虑一定数量的备品，以满足用户修配的需要；

　　　$b\%$——废品率。

　　在成批生产中，当零件生产纲领确定后，就要根据车间具体情况按一定期限分批投产。一次投入或产出的同一产品（或零件）的数量，称为生产批量。

2. 生产类型及其工艺特征

　　生产类型就是对企业（或车间、工段、班组、工作地）生产专业化程度的分类，一般分为大量生产、成批生产和单件生产三种生产类型。

　　1）大量生产。产品的数量很大，产品的结构和规格比较固定，产品生产可以连续进行，大部分工作地的加工对象都是长期单一不变的。例如汽车、拖拉机、轴承等产品的制造，通常是以大量生产方式进行的。

　　2）成批生产。成批生产的产品数量较多，每年产品的结构和规格可以预先确定，而且在某一段时间内是固定的，生产可以分批次进行，大部分工作地的加工对象是周期轮换的。根据生产批量的大小，成批生产又可分为小批生产、中批生产和大批生产。通用机床（一般为车、铣、刨、钻、磨床）等产品制造往往属于这类生产类型。

　　3）单件生产。单件生产的产品数量少，每年产品的种类、规格较多，多数产品只能单个或少量生产，很少重复。例如重型机器、大型船舶制造及新产品试制等都属于这种生产类型。

　　从上述三种生产类型的工艺特点来看，单件生产与小批量生产相似，常合称为单件小批量生产；大批量生产与大量生产相似，常合称为大批大量生产。根据前面式（2-1）计算的生产纲领参考表2-3即可确定生产类型。不同生产类型对生产组织、产品制造的工艺方法、所用设备和装备的要求有所不同。表2-4列出了各种生产类型的主要工艺特点。

表2-3　类型与生产纲领的关系　　　　　　　　（单位：件/年）

生产类型		零件生产纲领		
		重型零件	中型零件	轻型零件
单件生产		5 以下	10 以下	100 以下
批量生产	小批生产	5 ~ 100	10 ~ 200	100 ~ 500
	中批生产	100 ~ 300	200 ~ 500	500 ~ 5000
	大批生产	300 ~ 1000	500 ~ 5000	5000 ~ 50000
大量生产		1000 以上	5000 以上	50000 以上

表2-4　各种生产类型的工艺特点

特　点	单 件 生 产	成 批 生 产	大 量 生 产
工件的互换性	一般是配对制造，缺乏互换性，广泛用钳工修配	大部分有互换性，少数用钳工修配	全部有互换性。某些精度较高的配合件用分组选择装配法
毛坯的制造方法及加工余量	铸件用木模手工造型；锻件用自由锻。毛坯精度低，加工余量大	部分铸件用金属模；部分锻件用模锻。毛坯精度中等；加工余量中等	铸件广泛采用金属模机器造型；锻件广泛采用模锻，以及其他高生产率的毛坯制造方法。毛坯精度高，加工余量小

（续）

特　点	单 件 生 产	成 批 生 产	大 量 生 产
机床设备	通用机床。按机床种类及大小采用"机群式"排列	部分通用机床和部分高生产率机床。按加工零件类别分工段排列	广泛采用高生产率的专用机床及自动机床。按流水线形式排列
夹具	多用标准附件，极少采用夹具，靠划线及试切法达到精度要求	广泛采用夹具，部分靠划线法达到精度要求	广泛采用高生产率夹具及调整法达到精度要求
刀具与量具	采用通用刀具和万能量具	较多采用专用刀具及专用量具	广泛采用高生产率刀具和量具
对工人的要求	需要技术熟练的工人	需要一定熟练程度的工人	对操作工人的技术要求较低，对调整工人的技术要求较高

二、机械加工工艺规程

（一）机械加工工艺规程的作用

为了使制造出的零件能满足"优质、高产、低成本"的要求，零件的工艺过程不能仅凭经验来确定，而必须按照机械制造工艺学的原理和方法，并结合生产实践经验和具体生产条件予以确定，并最终形成工艺文件。规定产品或零件制造工艺过程和操作方法的工艺文件，称为工艺规程。其中规定零件机械加工工艺过程和操作方法等的工艺文件称为机械加工工艺规程。机械加工工艺规程有如下作用：

1）机械加工工艺规程是指导生产的主要技术文件，是指挥现场生产的依据。合理的工艺规程是依据工艺理论和实践经验而制定的，它体现了一个企业或一个部门的技术水平。按照工艺规程来组织生产，可以有效地保证产品的质量及其与生产率及成本之间的关系。机械加工工艺规程是工厂有关人员必须遵守的工艺纪律。

2）机械加工工艺规程是新产品投产前，进行有关的技术准备和生产准备的依据。如刀、夹、量具的设计，制造和采购，安排原材料、半成品、外购件的供应，确定零件投料的时间和批量，调整设备负荷等都必须以工艺规程为依据。

3）机械加工工艺规程是新建、扩建或改建厂房(车间)的依据。在新建、扩建厂房时，要根据产品的全套工艺规程来确定所需设备的种类和数量、人员配备、车间面积及其布置等。

（二）机械加工工艺规程的格式

机械加工工艺规程的制定包括拟定工艺路线和工序设计两部分内容。前者仅确定各工序的加工方法及顺序，后者则要具体地规定每道工序的操作内容。最后按照规定的格式编写成工艺文件。

机械加工工艺规程的工艺文件主要有工艺过程卡片和工序卡片两种基本形式。

1. 工艺过程卡片

工艺过程卡片也称为工艺路线卡片，格式见表2-5。它是以工序为单位简要说明零件加工过程的一种工艺文件，由于工序内容不够具体，故不能直接指导工人操作，只能用来了解零件加工的流程。对单件小批量生产一般只需编制机械加工工艺过程卡片，供生产管理和调度使用。至于每一工序具体应如何加工，则由操作者决定。

表2-5 拨叉机械加工工艺过程卡

企业名称		机械加工工艺过程卡		产品型号		零(部)件型号		工艺表1
				产品名称		零(部)件名称	拨叉	共2页 第1页
材料牌号	45	毛坯种类	模锻类	毛坯外形尺寸	模锻件	每毛坯件数	每台件数 1	备注
工序号	工序名称	工序内容			车间	工段	设备	工艺装备	备注
---	---	---	---	---	---	---	---	---	---
10	模锻	模锻			锻工				
20	热处理	正火			热处理				
30	铣削	粗铣拨叉头两端面，粗铣两端面至 $81.175_{-0.35}^{0}$ mm, Ra12.5μm			金工		立式铣床 X5025	高速钢套式面铣刀、游标卡尺专用刀具	
40	铣削	半精铣拨叉头左端面至 $80_{-0.3}^{0}$ mm, Ra3.2μm			金工		立式铣床 X5025	高速钢套式面铣刀、游标卡尺专用刀具	
50	钻削	粗扩、精扩、倒角、铰 φ30mm 孔至 $\phi 30_{0}^{+0.021}$ mm, Ra1.6μm			金工		四面组合钻床	扩孔钻、铰刀、卡尺、塞规	
60	钳工	校正拨叉脚			金工		钳式台	锤子	
70	铣削	粗铣拨叉脚两端面			金工		卧式双面铣床	三面刃铣刀、游标卡尺、专用夹具	
80	铣削	铣叉爪口内侧面			金工		立式铣床 X5025	铣刀、游标卡尺、专用夹具	
90	铣削	粗铣操纵槽底面和内侧面			金工		立式铣床 X5025	槽铣刀、卡规、深度游标卡尺、专用夹具	
							编制(日期)	审核(日期)	标准化(日期)	会签(日期)
										批准(日期)
标记	处数	更改文件号	签字	日期					

（续）

企业名称		机械加工工艺过程卡		产品型号		零（部）件型号			工艺表1
				产品名称		零（部）件名称	拨叉	共2页	第2页

材料牌号	45	毛坯种类	模锻件	毛坯外形尺寸		每毛坯件数	每台件数 1	1	
工序号	工序名称	工序内容		车间	工段	设备	工艺装备		备注
100	铣削	精铣拨叉脚两端面		金工		卧式双面铣床	三面刃铣刀、游标卡尺、专用夹具		
110	钻削	钻、粗铰、精铰 $\phi 8$ mm 孔至 $\phi 8^{+0.015}_{0}$ mm，深5mm，$Ra1.6\,\mu m$		金工		四面组合钻床	复合麻花钻、铰刀、内径千分尺		
120	钳工	去毛刺		金工		钳工台	平锉		
130	中检						塞规、百分表、卡尺等		
140	热处理	拨叉脚端面局部淬火				淬火机等			
150	钳工	校正拨叉脚		金工		钳式台	锤子		
160	磨削	磨削拨叉脚两面端面至尺寸 20 ± 0.026 mm，$Ra3.2\,\mu m$		金工		磨床 M7120A	砂轮、游标卡尺		
170	清洗			金工		清洗机			
180	终检			金工			塞规、百分表、卡尺等		
				编制（日期）	审核（日期）	标准化（日期）	会签（日期）		批准（日期）
标记	处数	更改文件号	签字	日期					

2. 工序卡片

工序卡片是为每一道工序编制的一种工艺文件。在卡片上应绘制工序简图，在工序简图上，应用规定符号表示工件在本工序的定位情况，用粗黑实线表示本工序的加工表面，应注明各加工表面的工序尺寸及公差、表面粗糙度和其他技术要求等。在工序卡片上，还要详细写明各工步的顺序和内容，使用的设备及工艺装备，规定的切削用量和时间定额等具体内容。

工序卡片主要用以指导工人如何进行操作，它主要用于大批大量生产中的机械加工各道工序和单件小批生产中的关键工序。

3. 制定机械加工工艺规程的原始资料

在制定零件机械加工工艺规程时，必须具备下列原始资料：

1）零件图及其产品装配图。

2）产品质量的验收标准。

3）零件的生产纲领。

4）现场的生产条件（毛坯制造能力、机床设备、工艺装备、工人技术水平、专用设备和工装的制造能力）。

5）国内、外有关的先进制造工艺及今后生产技术的发展方向等。

6）有关的工艺、图样、手册及规范性文件等资料。

三、制订机械加工工艺规程的步骤

1. 根据零件的生产纲领确定生产类型

制订工艺规程时，必须首先根据零件的生产纲领确定其生产类型，才能使制订的工艺规程与生产类型相适应，以取得良好的经济效益。

当零件的产量较小时，可将那些工艺特征相似的零件归拼成组来进行加工。目的是将各种零件较小的生产量汇集成为较大的成组生产量，以求用大批量生产的高效工艺方法和设备来进行小批量生产。

2. 对被加工零件进行工艺分析

对被加工零件进行工艺分析包括分析产品零件图以及该零件所在部件或总成的装配图，并进行工艺性审查。

通过分析产品零件图及有关的装配图，明确该零件在部件或总成中的位置、功用和结构特点，了解零件各项技术条件制订的依据，并找出其中的主要技术要求和技术关键，以便在制订工艺规程时采取措施，予以保证。

工艺性审查的内容除了检查零件图上的视图、尺寸、表面粗糙度、几何公差是否标注齐全以及各项技术要求是否合理外，还要审查零件结构的工艺性。所谓零件结构的工艺性，是指所设计的零件在满足使用要求的前提下，制造的可行性和经济性。零件的结构设计必须考虑到加工时的装夹、对刀、测量和切削效率。

结构工艺性不好会使加工困难、浪费工时，有时甚至无法加工。工艺性是否可行与生产类型密切相关。如果发现零件的加工工艺性较差或生产成本较高，应与有关设计人员共同研究，进行必要的修改。

3. 确定毛坯

在制订工艺规程时，所确定的毛坯是否合适，对零件的质量、材料消耗、加工工时都有很大的影响。显然，毛坯的尺寸和形状越接近成品零件，机械加工的工作量就越少，但是毛坯的制造成本就越高。所以，确定毛坯，应根据生产纲领，综合考虑毛坯制造和机械加工的费用，以求得最佳的经济效益。

4. 拟定工艺路线

工艺路线是零件生产过程中，由毛坯到成品所经过工序的先后顺序。拟定加工工艺路线，即制订出零件全部由粗到精的加工工序，其主要内容包括选择定位基准、确定各表面的加工方法、划分加工阶段、确定工序集中和分散的程度、合理安排加工顺序等。

拟定工艺路线是制定工艺规程最关键的一步，一般需要提出几个方案，进行分析比较，然后选择最佳方案。

5. 确定各工序的加工余量，计算工序尺寸及公差

6. 选择各工序所用的设备和工艺装备

7. 确定切削用量及时间定额

单件小批生产中，为了简化工艺文件及生产管理，常不规定切削用量。对流水线、尤其是自动生产，各工序、工步都需要规定切削用量，以保证各工序的生产节拍均衡。

8. 填写工艺文件

四、工艺过程的技术经济分析

对于所制订的工艺规程，应使其具有较高的或最优的经济效益。为此，在制订工艺规程时应进行经济性分析。

（一）工艺成本的计算

制造一个零件或一台产品所需要的一切费用的总和称为生产成本。在生产成本中，大约70%～75%的费用是与工艺过程直接有关的，称为工艺成本，在制订工艺规程时需要分析计算这部分费用。

工艺成本可分为可变费用和不变费用两大部分：

1）可变费用是与年产量有关并与之成比例的费用，并以符号 V 表示。可变费用 V 包括：材料费 C_c，机床工人的工资 C_{jg}，机床电费 C_d，普通机床折旧费 C_{wz}，普通机床修理费 C_{wx}，刀具费 C_{da}，万能夹具费 C_{wj}。

2）不变费用是与年产量的变化没有直接关系的费用，当产量在一定的范围内变化时，全年的费用基本上保持不变，这部分费用以符号 S 表示。不变费用 S 包括：调整工人的工资 C_{dg}，专用机床折旧费 C_{zz}，专用机床修理费 C_{zx}，专用夹具费 C_{zj}。

所以，一种零件（或一个工序）全年的工艺成本为

$$E = VN + S \tag{2-2}$$

式中 N——年产量（件）。

$$V = C_c + C_{jg} + C_d + C_{wz} + C_{wx} + C_{da} + C_{wj} \tag{2-3}$$

$$S = C_{dg} + C_{zz} + C_{zx} + C_{zj} \tag{2-4}$$

单件工艺成本或单件的一个工序的工艺成本为

$$E_d = V + S/N \tag{2-5}$$

全年工艺成本 $E = VN + S$ 的图解为一直线，如图 2-4 所示，它说明全年工艺成本的变化 ΔE 与年产量的变化 ΔN 成正比。但单件工艺成本 E_d 与年产量 N 是双曲线关系，如图 2-5 所示，当 N 增大时，E_d 减小且逐渐接近于可变费用 V。

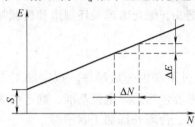

图 2-4　全年工艺成本与年产量的关系

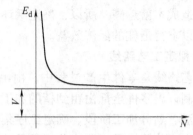

图 2-5　单件工艺成本与年产量

（二）工艺方案经济性的评比方法

在制订工艺规程时，有时可提出几种不同的方案，这时应分析比较不同方案的经济效果。下面按两种不同的情况，说明分析比较其经济性的方法。

1）第一种情况，若两种工艺方案的基本投资相近，或者以现有设备为条件，在这种情况下，可以对两种方案的工艺成本进行比较。

现以两种方案的单件工艺成本进行比较，即当

$$E_{d1} = V_1 + S_1/N$$
$$E_{d2} = V_2 + S_2/N$$

在某一年产量 N_i 下若 $E_{d1} > E_{d2}$，则第二方案的经济性好，如图 2-6 所示。由此可知，各方案的优劣与零件的产量有密切的关系。当两种方案的全年工艺成本相同时，则 $E_1 = E_2$，N 以 N_k 表示，则 N_k 称为临界产量。

即 $$N_k V_1 + S_1 = N_k V_2 + S_2 \tag{2-6}$$

故 $$N_k = (S_2 - S_1)/(V_1 - V_2) \tag{2-7}$$

若 $N < N_k$，宜采用第二方案；若 $N > N_k$，则宜采用第一方案。

2）第二种情况，若两种方案的基本投资相差较大时，例如，第一方案采用了高生产率的价格较贵的机床和工艺装备，所以基本投资 K_1 多，但工艺成本 E_1 较低；第二方案采用了生产率较低的但价格较低的机床和工艺装备，所以基本投资 K_2 少，工艺成本 E_2 较高。在这种情况下，工艺成本的降低是由于增加基本投资而得到的，所以单纯比较工艺成本是难以全面评定经济性的，还必须考虑不同方案的基本投资差额的回收期。所谓回收期，是指第一方案比第二方案多用的投资，

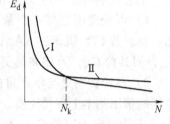

图 2-6　两种方案单件工艺成本

需要多长时间才能由于工艺成本的降低而收回。回收期可用下式表示：

$$\tau = \frac{K_1 - K_2}{E_2 - E_1} = \frac{\Delta K}{\Delta E} \tag{2-8}$$

式中　τ——回收期（年）；

　　　ΔK——基本投资差额；

ΔE——全年生产费用节约额。

回收期越短，则经济效果越好。一般回收期应满足以下要求：

1）回收期应小于所采用设备的使用年限。

2）回收期应小于市场对该产品的需求年限。

3）回收期应小于国家规定的标准回收期。

任务二 识读零件图

【学习目标】

1）了解零件的技术要求。

2）熟悉零件的结构工艺性。

【知识体系】

一、机械加工零件的图样分析

在制订零件的机械加工工艺规程时，首先要识读该零件的零件图，对零件的工艺性进行全面分析，具体包括：

1）零件的材料、生产批量、结构特点和技术要求。

2）有哪些需要加工的表面，具体的尺寸精度、表面粗糙度、几何公差要求等。

教学案例：图 2-7 所示为拨叉零件图，图 2-8 所示为拨叉零件三维图样。拨叉应用在拖拉机变速器的换档机构中，其结构简单，属典型的叉架类零件。拨叉头以孔 $\phi30mm$ 套在变速叉轴上，并用销钉经 $\phi8mm$ 孔与变速叉轴连接，拨叉脚则夹在双联变换齿轮的槽中。变速时操纵变速杆，变速操纵机构就通过拨叉头部的操纵槽带动拨叉与变速叉轴一起滑移，拨叉脚拨动双联变换齿轮在花键轴上滑动以改换档位，从而改变拖拉机的行驶速度。

（一）审查图样的完整性和正确性

审查图样包括：视图是否符合国家标准，尺寸及偏差、表面粗糙度、几何公差等标注是否齐全、合理等；如有错误或遗漏，应提出修改意见。

拨叉的结构特点分析：拨叉在改换档位时要承受弯曲应力和冲击载荷的作用，因此应具有足够的强度、刚度和韧性，以适应拨叉的工作条件。根据拨叉用途得知其主要工作表面为拨叉脚两端面、叉轴孔 $\phi30^{+0.021}_{0}mm$（H7）和锁销孔 $\phi8^{+0.015}_{0}mm$（H7），在设计工艺规程时应重点予以保证。

拨叉由两个功能部分组成，分别是：

1）拨叉与变速叉轴配合部分，为保证拨叉在叉轴上有准确的位置，改换档位准确，拨叉采用锁销定位，叉轴孔 $\phi30^{+0.021}_{0}mm$（H7）和锁销孔 $\phi8^{+0.015}_{0}mm$（H7）有较高精度要求。

2）拨叉脚运动实现换档、变速的功能部分，叉脚两端面在工作中需要承受冲击载荷，为增强其耐磨性，该表面要求高频淬火处理，硬度为 48～58HRC，为保证拨叉换档时叉脚受力均匀，叉脚两端面有几何公差要求。

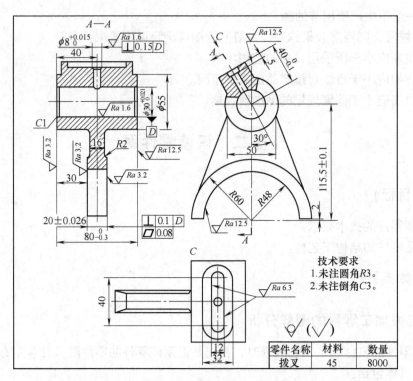

图 2-7　拨叉零件图

（二）审查图样技术要求的合理性

产品设计应当遵循经济性原则，即在不影响使用性能的前提下，尽量降低对制造精度的要求。因此，工艺技术人员应审查零件的技术要求是否过高，在现有生产条件下能否达到，以便与设计人员共同研究探讨，通过改进设计的方法达到生产的经济与合理。零件的技术要求包括尺寸及偏差、几何公差、表面粗糙度和热处理等。

1. 尺寸、偏差及几何公差

拨叉的尺寸公差包括叉轴孔 $\phi 30_0^{+0.021}$mm（其轴线为基准 D）、头部左右两端面宽度 $80_{-0.3}^{0}$mm，销孔 $\phi 8_0^{+0.015}$mm 所在凸台相关尺寸 32mm、72mm、12mm（操纵槽宽度）以及凸台顶面至基准 D 中心距离 $40_{-0.1}^{0}$mm，拨叉脚相关尺寸 $R60$mm、$R48$mm、20 ± 0.026mm、115.5 ± 0.1mm、30mm、50mm、2mm 等。

拨叉的几何公差包括拨叉脚两端面平面度公差 0.08mm，

图 2-8　拨叉零件三维图样

销孔 $\phi 8_0^{+0.015}$mm（H7）轴线相对于基准 D 的垂直度公差 0.15mm，拨叉脚两端面相对于基准 D 的垂直度公差 0.1mm。

2. 表面粗糙度

表面粗糙度是表面微观几何形状误差，是已加工表面质量的主要标志之一，它对机械的使用性能和寿命有直接影响，表面粗糙度的获得方法和应用举例见表 2-6。

拨叉零件图中叉轴孔 $\phi 30^{+0.021}_{0}$ mm（H7）和锁销孔 $\phi 8^{+0.015}_{0}$ mm（H7）的表面粗糙度值为 $Ra1.6\mu m$，$A—A$ 视图左端面及拨叉脚两端面的表面粗糙度值为 $Ra3.2\mu m$，销孔 $\phi 8^{+0.015}_{0}$ mm 所在凸台内宽度12mm槽（操纵槽）的内侧面的表面粗糙度值为 $Ra6.3\mu m$，$A—A$ 视图右端面、凸台端面、操纵槽底面以及拨叉脚 $R48$ 内表面的表面粗糙度值为 $Ra12.5\mu m$，其余为非加工表面。

表 2-6　各级表面粗糙度的表面特征、经济加工方法及应用举例

表面粗糙度		表面外观情况	获得方法举例	应用举例
级别	名称			
$\sqrt{Ra\,100}$	粗面	明显可见刀痕	毛坯以经过粗车、粗刨、粗铣等加工方法所获得的表面	非接触面，如钻孔、倒角、没有要求的自由表面
$\sqrt{Ra\,50}$		可见刀痕		
$\sqrt{Ra\,25}$		微见刀痕		
$\sqrt{Ra\,12.5}$	半光面	可见加工痕迹	精车、精刨、精铣、刮研和粗磨	支架、箱体和盖等的非配合面，一般螺纹支承面
$\sqrt{Ra\,6.3}$		微见加工痕迹		箱、盖、套筒要求紧贴的表面，键和键槽的工作表面
$\sqrt{Ra\,3.2}$		看不见加工痕迹		要求有不精确定心及配合特征的表面，如支架孔、衬套、带轮工作表面
$\sqrt{Ra\,1.6}$	光面	可辨加工痕迹方向	金刚石车刀精车、精铰、拉刀加工、精磨、珩磨、研磨、抛光	要求保证定心及配合特性的表面，如轴承配合表面、锥孔
$\sqrt{Ra\,0.8}$		微辨加工痕迹方向		要求能长期保持规定的配合特性，如标准公差等级为IT6、IT7的轴和孔
$\sqrt{Ra\,0.4}$		不可辨加工痕迹方向		主轴的定位锥孔，$d<20$mm淬火的精确轴的配合表面
$\sqrt{Ra\,0.2}$	最光面	暗光泽面	超精磨、研磨、抛光、镜面磨	保证精确的定位锥面，高精度滑动轴承表面
$\sqrt{Ra\,0.1}$		亮光泽面		精密机床主轴颈、工作量规、测量表面、高精度轴承滚道
$\sqrt{Ra\,0.05}$		镜状光泽面		精密仪器和附件的摩擦面，用光学观察的精密刻度尺
$\sqrt{Ra\,0.025}$		雾状光泽面		坐标镗床的主轴颈、仪器的测量表面
$\sqrt{Ra\,0.012}$		镜面		量块的测量面、坐标镗床的镜面轴

3. 热处理

零件图的热处理分析主要是指通过技术要求了解热处理种类及对加工表面提出的硬度要求。结合拨叉的使用，拨叉脚两端面在工作中需要承受冲击载荷，为增强其耐磨性，该表面要求高频淬火处理，硬度为 48～58HRC。

（三）审查零件材料的合理性

零件材料的不同将对零件工艺过程的经济性有很大的影响。拨叉的使用特点要求该零件具有一定的强度和抗冲击能力，因此选用 45 钢并经热处理后得到一定的综合力学性能。

（四）拨叉零件的主要技术要求

拨叉零件的主要技术要求见表 2-7。

表 2-7 拨叉零件的主要技术要求

加工表面	尺寸及偏差/mm	公差等级	表面粗糙度 $Ra/\mu m$	几何公差/mm
拨叉头左端面	$80_{-0.3}^{0}$	IT12	3.2	
拨叉头右端面	$80_{-0.3}^{0}$	IT12	12.5	
拨叉脚内表面	$R48$	IT13	12.5	
拨叉脚两端面	20 ± 0.026	IT9	3.2	两端面平面度公差 0.08，相对于基准 D 的垂直度公差 0.1
$\phi 30mm$ 孔	$\phi 30_{0}^{+0.021}$	IT7	1.6	
$\phi 8mm$ 孔	$\phi 8_{0}^{+0.015}$	IT7	1.6	中心线与基准 D 的垂直度公差为 0.15
操纵槽内侧面	12	IT11	6.3	
操纵槽底面	5	IT13	12.5	

二、获得加工精度的方法

（一）获得尺寸精度的方法

（1）试切法 通过试切出一小段—测量—调刀—再试切，反复进行，直到达到规定尺寸再进行加工的加工方法称为试切法。图 2-9 所示为一个车削的试切法例子。试切法的效率低，加工精度取决于工人的技术水平，故常用于单件小批生产。

（2）调整法 先调整好刀具的位置，然后以不变的位置加工一批零件的方法称为调整法。图 2-10 所示为用对刀块和塞尺调整铣刀位置的方法。调整法加工生产率较高，精度较稳定，常用于批量或大量生产。

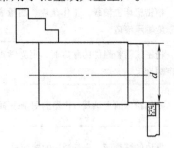

图 2-9 车削加工试切法

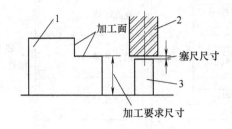

图 2-10 铣削加工调整法

（3）定尺寸刀具法 通过刀具的尺寸来保证加工表面尺寸精度的方法称为定尺寸刀具法。如用钻头、铰刀、拉刀加工孔均属于定尺寸刀具法。这种方法操作简便，生产率较高，加工精度也较稳定。

（4）自动控制法　自动控制法是通过自动测量和数字控制装置，在达到尺寸精度时自动停止加工的一种尺寸控制方法。这种方法加工质量稳定，生产率高，是机械制造业的发展方向。

（二）获得形状精度的方法

（1）刀尖轨迹法　刀尖轨迹法是指通过刀尖的运动轨迹来获得形状精度的方法。所获得的形状精度取决于刀具和工件间相对成形运动的精度。车削、铣削、刨削等均属于刀尖轨迹法，如图 2-11 所示。

（2）仿形法　刀具按照仿形装置进给对工件进行加工的方法称为仿形法。仿形法所得到的形状精度取决于仿形装置的精度以及其他成形运动的精度。仿形铣、仿形车属于仿形法加工。

（3）成形法　利用成形刀具对工件进行加工获得形状精度的方法称为成形法。成形刀具替代一个成形运动，所获得的形状精度取决于成形刀具的形状精度和其他成形运动精度。铣齿和拉齿属于成形法加工齿轮，如图 2-12 所示。

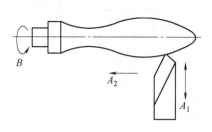

图 2-11　刀尖轨迹法车成形面

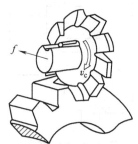

图 2-12　用盘形铣刀铣齿

（4）展成法　利用刀具和工件作展成切削运动形成包络面，从而获得形状精度的方法称为展成法。展成法加工获得的形状精度取决于各切削运动的精度。滚齿属于展成法加工齿轮，如图 2-13 所示。

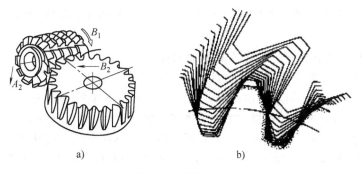

a)　　　　　　　　　　　　　b)

图 2-13　滚齿加工

（三）获得位置精度的方法（工件的安装方法）

当零件结构复杂、加工面较多时，需要经过多道工序的加工，其位置精度取决于工件的安装方式和安装精度。工件安装常用的方法如下：

1. 找正安装法

找正安装法就是用百分表或目测直接在机床上找正工件位置的装夹方法。用单动卡盘装夹工件，需要保证加工面外圆 B 对外圆 A 的同轴度要求，先用百分表找正外圆 A 对机床主轴的同轴度，夹紧后车削可保证精度要求，如图 2-14 所示。

2. 划线找正安装

先根据图样尺寸在工件毛坯上用划针将待加工表面的轮廓线划出，然后按照所划的线校正工件在机床上的位置并夹紧。

3. 夹具安装法

利用专用夹具上的定位元件和夹紧机构使工件迅速准确地安装，无需找正。采用夹具安装工件，定位精度高、生产率高，适用于大批量生产。图 2-15 所示为一套类零件在夹具上的安装。

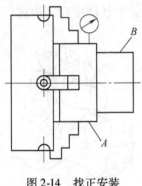

图 2-14　找正安装

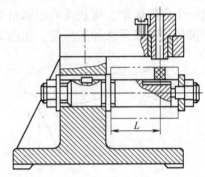

图 2-15　夹具安装

三、机械加工零件的结构工艺性

零件的结构工艺性好与差是相对的，与生产的工艺过程、生产类型、生产条件和技术水平等因素有关。

零件的结构工艺性分析主要包括：零件的尺寸和公差标注、零件的切削加工工艺性及零件的整体结构。

（一）合理标注零件的尺寸、公差和表面粗糙度

零件图样上的尺寸标注既要满足设计要求，又要便于加工。

【例 2-1】　如图 2-16a 所示的齿轮轴，端面 A 和 B 都要最终磨削加工。磨削 A 面，需同时保证尺寸 45mm 和 165mm；磨削 B 面，需同时保证尺寸 45mm、60mm 和 165mm，增加了加工难度，故工艺性不好。若改成图 2-16b 所示的尺寸标注形式，则磨削 A 面时，仅保证尺寸 165mm；磨削 B 面时，仅保证尺寸 60mm，避免了多尺寸同时保证的问题，降低了加工难度，故结构工艺性好。

（二）零件结构的切削加工工艺性

在机械制造过程中，零件切削加工所耗费的工时和费用最多，因此，零件结构的切削加工工艺性尤为重要。

1. 结构尺寸标准化

零件的结构尺寸（如孔径、齿轮模数、螺纹螺距、键槽、过渡圆角半径等）应标准化，

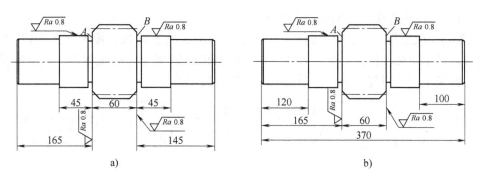

图 2-16　合理标注尺寸
a）不合理　b）合理

以便在生产中采用标准刀具和通用量具，使生产成本降低。

　　【例 2-2】　如图 2-17 所示，被加工的孔应具有标准孔径，不通孔的孔底和阶梯孔的过渡部分应与钻头顶角的圆锥角相同。

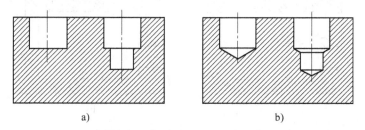

图 2-17　不通孔与阶梯孔的结构
a）不合理　b）合理

2. 便于加工，提高切削效率

1）减少加工面积。

　　【例 2-3】　图 2-18 所示的支架要装配在机座上，应设计成图 2-18b 所示的结构，而避免设计成 2-18a 所示的结构。这样既减少了机加工工时，又有利于提高接触刚度。

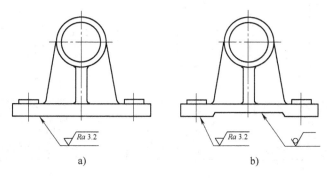

图 2-18　支架底面结构
a）不合理　b）合理

2）减少工件装夹次数、减少刀具种类。

【例2-4】　铣削图2-19a所示的两个键槽，需装夹、找正两次，而铣削图2-19b所示的两个键槽，只需装夹、找正一次。另外，在结构和传递转矩允许的条件下，轴上键槽（或退刀槽）的宽度应尽可能一致，以便加工时减少刀具种类。

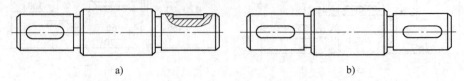

图2-19　两键槽位置结构

a）不合理　b）合理

3）尽量避免内表面的加工。

【例2-5】　把箱体内表面的加工（图2-20a）改成外表面的加工（图2-20b）。

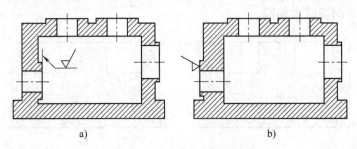

图2-20　箱体内表面加工改为外表面加工

a）不合理　b）合理

3. 形状简单，布局合理，便于刀具的切入和退出

【例2-6】　在图2-21中，图2-21a、d无法加工，因为螺纹刀具不能加工到根部。图2-21b、e可以加工，但螺尾几个牙型不完整，为此 L 必须大于螺纹的实际旋合长度；图2-21c、f设置螺纹退刀槽，退刀方便，且可在螺纹全长上获得完整的牙型。

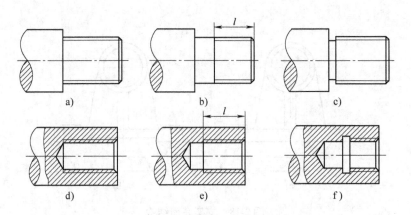

图2-21　外螺纹与内螺纹结构

【例2-7】 应有足够的槽宽，便于刀具的进出。如图2-22所示的T形槽的加工，图2-22b所示的结构因有足够的槽宽，结构合理；图2-22a所示的结构因槽宽尺寸较小，刀具无法进出，结构不合理。

【例2-8】 箱体零件尽量采用同轴孔，且应向同一方向递增或递减。如图2-23b所示的同轴孔从左到右越来越小，方便刀具的切入和退出，结构合理；图2-23a所示的结构不合理，同轴孔系中间的大孔加工时刀具的切入和退出不方便。

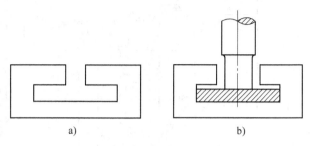

图2-22　T形槽应便于刀具进出
a) 不合理　b) 合理

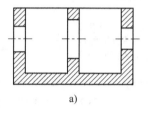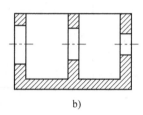

图2-23　箱体零件同轴孔结构
a) 不合理　b) 合理

4. 保证足够的刚度

零件具有足够的刚度，才能承受较大的夹紧力和切削力。加工时才能选用大的切削用量，提高效率。

【例2-9】 增设加强肋，防止切削变形，如图2-24所示，上表面需要用去除材料的方法获得加工精度，为减小切削过程中切削力造成工件的变形，图2-24b所示的结构增设了加强肋，结构合理，图2-24a所示的结构不合理。

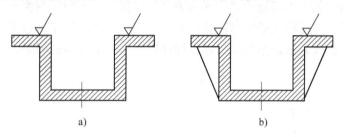

图2-24　增设加强肋，提高零件刚度
a) 不合理　b) 合理

【任务拓展】

1. 自找中等难度的零件图，识读零件图的技术要求与结构工艺性。

2. 分析图2-25所示的套筒零件图，以列表的形式（表2-8）说明零件的加工表面及相应的尺寸要求。

表2-8　套筒零件技术要求

加工表面	尺寸及偏差	公差等级	表面粗糙度 $Ra/\mu m$	几何公差

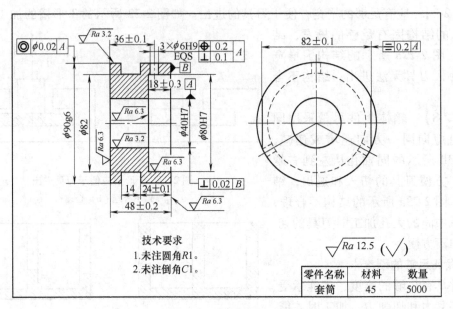

图 2-25　套筒零件图

任务三　毛坯选择

机械零件的制造包括毛坯制造和切削加工两个阶段，毛坯种类的确定不仅对后续的切削加工产生很大影响，而且还直接影响产品的质量、制造周期、使用寿命和成本。因此，正确选择毛坯的制造方法及其制造精度是机械设计和制造中非常重要的问题。

【学习目标】

1）了解常用毛坯的种类。

2）学会合理选择毛坯。

【知识体系】

一、毛坯种类

根据毛坯制造方法不同，常见的毛坯可分为铸件、锻件、型材、焊接件和冲压件等。

1. 铸件

铸件适用于形状复杂的零件毛坯，如箱体、机架、底座、床身等宜采用铸件。铸造方法主要有砂型铸造、金属型铸造、离心铸造、压力铸造，较常用的是砂型铸造。

2. 锻件

锻件毛坯由于能获得纤维组织结构的连续性和均匀分布，从而可提高零件的强度，所以适用于强度较高、形状比较简单的零件毛坯，其锻造方法有自由锻和模锻两种。自由锻毛坯精度低，加工余量大，生产率低，适用于单件小批生产以及大型零件毛坯。模锻毛坯精度高、加工余量小、生产率高，但成本也高，适用于中小型零件毛坯的大批大量生产。

3. 型材

型材分为冷拉和热轧两种。型材的品种规格很多。常用的型材的断面有圆形、方形、长方形、六角形，以及管材、板材、带料等。

4. 焊接件

焊接件是根据需要将型材或钢板焊接而成的毛坯件，其优点是结构重量轻，制造周期短，但焊接结构抗振性差，焊接的零件热变形大，且须经过时效处理后才能进行机械加工。

5. 冲压件

冷冲压件毛坯可以非常接近成品要求，冲压的生产率也高，适用于加工形状复杂、批量较大的中小尺寸板料零件。

各种常见毛坯的种类和特点见表2-9，性能比较见表2-10。

表2-9 常见毛坯的优缺点比较

毛坯种类	成形方法	优点	缺点	应用场合
铸件	液态成形	不受金属种类、零件尺寸、形状和质量限制，适应性广；毛坯与零件形状相近，切削加工量少，材料利用率高，成本低	毛坯组织疏松，力学性能较差	灰铸铁件用于受力不大，或承受压应力为主，或要求减振、耐磨的零件；球墨铸铁件用于受力较大的零件；铸钢件用于承受重载而形状复杂的大中型零件，如机架、箱体、齿轮、阀体等
锻件	在固态下经塑性变形成形	锻件组织精密，晶粒细小，力学性能好，使用性能和寿命较好	要求原材料塑性好，变形抗力小；毛坯形状较铸件简单，生产成本高	承受重载荷、动载荷及复杂载荷的低碳、中碳钢和合金结构钢重要零件毛坯，如主轴、传动轴、齿轮、曲轴等
型材	经轧制、拉拔、挤压等方法成形	组织细密，力学性能好	保留材料内部原有缺陷，如气孔、裂纹，纤维组织的原有方向等	中、小型简单零件
焊接件	利用金属的熔化或原子的扩散作用，形成永久性的连接	形状和尺寸不受限制，材料利用率高，生产准备周期短	要求材料强度高、塑性好、液态下化学稳定性好；精度较低；接头处表面粗糙、内应力大	主要用于低碳钢、低合金高强度结构钢、不锈钢及铝合金的各种金属结构

表2-10 常见毛坯性能比较

毛坯种类	标准公差等级（IT）	加工余量	适用材料	工件尺寸	工件形状	适用生产类型	生产成本
型材		大	各种材料	小型	简单	各种类型	低
型材焊接件		一般	钢材	大、中型	较复杂	单件	低
砂型铸造	13级以下	大	铸铁、青铜为主	各种尺寸	复杂	各种类型	较低
自由锻造	13级以下	大	钢材为主	各种尺寸	较简单	单件小批	较低
普通模锻	11~15级	一般	钢、锻铝、铜等	中、小型	一般	批量、大量	一般

（续）

毛坯种类	标准公差等级（IT）	加工余量	适用材料	工件尺寸	工件形状	适用生产类型	生产成本
钢模铸造	10～12级	较小	铸铝为主	中、小型	较复杂	批量、大量	一般
精密锻造	8～11级	较小	钢材、锻铝等	小型	较复杂	大量	较高
压力铸造	8～11级	小	铸铁、铸钢、青铜	中、小型	复杂	批量、大量	较高
熔模铸造	7～10级	很小	铸铁、铸钢、青铜	小型为主	复杂	批量、大量	高

二、毛坯的选择原则

毛坯的种类与质量对零件的加工质量、材料消耗、生产率、成本有重要影响。选择毛坯应综合考虑以下几个方面的因素：

1. 零件的材料及对零件力学性能的要求

当零件的材料确定后，毛坯的类型也就大致确定了。例如零件的材料是铸铁或青铜，毛坯就只能采用铸造，而不能用锻造。如果零件材料是钢材，当零件的力学性能要求较高时，不管形状简单与复杂，都应选锻件；当零件的力学性能无过高要求时，可选型材或铸钢件。

2. 零件的结构形状与外形尺寸

钢质的一般用途的阶梯轴，若台阶直径相差不大，可用棒料；若台阶直径相差大，则宜用锻件，以节约材料和减少机械加工工作量。大型零件受设备条件限制，一般只能用自由锻和砂型铸造；中小型零件根据需要可选用模锻和各种先进的铸造方法。

3. 生产类型

大批大量生产时，应选毛坯精度和生产率都高的先进毛坯制造方法，使毛坯的形状、尺寸尽量接近零件的形状、尺寸，以节约材料，减少机械加工工作量，由此而节约的费用会远远超出毛坯制造所增加的费用，获得好的经济效益。单件小批生产时，应选毛坯精度和生产率均比较低的一般毛坯制造方法，如自由锻和手工木模造型等方法。

4. 生产条件

选择毛坯时，应考虑现有生产条件，如现有毛坯的制造水平和设备情况、外协的可能性等。可能时，应尽可能组织外协，实现毛坯制造的社会专业化生产，以获得好的经济效益。

5. 充分考虑利用新工艺、新技术和新材料

随着毛坯制造专业化生产的发展，目前毛坯制造方面的新工艺、新技术和新材料的应用越来越多，如精铸、精锻、冷轧、冷挤压、粉末冶金和工程塑料的应用日益广泛，这些方法可大大减少机械加工量，节约材料，有十分显著的经济效益。在选择毛坯时，上述情况应予充分考虑，在可能的条件下，尽量采用。

三、毛坯的形状及尺寸的确定

实现少切屑、无切屑加工是现代机械制造技术的发展趋势之一。但是，由于受到毛坯制造技术的限制，以及对零件精度和表面质量的要求越来越高，所以毛坯上的某些表面仍需要有加工余量，以便通过机械加工来达到质量要求。这样毛坯尺寸与零件尺寸就不同，其差值称为毛坯加工余量，毛坯制造尺寸的公差称为毛坯公差，它们的值可参照有关工艺手册来确定。下面仅从机械加工工艺角度分析在确定毛坯形状和尺寸时应注意的问题。

1）为了加工时安装工件方便，有些铸件毛坯需铸出工艺凸台，如图 2-26 所示。在零件加工完毕后一般应切除，如对使用和外观没有影响也可保留在零件上。

2）装配后需要形成同一工作表面的两个相关零件，为保证加工质量并使加工方便，常将这些分离零件先做成一个整体毛坯，加工到一定阶段再切割分离。例如图 2-27 所示车床进给系统开合螺母外壳，其毛坯是两件合制的。

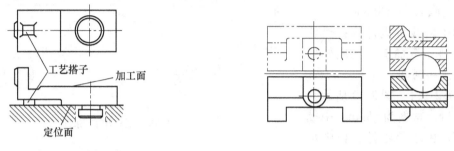

图 2-26　工艺凸台　　　　　　　　　图 2-27　车床开合螺母外壳简图

3）对于形状比较规则的小型零件，为了提高机械加工的生产率和便于装夹，应将多件合成一个毛坯，当加工到一定阶段后，再分离成单件，例如图 2-28 所示的滑键。对毛坯的各平面加工好后切离为单件，再对单件进行加工。

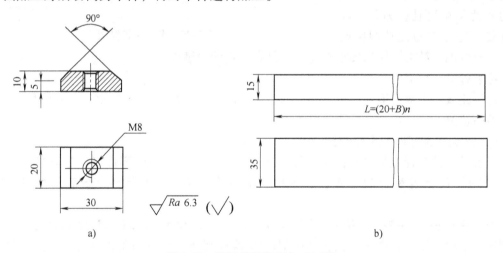

a)　　　　　　　　　　　　　　　　　b)

图 2-28　滑键的零件图与毛坯图
a）滑键零件图　b）毛坯图

四、毛坯选择案例分析

（一）轴杆类零件的毛坯选择

轴杆类零件常用的毛坯是型材和锻件，大型且结构复杂的轴也可用铸件或焊接结构件。

光轴或直径相差不大的阶梯轴，常用型材（即热轧或冷拉圆钢）作为毛坯。直径相差较大的阶梯轴或要承受冲击载荷和交变应力的重要轴，均采用锻件作为毛坯。结构复杂的大型轴类零件，可采用砂型铸造件、焊接结构件或铸—焊结构毛坯。

【例2-10】 图2-29所示为减速器传动轴，工作载荷基本平衡，材料为45钢，小批量生产。由于该轴工作时不承受冲击载荷，工作性质一般，且各阶梯轴径相差不大，因此，可选用热轧圆钢作为毛坯。下料尺寸为 $\phi45mm \times 220mm$。

加工路线可设计为：热轧棒料下料→粗加工→调质处理→精加工→磨削。

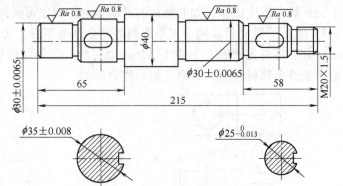

图2-29 减速器传动轴

【例2-11】 图2-30所示为磨床主轴，材料为65Mn，中批量生产。由于该零件工作中承受弯曲、扭转、冲击等载荷，要求具有较高的强度；同时，砂轮主轴与滑动轴承相配合，因主轴转速高容易导致轴颈与轴瓦磨损，故要求轴颈具有较高的硬度和耐磨性；另外，砂轮在装拆过程中易使外圆锥面

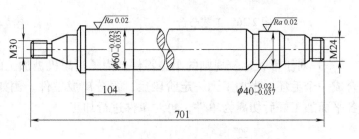

图2-30 磨床主轴简图

拉毛，影响加工精度，所以要求这些部位具有一定的耐磨性。

毛坯种类：模锻件。

加工路线：下料→锻造→退火→粗加工→调质处理→精加工→表面淬火→粗磨→低温人工时效→精磨。

（二）盘套类零件的毛坯选择

盘套类零件是指直径尺寸较大而长度尺寸相对较小的回转体零件（一般长度与直径之比小于1），包括各种齿轮、带轮、飞轮、联轴节、套环、轴承环、端盖及螺母、垫圈等。

（1）带轮的毛坯选择 带轮是通过中间挠性件（传动带）来传递运动和动力的，一般载荷比较平稳。因此，中小带轮多采用HT150铸铁制造，毛坯采用砂型铸造，生产批量较小时用手工造型；生产批量较大时可采用机器造型；对于结构尺寸很大的带轮，为减轻重量可采用钢板焊接毛坯。

（2）链轮的毛坯选择 链轮是通过链条作为中间挠性件来传递动力和运动的，其工作过程中的载荷有一定的冲击，且链齿的磨损较快。链轮的材料大多为钢材，最常用的毛坯为锻件。单件小批生产时，采用自由锻造；生产批量较大时使用模锻。

（3）圆柱齿轮的毛坯选择 齿轮的毛坯选择取决于齿轮的材料、结构形状、尺寸大小、使用条件及生产批量等因素。钢制齿轮如果尺寸较小且性能要求不高，可采用热轧棒料，除此之外，一般都采用锻造毛坯。对于直径比较大，结构比较复杂的不便于锻造的齿轮，采用铸钢毛坯或焊接组合毛坯。

【例2-12】　图2-31所示为C620-1车床主轴箱中Ⅲ轴上的三联滑移齿轮简图，材料选用40Cr，单件生产，该齿轮主要用来传递动力并改变转速，通过拨动箱外手柄使齿轮在Ⅲ轴上作滑移运动，与Ⅱ轴上的不同齿轮啮合，以获得不同的转速。机床齿轮载荷不大，运动平稳，工作条件好，故对齿轮的耐磨性及冲击韧度要求不高。

毛坯种类：自由锻件。

加工工艺路线：下料→锻造→正火→粗加工→调质→精加工→齿轮高频淬火及回火→精磨。

【例2-13】　图2-32所示为解放牌汽车的变速齿轮，材料为20CrMnTi钢，大批量生产。要求齿轮表面硬度为58~62HRC，心部硬度为30~45HRC。

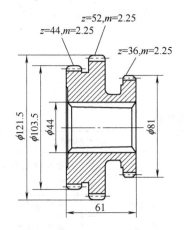

图2-31　车床主轴箱中三联滑移齿轮

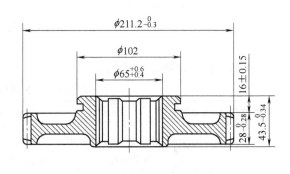

图2-32　汽车变速齿轮

毛坯种类：模锻件。

加工工艺路线：下料→模锻→正火→粗加工→半精加工→渗碳淬火、低温回火→喷丸→珩（或磨）齿。

喷丸处理是一种强化手段，可使零件渗碳表层的压应力进一步增大，有利于提高疲劳强度，同时也可清除氧化皮。

（三）箱体类零件的毛坯选择

箱体类零件是机器的基础件，包括机身、齿轮箱、阀体、泵体、轴承座等。箱体类零件的结构形状一般都较复杂，且内部呈腔形，为满足减振和耐磨等方面的要求，其材料一般采用铸铁，常见的毛坯是砂型铸造的铸件。在单件小批生产、新产品试制或结构尺寸很大时，也可采用钢板焊接毛坯。

【例2-14】　图2-33所示为泵体零件图，大批生产。该零件是泵的支承件，结构比较复杂。材料选择HT150。

毛坯种类：机器造型的砂型铸造。

加工路线：铸造→时效处理→粗加工→半精加工→精加工。

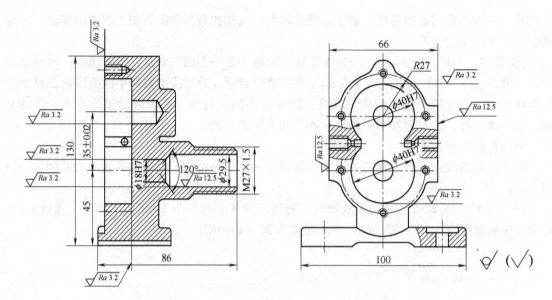

图 2-33　泵体零件图

典型零件毛坯选用分析见表2-11。

表 2-11　典型零件毛坯选用分析

零件类型	常见零件	受力情况	性能要求	选用毛坯	
轴杆类	实心轴、空心轴、直轴、曲轴、各类杆件	受弯、扭、拉、压多种应力，并多为循环应力，有时还承受冲击应力；在轴颈和滑动表面处承受摩擦	良好的综合力学性能；交变载荷大时还应有高的抗疲劳性能；局部要求有高的硬度和耐磨性能	小尺寸轴杆	截面变化不大时，选用型材
				一般轴	型材或锻件
				凸轮轴	锻件或球墨铸铁铸件
				大型、重型、复杂轴类	锻—焊或铸—焊
盘套类（以齿轮为例）	齿轮、带轮、手轮、套筒、模具、法兰盘	受交变弯曲应力、冲击力；齿面受接触应力、摩擦力	齿轮主体有高的强度、韧性；齿面有高的硬度、耐磨性	一般齿轮	调质钢、渗碳钢锻件
				形状简单或小型齿轮	型材
				直径大、形状复杂、强度高	铸钢件
				受力不大、无冲击、低速	铸铁件
箱座、支架类（以箱座、支架为例）	机架、机身、机座、工作台、齿轮箱、阀体	主要承受压应力	良好的减振性、刚度	一般箱座、支架	铸铁件
				受力大且复杂	铸钢件
				质轻、受力一般	铝合金铸件
				单件、工期短	钢材焊接件

（四）拨叉零件的毛坯选择

拨叉在工作过程中要承受冲击载荷，为增强拨叉的强度和冲击韧度，使金属纤维尽量不被切断，保证零件工作可靠，毛坯选用锻件。该拨叉的轮廓尺寸不大，重量为 4.5kg，属于轻型零件，且已知零件年产量为 8000 件，生产类型属于大批生产，所以可以采用模锻成型，毛坯精度中等，加工余量中等。这有利于提高生产率，保证加工质量。

【任务拓展】

根据图 2-25 所示套筒零件图的材料和结构：

1）确定毛坯的种类。
2）查阅有关资料，确定各加工表面的毛坯余量与公差。
3）绘制毛坯图。

任务四　选择工件定位基准

【学习目标】

1）掌握基准的基本概念。
2）掌握定位基准的选择原则。

【知识体系】

一、基准及分类

基准就是依据，是用来确定生产对象上几何要素间的几何关系所依据的那些点、线、面。在设计、加工、检验、装配机器零件和部件时，必须选择一些点、线、面，根据它们来确定其他点、线、面的尺寸和位置，那些作为依据的点、线、面就称为基准。

基准根据其功用不同，可分为设计基准和工艺基准两大类。

（一）设计基准

设计基准是指在零件图上用于标注尺寸和表示表面相互位置关系的基准。如图 2-34 所示的轴套零件，轴线 $O\text{-}O$ 是各外圆及内孔表面的设计基准；端面 A 是端面 B 和端面 C 的设计基准；内孔 D 的轴线是 $\phi40h6$ 外圆的径向圆跳动和端面 B 的端面跳动的设计基准。对于一个零件来说，在各个方向上往往只有一个主要的设计基准。

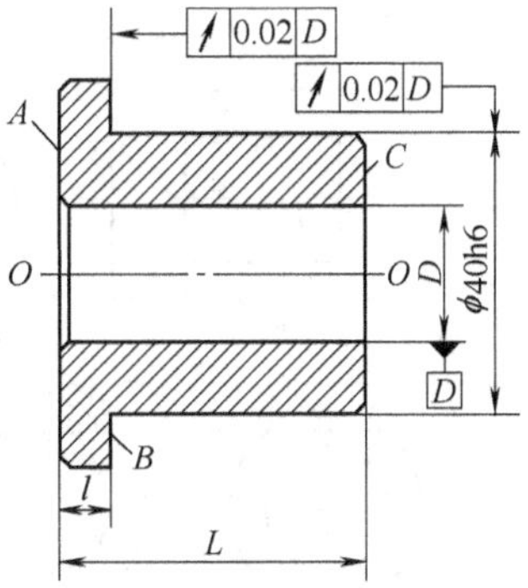

（二）工艺基准

图 2-34　设计基准

在加工或装配过程中所采用的基准可分为：工序基准、定位基准、测量基准和装配基准。

1. 工序基准

在工序图上用来确定本工序加工后的尺寸、形状、位置的基准称为工序基准。用来确定被加工表面位置的尺寸称为工序尺寸,如图 2-35 所示,在轴套上钻孔时,20 ± 0.1mm 和 15 ± 0.1mm 分别是以轴肩左侧面和右侧面为工序基准时的工序尺寸。

2. 定位基准

在加工时用作定位的基准称为定位基准,它用来确定工件在机床夹具中的正确位置。在使用夹具时,定位基准就是工件与夹具定位元件相接触的表面。如图 2-36 所示,加工平面 3 和 6 时是通过平面 1 和 4 放在夹具上定位的,所以,平面 1 和 4 是加工平面 3 和 6 的定位基准。

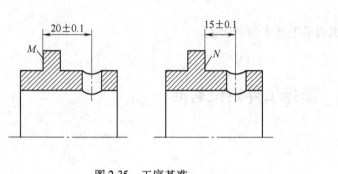

图 2-35　工序基准

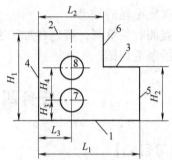

图 2-36　定位基准

定位基准按使用情况可分定位粗基准和定位精基准,精基准是指已经过机械加工的定位基准,而没有经过机械加工的定位基准则为粗基准。

3. 测量基准

在测量零件时采用的基准称为测量基准,如图 2-37 所示。

4. 装配基准

装配时用以确定零件在机器中位置的基准称为装配基准,如图 2-38 所示,齿轮的内孔是齿轮在传动轴上的装配基准。

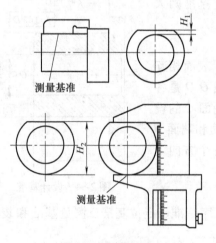

图 2-37　测量基准

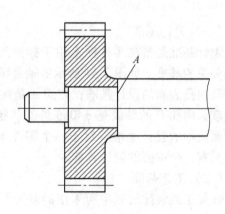

图 2-38　装配基准

二、粗基准的选择原则

在第一道工序中，只能使用毛坯的表面来定位，这种定位基准就是粗基准。定位粗基准的选择应该保证所有加工表面都有足够的加工余量，而且各加工表面对不加工表面具有一定的位置精度。其选择的具体原则如下：

（一）重要表面原则

为了保证工件某些重要表面的余量均匀，先选择该表面作为粗基准。例如车床床身零件的加工中导轨面是最重要的表面，它不仅精度要求高，而且要求导轨面具有均匀的金相组织

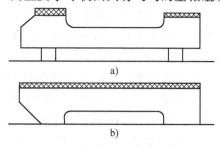

和较高的耐磨性。由于在铸造床身时，导轨面是倒扣在砂箱的最底部浇铸成型的，导轨面材料质地致密，砂眼、气孔相对较少，因此要求在加工床身时，导轨面的实际切除量要尽可能地小而均匀，按照上述原则，第一道工序应该选择导轨面作粗基准加工床身底面，如图 2-39a 所示，然后以加工过的床身底面作精基准加工导轨面，如图 2-39b 所示，此时从导轨面上去除的加工余量小而均匀。

图 2-39　床身导轨的加工

（二）非加工表面原则

如果需要保证加工表面与非加工表面间的位置要求，则应选择非加工表面为粗基准。如图 2-40 所示的零件，表面 A 为非加工表面，为保证孔加工后壁厚均匀，应选择 A 作为粗基准车孔 B，当零件上有若干个非加工表面时，选与加工表面间相互位置精度要求较高的那一非加工表面作为粗基准。

（三）最小加工余量原则

若零件上有多个表面要加工，则应选择其中余量最小的表面为粗基准，以保证各加工表面都有足够的加工余量。如图 2-41 所示的阶梯轴毛坯，$\phi50mm$ 外圆的余量最少，故以此为粗基准，若以余量较大的 $\phi100mm$ 的外圆为粗基准，就有可能产生 $\phi50mm$ 外圆处余量不足的问题。

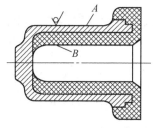

图 2-40　圆筒零件的加工

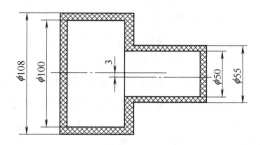

图 2-41　阶梯轴毛坯加工

（四）不重复使用原则

粗基准在同一尺寸方向上只能使用一次。因为毛坯面粗糙且精度低，重复使用将产生较大的误差。

（五）尽可能选大而平整的表面作粗基准

使加工后各加工表面对各不加工表面的尺寸精度、位置精度更容易符合图样要求，不应选择有飞边、浇口、冒口或其他缺陷的表面作粗基准，使装夹可靠。

三、精基准的选择原则

第一道工序以后，就应以加工过的表面为定位基准，这种定位基准就称为精基准，选择精基准的主要原则如下：

（一）基准重合原则

尽可能选用设计基准为定位基准，这样可以避免定位基准与设计基准不重合而引起的定位误差。如图 2-42 所示的车床床头箱零件，要求主轴孔距底面 M 的距离 $H_1 = 205 \pm 0.1$mm。大批量生产时在组合机床上采用调整法加工，为方便布置中间导向装置，以床头箱体的顶面 N 为定位基准，镗孔工序直接保证的工序尺寸是 H，而 H_1 是由 H 和 H_2 间接保证的，要求 $T_H + T_{H2} \leq T_{H1}$。如果以底面 M 定位，定位基准与设计基准重合，可以直接按设计尺寸 H_1 加工。

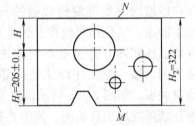

图 2-42   基准不重合误差实例

（二）基准统一原则

在加工位置精度要求较高的某些表面时，应尽可能选用统一的定位基准，这样有利于保证各加工表面的位置精度。如加工较精密的阶梯轴时，往往以中心孔为定位基准车削各表面；在精加工之前，还要修研中心孔，然后以中心孔定位，磨削各表面，采用同一基准还可使各道工序的夹具结构单一化，便于设计制造。

（三）互为基准原则

对工件上两个相互位置精度要求比较高的表面进行加工时，可以利用两个表面互相作为基准，反复进行加工，以保证位置精度要求。例如，加工精密齿轮时，再以内孔定位加工齿面，齿面淬火后，再以齿面为基准磨内孔，最后以内孔为基准磨齿面，从而保证孔与齿面的位置精度；再如，铣床主轴套筒外圆与内孔同轴度要求较高，在加工时，先以外圆定位磨内孔，再以内孔定位磨外圆，从而保证外圆与内孔的同轴度要求。

（四）自为基原则

某些加工表面加工精度很高，加工余量小而均匀时，可选择以加工表面本身作为定位基准。如图 2-43 所示，磨削床身导轨面时，常在磨头上装百分表以导轨面本身作为基准来找正定位。应用这种精基准加工工件，只能提高加工表面的尺

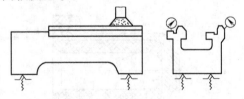

图 2-43   自为基准实例

寸精度、形状精度，不能提高表面间的相互位置精度，位置精度应由先行工序保证。

（五）对精基准的要求

所选基准应保证装夹稳定、可靠、夹具结构简单、操作安全方便。有些原则之间是相互矛盾的，在具体使用中要抓住主要矛盾和矛盾的主要方面，在确保加工质量的前提下，力求所选基准能实现低成本、低消耗，并使夹具结构简单。

四、辅助基准

在工件上专门设置或加工出定位基准，这种定位基准在零件的工作中并无用处，它完全是为了加工需要而设置的，这种基准称为辅助基准。如轴加工用的中心孔、箱体工件的工艺孔。

工件上往往有多个表面需要加工，会有多个设计基准。要遵循基准重合原则，就会有较多定位基准，因而夹具种类也较多。为了减少夹具种类，简化夹具结构，可在工件上找一组基准，或者在工件上专门设计一组辅助定位基面，用它们来定位加工工件上的多个表面，遵循基准统一原则。

五、拨叉零件的定位基准分析

（一）粗基准的选择

如图 2-7 所示，拨叉选择变速叉轴孔 $\phi30mm$ 的外圆面和拨叉头右端面作粗基准。采用 $\phi30mm$ 外圆面定位加工内孔可保证孔的壁厚均匀；采用拨叉头右端面作粗基准加工左端面，可以为后续工序准备好精基准。

（二）精基准的选择

根据拨叉零件的技术要求和装配要求，选择拨叉头左端面和叉轴孔 $\phi30^{+0.021}_{0}mm$ 作为精基准，零件的多个表面都可以采用它们作基准进行加工，即遵循了"基准统一"原则。叉轴孔 $\phi30^{+0.021}_{0}mm$ 的轴线是设计基准，选用其作精基准定位加工拨叉脚两端和锁销孔 $\phi8^{+0.015}_{0}mm$，实现了设计基准和定位基准的重合，保证了被加工表面的垂直度要求。选用拨叉头左端面作精基准同样是遵循了"基准重合"的原则，因为该拨叉在轴向方向上的尺寸多以该端面作为设计基准；另外，由于拨叉件刚性较差，受力易产生弯曲变形，为了避免在机械加工中产生夹紧变形，根据夹紧力应垂直于主要定位基面并应作用在刚度较大部位的原则，夹紧力作用点不能作用在叉杆上。选用拨叉头左端面作精基准，夹紧可作用在拨叉头的右端面上，从而使夹紧稳定可靠。

【任务拓展】

根据图 2-25 所示的套筒零件图，分析并确定其定位精基准和定位粗基准。

任务五　拟定工艺路线

【学习目标】

1）掌握表面加工的各种方法及选择加工方法时考虑的因素。

2）了解工序划分。

3）掌握工序集中和工序分散原则的应用。

4）掌握工序顺序的安排原则和方法。

【知识体系】

一、表面加工方法的选择

表面加工方法的选择，就是为零件上每一个有质量要求的表面选择一组合理的加工方法。选择加工方法时，必须考虑该种方法能达到的加工经济精度和表面粗糙度。所谓加工经济精度就是在正常的加工条件下所能保证的加工精度，若提高装备条件或多费工时细心操作，也能提高一定加工精度，但这样会增加成本，降低生产率，因而是不经济的。

（一）选择表面加工方法时应考虑的因素

1）根据每个加工表面的技术要求，确定加工方法和分几次加工。

2）应选择相应的能获得经济公差等级和经济表面粗糙度的加工方法。表 2-12 ～表 2-14 分别列出了外圆加工、孔加工和平面加工等各种加工方法的经济公差等级和表面粗糙度，加工时，不能盲目采用高的公差等级和小的表面粗糙度的加工方法，以免增加生产成本，浪费设备资源。

3）考虑与零件材料的加工性能、热处理状况相适应。淬火钢、耐热钢等材料宜采用磨削加工，对硬度低、韧性高的有色金属等进行精加工时不宜采用磨削加工。

4）选择加工方法要考虑生产类型。大批量生产时，应采用高效率和先进的加工方法，例如，大批量加工孔和平面时可采用拉削加工或采用专用设备，单件小批生产时则采用通用机床和一般的加工方法。

5）应考虑工件的结构和尺寸。例如：对于 IT7 的孔，采用镗削、铰削、拉削和磨削等均可达到要求，但是箱体上的孔一般不宜采用拉削或磨削，大孔时采用镗削，小孔时宜采用铰削。

6）要考虑现有的设备和技术条件。所选择的加工方法，不能脱离本企业的现有设备，应充分利用现有的设备和工艺手段，充分发挥本企业群众的潜力，发挥工人的创造性，提高企业的活力。

表 2-12　外圆加工中各种加工方法的经济公差等级和表面粗糙度

加工方法	加工情况	经济公差等级	表面粗糙度 $Ra/\mu m$	加工方法	加工情况	经济公差等级	表面粗糙度 $Ra/\mu m$
车	粗车	IT13 ～ IT11	10 ～ 80		精磨	IT7 ～ IT6	0.16 ～ 1.25
	半精车	IT10 ～ IT8	2.5 ～ 10	外磨	精密磨	IT6 ～ IT5	0.08 ～ 0.32
	精车	IT7 ～ IT6	1.25 ～ 5.5		镜面磨	IT5	0.008 ～ 0.08
	金刚石车	IT6 ～ IT5	0.02 ～ 1.25	抛光			0.008 ～ 1.25
铣	粗铣	IT13 ～ IT12	10 ～ 80		粗研	IT6 ～ IT5	0.16 ～ 0.63
	半精铣	IT12 ～ IT11	2.5 ～ 10	研磨	精研	IT5	0.04 ～ 0.32
	精铣	IT9 ～ IT8	1.25 ～ 2.5		精密研	IT5	0.008 ～ 0.08
车槽	一次行程	IT12 ～ IT11	10 ～ 20	超精加工	精	IT5	0.08 ～ 0.32
	二次行程	IT11 ～ IT10	2.5 ～ 10		精密	IT5	0.01 ～ 0.16
外磨	粗磨	IT9 ～ IT8	1.25 ～ 10	砂带磨	精磨	IT6 ～ IT5	0.02 ～ 0.16
	半精磨	IT8 ～ IT7	0.63 ～ 2.5		精密磨	IT5	0.01 ～ 0.04

表 2-13　孔加工中各种加工方法的经济公差等级和表面粗糙度

加工方法	加工情况	经济公差等级	表面粗糙度 $Ra/\mu m$	加工方法	加工情况	经济公差等级	表面粗糙度 $Ra/\mu m$
钻	$\phi15mm$ 以下	IT13 ~ IT11	5 ~ 80	镗	粗镗	IT13 ~ IT12	5 ~ 20
	$\phi15mm$ 以上	IT12 ~ IT10	20 ~ 80		半精镗	IT11 ~ IT10	2.5 ~ 10
扩	粗扩	IT13 ~ IT12	5 ~ 20		精镗（浮动镗）	IT9 ~ IT7	0.63 ~ 5
	一次扩孔（铸孔或冲孔）	IT13 ~ IT11	10 ~ 40		金刚镗	IT7 ~ IT5	0.16 ~ 1.25
	精扩	IT11 ~ IT9	1.25 ~ 10	内磨	粗磨	IT11 ~ IT9	1.25 ~ 10
铰	半精铰	IT9 ~ IT8	1.25 ~ 10		半精磨	IT10 ~ IT9	0.32 ~ 1.25
	精铰	IT7 ~ IT6	0.32 ~ 2.5		精磨	IT8 ~ IT7	0.08 ~ 0.63
	手铰	IT5	0.08 ~ 1.25		精密磨（精修整砂轮）	IT7 ~ IT6	0.04 ~ 0.16
拉	粗拉	IT10 ~ IT9	1.25 ~ 5	珩	粗珩	IT6 ~ IT5	0.16 ~ 1.25
	一次拉孔（铸孔或冲孔）	IT11 ~ IT10	0.32 ~ 2.5		精珩	IT5	0.04 ~ 0.32
	精拉	IT9 ~ IT7	0.16 ~ 0.63	研磨	粗研	IT6 ~ IT5	0.16 ~ 0.63
推	半精推	IT8 ~ IT6	0.32 ~ 1.25		精研	IT5	0.04 ~ 0.32
	精推	IT6	0.08 ~ 0.32		精密研	IT5	0.008 ~ 0.08
				挤	滚珠、滚柱扩孔器，挤压头	IT8 ~ IT6	0.01 ~ 1.25

表 2-14　平面加工中各种加工方法的加工经济公差等级和表面粗糙度

加工方法	加工情况	经济公差等级	表面粗糙度 $Ra/\mu m$	加工方法	加工情况	经济公差等级	表面粗糙度 $Ra/\mu m$
周铣	粗铣	IT13 ~ IT11	5 ~ 20	平磨	粗磨	IT10 ~ IT8	1.25 ~ 10
	半精铣	IT11 ~ IT8	2.5 ~ 10		半精磨	IT9 ~ IT7	0.63 ~ 2.5
	精铣	IT8 ~ IT6	0.63 ~ 5		精磨	IT7 ~ IT6	0.16 ~ 1.25
					精密磨	IT6 ~ IT5	0.04 ~ 0.32
端铣	粗铣	IT13 ~ IT11	5 ~ 20	刮	25 × 25 mm^2 内点数	8 ~ 10	0.63 ~ 12.5
	半精铣	IT11 ~ IT8	2.5 ~ 10			10 ~ 13	0.32 ~ 0.63
	精铣	IT8 ~ IT6	0.63 ~ 5			13 ~ 16	0.16 ~ 0.32
车	半精车	IT11 ~ IT8	2.5 ~ 10			16 ~ 20	0.08 ~ 0.16
	精车	IT8 ~ IT6	1.25 ~ 5			20 ~ 25	0.04 ~ 0.08
	细车（金刚石车）	IT6	0.02 ~ 1.25				
刨	粗刨	IT13 ~ IT11	5 ~ 20	研磨	粗研	IT6	0.16 ~ 0.63
	半精刨	IT11 ~ IT8	2.5 ~ 10		精研	IT5	0.04 ~ 0.32
	精刨	IT8 ~ IT6	0.63 ~ 5		精密研	IT5	0.008 ~ 0.08
	宽刀精刨	IT6	0.16 ~ 1.25				
插			2.5 ~ 20	砂带磨	精磨	IT6 ~ IT5	0.04 ~ 0.32
					精密	IT5	0.01 ~ 0.04
拉	粗拉（铸造或冲压表面）	IT11 ~ IT10	5 ~ 20	滚压		IT10 ~ IT7	0.16 ~ 2.5
	精拉	IT9 ~ IT6	0.32 ~ 2.5				

（二）表面加工方法的选择

（1）外圆加工　一般说来，车削、磨削和光整加工是外圆的主要加工方法，但对韧性大的有色金属零件，磨屑极易堵塞砂轮，常用精细车代替磨削以获得较小的表面粗糙度。

（2）孔加工　对于相同精度的孔和外圆，孔加工较困难些，而且孔系零件的结构也比较复杂，所以孔加工方案较外圆复杂。孔加工可在车、钻、扩、铰、镗、拉、磨床上进行，在实体材料上加工，多由钻孔开始，已经铸出或锻出的孔，多由扩或粗镗开始。至于孔的精加工，铰孔、拉孔适用于直径较小的孔，直径较大的孔可用精镗或精磨；淬硬的孔只能用磨削进行精加工；珩磨多用于直径较大的孔，研磨则是对大孔、小孔均适用。

（3）平面加工　平面一般采用铣削或刨削加工，旋转体零件端面则采用车削加工，动配合表面和配合要求较高的固定装配面，还必须在铣削或刨削之后进行精加工，精加工的方法有刮研、磨削和精刨（或精铣）。平面拉削主要用于大量生产。小型零件的精密平面可采用研磨作为最后工序。

（4）成形面的加工　一般的成形面可以用车削、铣削、刨削及拉削等方法加工，但无论用什么方法，基本上可归纳为两种形式：用成形刀具加工及用工件和刀具作特定的相对运动的方法进行加工。用成形刀具加工成形面，方法简单、生产率高，但刀具制造复杂；在普通车床或铣床上用附加的靠模装置加工，则没有上述缺点，但机床的结构要复杂些，才能使刀具或工件作出符合成形面轮廓的相对运动，在大批量生产中常采用专用机床（如凸轮轴加工车床、磨床等）来满足精度和生产率两方面的要求。

零件的加工表面都有一定的加工要求，一般都不可能通过一次加工就能达到要求，而是要通过多次加工（即多道工序）才能逐步达到要求。表 2-15 ~ 表 2-17 分别列出了外圆表面、平面、孔的加工方案和各种加工方案所能达到的经济公差等级，供确定表面加工方案时参考。

表 2-15　常用的外圆表面加工方案及其经济公差等级

序号	加　工　方　案	经济公差等级	表面粗糙度 $Ra/\mu m$	适　用　范　围
1	粗车	IT13 ~ IT11	50 ~ 25	
2	粗车→半精车	IT9	12.5 ~ 6.3	淬火钢以外的各种金属
3	粗车→半精车→精车	IT7 ~ IT6	3.2 ~ 1.6	
4	粗车→半精车→精车→滚压（或抛光）	IT8 ~ IT6	0.4 ~ 0.05	
5	粗车→半精车→磨削	IT7 ~ IT6	1.6 ~ 0.8	
6	粗车→半精车→粗磨→精磨	IT6 ~ IT5	0.8 ~ 0.2	淬火钢，也可用于不淬火钢，但不宜加工有色金属
7	粗车→半精车→粗磨→精磨→超精加工（或轮式超精磨）	IT5	0.2 ~ 0.025	
8	粗车→半精车→精车→金刚石车削	IT6 ~ IT5	0.8 ~ 0.05	有色金属加工
9	粗车→半精车→粗磨→精磨→超精磨或镜面磨	IT5 ~ IT3	0.05 ~ 0.012	极高精度的外圆加工
10	粗车→半精车→粗磨→精磨→研磨	IT5 ~ IT3	0.2 ~ 0.012	

表 2-16　平面加工方案及其经济公差等级

序号	加工方案	经济公差等级	表面粗糙度 $Ra/\mu m$	适用范围
1	粗车→半精车	IT9～IT8	12.5～13.2	端面
2	粗车→半精车→精车	IT7～IT6	3.2～0.8	
3	粗车→半精车→磨削	IT9→IT7	1.6～0.2	
4	粗铣（或粗刨）→精铣（或精刨）	IT9～IT7	12.5～1.6	一般不淬硬平面（端面的表面粗糙度可较小）
5	粗铣（或粗刨）→精铣（或精刨）→刮研	IT6～IT5	1.6～0.1	精度要求较高的不淬硬平面，批量较大时宜采用宽刃精刨方案
6	粗铣（或粗刨）→精铣（或精刨）→宽刃精刨	IT6	1.6～0.4	
7	粗铣（或粗刨）→精铣（或精刨）→磨削	IT6	1.6～0.2	精度要求较高的淬硬平面或不淬硬平面
8	粗铣（或粗刨）→精铣（或精刨）→粗磨→精	IT6～IT5	0.8～0.025	
9	粗铣→拉	IT9～IT6	1.6～0.2	大量生产的小平面（精度视拉刀精度而定）
10	粗铣→精铣→磨削→研磨	IT5	0.2～0.012	高精度平面

表 2-17　孔加工方案及其经济公差等级

序号	加工方案	经济公差等级	表面粗糙度 $Ra/\mu m$	适用范围
1	钻	IT13～IT11	25	加工未淬火钢、铸铁、实心毛坯、有色金属（$d<15mm$）
2	钻→铰	IT9	6.3～3.2	
3	钻→粗铰→精铰	IT8～IT7	3.2～1.6	
4	钻→扩	IT11	25～12.5	加工未淬火钢、铸铁、实心毛坯、有色金属（$d<15mm$）
5	钻→扩→铰	IT9～IT7	6.3～3.2	
6	钻→扩→粗铰→精铰	IT7	3.2～1.6	
7	钻→扩→机铰→手铰	IT7～IT6	0.8～0.2	
8	钻→扩→拉	IT9～IT7	3.2～0.2	大批大量生产
9	粗镗（或扩孔）	IT13～IT11	25～12.5	除淬火钢外的各种材料以及具有铸造毛坯孔或锻造毛坯孔的工件
10	粗镗（粗扩）→半精镗（精扩）	IT9～IT8	6.3～3.2	
11	粗镗（粗扩）→半精镗（精扩）→精镗（铰）	IT8～IT7	3.2～1.6	
12	粗镗→半精镗→精镗→浮动镗刀精镗	IT7～IT6	1.6～0.8	
13	粗镗→半精镗→精镗→浮动镗刀精镗→挤压	IT7～IT6	1.6～0.4	
14	粗镗→半精镗→磨孔	IT8～IT7	1.6～0.4	用于淬火钢，不宜用于有色金属
15	粗镗→半精镗→粗磨→精磨	IT7～IT6	0.4～0.2	
16	粗镗→半精镗→精镗→金刚镗	IT7～IT6	0.8～0.1	用于有色金属

（续）

序号	加工方案	经济公差等级	表面粗糙度 $Ra/\mu m$	适用范围
17	钻→扩→粗铰→精铰→珩磨	IT7 ~ IT6	0.4 ~ 0.05	精度要求很高的孔
18	钻→扩→拉→珩磨			
19	粗镗→半精镗→精镗→珩磨			
20	钻→扩→粗铰→精铰→研磨	IT6 以上	0.2 ~ 0.012	
21	钻→扩→拉→研磨			
22	粗镗→半精镗→精镗→研磨			

二、加工阶段的划分

当零件精度要求较高或较为复杂，为保证零件的加工质量和合理地使用设备、人力，零件往往不可能在一个工序内完成全部工作，而必须将工件的机械加工划分阶段。一般将表面的加工划分为最多五个加工阶段：去毛皮加工阶段、粗加工阶段、半精加工阶段、精加工阶段、光整加工阶段。一般零件的加工常分为三个加工阶段：粗加工阶段、半精加工阶段、精加工阶段，毛坯误差大的可安排去毛皮加工阶段，精度要求较高的可安排光整加工阶段。

粗加工阶段的任务是高效地切除各加工表面的大部分余量、提高生产率，使毛坯在形状和尺寸上接近成品，留有均匀而恰当的余量，为半精加工和精加工作准备。

半精加工阶段的任务就是消除粗加工留下的误差，使工件达到一定精度，为主要表面的精加工作准备，并完成一些次要表面的加工（如钻孔、攻螺纹和铣键槽等）。

精加工阶段的任务是完成各主要表面的最终加工，使零件位置精度、尺寸精度及表面粗糙度达到图样规定的质量要求

光整加工阶段：对于标准公差等级及表面粗糙度要求很高的零件（IT6 级以上，表面粗糙度要求在 $Ra0.2\mu m$ 以上）需要安排此阶段，其主要任务是提高表面粗糙度和进一步提高尺寸精度和形状精度，但一般不用于纠正位置精度。

工艺过程划分加工阶段的主要原因：

1）易于保证加工质量。粗加工的任务是尽快切除多余的金属层，工件粗加工时产生较大的切削力和切削热，此时所需的夹紧力也较大，工件会产生较大的受力变形和热变形，从而造成较大的加工误差和较大的表面粗糙度，半精加工阶段是为精加工作准备，而精加工阶段的目的是最终保证加工质量，精加工余量小，受力小，受力变形小，振动小，切削热小，受热变形小，这样就能保证加工质量。

2）粗加工切除较多余量，可及时发现毛坯缺陷，并采取措施，减少或降低精加工工序的制造费用，避免浪费工时，精加工安排在最后，有利于保护精加工过的表面不受损伤。

3）可以合理使用机床、设备，不同的设备具有不同的精度能力和精度寿命，加工过程分阶段，可以在粗加工阶段使用低精度或旧设备，精加工阶段使用高精度设备。

4）便于安排热处理工序。

工艺过程加工阶段的划分不是绝对的，对于那些刚性好、余量小、加工要求不高或内应力影响不大的工件，如有些重型零件的加工，可以不划分加工阶段。

三、工序的集中与分散

零件上所需加工的表面加工方案确定及划分加工阶段以后，需将各加工表面按不同加工阶段组合成若干个工序，拟定出整个加工路线，组合工序时有工序集中或工序分散两种方式。

（一）工序集中

工序集中就是将工件的加工集中在少数工序内完成，而每道工序的内容较多，其主要特点是：

1）可减少装夹的次数。

2）便于采用高生产率的机床。

3）有利于生产组织和计划工作。

4）占用生产面积小。

5）机床结构复杂，刀具多，降低了机床的可靠性，可能影响生产率。

6）设备过于复杂，调整维护都不方便。

7）生产准备工作量大。

（二）工序分散

工序分散就是将零件的加工内容分散到很多工序内完成。其特点是：

1）采用比较简单的机床和工艺装备，调整容易。

2）生产准备工作量小。

3）容易转产。

4）设备多、工人多，生产面积大。

工序集中与工序分散各有优缺点，在制订工艺路线时应根据生产类型、零件的结构特点及工厂现有条件等灵活处理。一般情况下，单件小批生产能简化生产作业计划组织工作，易于工序集中；成批生产和大批量生产中，多采用工序分散，也可采用工序集中，机械加工的发展方向是工序集中，加工中心机床的加工是典型的工序集中的例子。

表 2-18　工序集中与工序分散的特点比较

特点	工序数目	工序内工步数	机床设备数目	生产面积	工人技术要求	适用范围
工序集中	少	多	少	小	高	单件、成批生产；使用多刀、多轴高效机床；重型零件
工序分散	多	少	多	大	低	流水线大量生产；刚性差、精度高的精密零件

四、工序顺序的安排

（一）机械加工顺序的安排

机械加工顺序是工艺主要内容，应遵循以下原则：

（1）先基面后其他　零件加工一开始，总是先加工精基准，然后再用精基准定位加工其他表面。

（2）先粗后精　一个零件由多个表面组成，各表面的加工一般都需要分阶段进行。在安排加工顺序时，应先集中安排各表面的粗加工，中间根据需要依次安排半精加工，最后安排精加工和光整加工。对于精度要求较高的工件，为了减小因粗加工引起的变形对精加工的影响，通常粗、精加工不应连续进行，而应分阶段、间隔适当时间进行。

（3）先主后次　零件的主要表面一般都是加工精度或表面质量要求比较高的表面，它们的加工质量对整个零件的质量影响很大，其加工工序往往也比较多，因此应先安排主要表面的加工，再将其他表面加工适当安排在它们中间穿插进行。通常将装配基面、工作表面等视为主要表面，而将键槽、紧固用的光孔和螺孔等视为次要表面。

（4）先面后孔　对于箱体、支架和连杆等工件，应先加工平面后加工孔。因为平面的轮廓平整，面积大，先加工平面再以平面定位加工孔，既能保证加工时孔有稳定可靠的定位基准，又有利于保证孔与平面间的位置精度要求。

例如，箱体加工中，先以毛坯轴承孔定位，加工出平面（精基准），一般来说该平面以及其上的工艺孔是箱体加工的统一基准，再以该平面定位，加工出轴承孔。

（二）热处理工序的安排

（1）预备热处理　预备热处理的目的是消除毛坯制造过程中所产生的内应力，改善金属材料的切削加工性能，为最终热处理做准备。属于预备热处理工序的有调质、退火、正火等，一般安排在粗加工前后。安排在粗加工前，可改善材料的切削加工性能；安排在粗加工后，有利于消除残余内应力。

（2）最终热处理　最终热处理的目的是提高金属材料的力学性能，如提高零件的硬度和耐磨性等。属于最终热处理工序的有淬火—回火工序、渗碳淬火—回火、渗氮等，对于仅仅要求改善力学性能的工件，有时正火、调质等也作为最终热处理。最终热处理一般应安排在粗加工、半精加工之后，精加工的前后。变形较大的热处理，如渗碳淬火、调质等，应安排在精加工前进行，以便在精加工时纠正热处理的变形；变形较小的热处理，如渗氮等，则可安排在精加工之后进行。

（3）时效处理　时效处理的目的是消除内应力，减少工件变形。时效处理分自然时效、人工时效和冰冷处理三大类。自然时效是指将铸件在露天放置几个月或几年；人工时效是指将工件以 $50 \sim 100℃/h$ 的速度加热到 $500 \sim 550℃$，保温数小时或更久，然后以 $20 \sim 50℃/h$ 的速度随炉冷却；冰冷处理是指将零件置于 $0 \sim 80℃$ 之间的某种气体中停留 1 $\sim 2h$。时效处理一般安排在粗加工之后、精加工之前；对于精度要求较高的零件可在半精加工之后再安排一次时效处理；冰冷处理一般安排在回火处理之后或精加工之后或工艺过程的最后。

（4）表面处理　为了表面防腐或表面装饰，有时需要对表面进行涂镀或发蓝等处理。这种表面处理通常安排在工艺过程的最后。

（三）辅助工序安排

辅助工序包括包括工件的检验、去毛刺、清洗、去磁和防锈等。辅助工序也是机械加工的必要工序，安排不当或遗漏会给后续工序和装配带来困难，影响产品质量甚至机器的使用性能。

1. 检验工序的安排

（1）中间工序　安排在粗加工阶段之后、转出车间之前；或关键工序之前和之后进行，因为关键工序工时费用高，且易出废品。

（2）特种检验　检查工件材料内部质量，如超声波探伤（检验毛坯），安排在工艺过程的开始，粗加工前。检验工件表面质量，如磁粉探伤、荧光检验。检验加工后的金属表面，要放在所要求表面的精加工后。荧光检验用于检查毛坯的裂纹，应安排在加工前进行。动、静平衡试验、密封性试验，视加工过程的需要进行安排；重量检验应安排在工艺过程最后进行。

（3）总检验（最终检验）　零件加工完成之后。

2. 其他工序

1）去毛刺工序：一般安排在钻、铣加工工序之后或在钻、铣中安排去毛刺。

2）油封工序：入库前或两道工序之间间隔时间较长时安排。

3）洗涤工序：检验前、抛光、磁粉探伤、荧光检验、研磨等工序之后均要安排洗涤工序。

零件加工顺序的安排原则见表 2-19。

表 2-19　零件加工顺序的安排原则

工序类别	工序	安排原则
机械加工		1）对于形状复杂、尺寸较大的毛坯或尺寸偏差较大的毛坯，应首先安排划线工序，为精基准加工提供找正基准 2）按"先基面后其他"的顺序，首先加工精基准面 3）在重要表面加工前应对精基准进行修正 4）按"先主后次、先粗后精"的顺序，对精度要求较高的各主要表面进行精加工、半精加工和精加工 5）对于与主要表面有位置精度要求的次要表面应安排在主要表面加工之后加工 6）主要表面的精加工和光整加工通常放在最后进行，对于易出现废品的工序可适当提前
热处理	退火	用于材料中碳的质量分数大于 0.7% 的碳钢或合金钢，属于毛坯预备性热处理，应安排在机械加工之前进行
	正火	用于材料中碳的质量分数小于 0.25% 的碳钢或低合金钢，防止粘刀，安排在机械加工前或粗加工后进行
	调质	用于中碳结构钢或合金钢，使零件具有良好的综合力学性能，一般在粗加工后半精加工前进行
	淬火	淬火后工件硬度提高但易变形，应安排在半精加工后、磨削加工前进行
	时效	为削除残留应力，对于尺寸大、结构复杂的铸件，需在粗加工前、后各安排一次时效处理；对于一般铸件在铸造后或粗加工后安排一次时效处理；对于精度要求高的铸件，在半精加工前、后各安排一次时效处理
	渗碳淬火	适用于低碳钢或低碳合金钢（如 15、20Cr），安排在半精加工后，精加工前进行
	渗氮	一般安排在精磨或研磨之前
辅助工序	中间检验	一般安排在粗加工之后，精加工之前；送往外车间加工的前后（特别是热处理前后）；花费工时较多和重要工序的前后
	特种检验	荧光检验、磁力探伤主要用于表面质量的检验，通常安排在精加工阶段。荧光检验若用于检查毛坯的裂纹，则安排在机械加工之前
	表面处理	电镀、涂层、发蓝、氧化等表面处理工序一般安排在工艺过程的最后进行

五、拨叉零件工艺路线分析

1. 拨叉零件加工表面的加工方案

拨叉零件如图 2-7 所示，其各加工表面的加工方案见表 2-20。

表 2-20　拨叉零件各表面加工方案

加工表面	公差等级	表面粗糙度 $Ra/\mu m$	加工方案
拨叉头左端面	IT9	6.3	粗铣→半精铣→精铣
拨叉头右端面	IT13	12.5	粗铣
拨叉脚内表面	IT13	12.5	粗铣
拨叉脚两端面（淬硬）	IT9	3.2	粗铣→精铣→磨削
$\phi 30^{+0.021}_{0}$ mm 孔	IT7	1.6	粗扩→精扩→铰
$\phi 8^{+0.015}_{0}$ mm 孔	IT7	1.6	钻→粗铰→精铰
操纵槽内侧面	IT11	6.3	粗铣→半精铣
操纵槽底面	IT13	12.5	粗铣

2. 拨叉零件加工阶段的划分

拨叉加工质量要求较高，可将加工阶段划分成粗加工、半精加工和精加工三个阶段。

在粗加工阶段，首先将精基准（拨叉头左端面和叉轴孔）加工好，使后续工序都可采用精基准定位加工；然后粗铣拨叉头右端面、拨叉脚内表面、拨叉脚两端面、操纵槽内侧面和底面。在半精加工阶段，完成拨叉脚两端面的精铣加工和销轴孔 $\phi 8$ 的钻、铰加工；在精加工阶段，进行拨叉脚两端面的磨削加工。

3. 拨叉零件的工序顺序安排

（1）机械加工工序

1）遵循"先基准后其他"原则，首先加工精基准：拨叉头左端面和叉轴孔 $\phi 30^{+0.021}_{0}$ mm。

2）遵循"先粗后精"原则，先安排粗加工工序，后安排精加工工序。

3）遵循"先主后次"原则，先加工主要表面：拨叉头左端面和叉轴孔 $\phi 30^{+0.021}_{0}$ mm 和拨叉脚两端面，后加工次要表面：操纵槽底面和内侧面。

4）遵循"先面后孔"原则，先加工拨叉头端面，再加工叉轴孔 $\phi 30^{+0.021}_{0}$ mm；先铣操纵槽，再钻销轴孔 $\phi 8$ mm。

（2）热处理工序　模锻成型后切边，进行调质，调质硬度为 241～285HBW，并进行酸洗、喷丸处理。喷丸可以提高表面硬度，增加耐磨性，消除毛坯表面因脱碳而对机械加工带来的不利影响。叉脚两端面在精加工之前进行局部高频淬火，提高其耐磨性和在工作中承受冲击载荷的能力。

（3）辅助工序　在粗加工拨叉脚两端面和热处理后，安排校直工序；在半精加工后，安排去毛刺和中间检验工序；精加工后，安排去毛刺、清洗和终检工序。

综上所述，该拨叉工序的安排顺序为：基准加工→主要表面粗加工及一些余量的表面粗加工→主要表面半精加工和次要表面加工→热处理→主要表面精加工。

制订工艺路线的出发点，应当是使零件的几何形状、尺寸精度及位置精度等技术要求能得到合理的保证。在拨叉生产纲领已经确定为大批量生产的条件下，可以采用万能机床配以专用工、夹具，并尽量使工序集中来提高生产率。除此以外，还应考虑经济效果，以便降低生产成本。

在综合考虑上述工序顺序安排原则的基础上，经过对生产现场加工工艺方案分析以及对有关资料的调研，拟定大批生产的拨叉机械加工工艺过程见表 2-5。

【任务拓展】

根据图 2-25 所示的套筒零件图，完成以下任务：

1）查表确定各加工表面的加工方案。

2）拟定零件加工工艺路线。

任务六　确定加工余量与工序尺寸

【学习目标】

1）掌握加工余量的确定方法。

2）掌握工序尺寸及其公差的确定方法。

3）了解选择加工设备和工艺装备的方法及原则。

【知识体系】

一、确定加工余量

加工余量是指加工中被切去的金属层厚度。加工余量的确定是机械加工中很重要的问题。余量过大，必然会增加机械加工工作量，浪费材料，增加电力、工具的消耗，从而导致成本提高，有时，从某种毛坯切去抗疲劳的金属层，会降低零件的力学性能。余量过小，往往会造成某种毛坯表面缺陷层尚未切掉就已达到规定的尺寸，从而使工件成为废品。所以，在拟定工艺过程中，必须确定适当的加工余量。加工余量有工序余量、总余量之分。

（一）加工余量的概念

总余量 Z_0：零件从毛坯变为成品的整个加工过程中，从某一表面所切除的金属的总厚度，即某一表面的毛坯尺寸与零件设计尺寸之差。

工序余量 Z_i：某一表面在一道工序中被切除的金属层厚度，即相邻两道工序的工序尺寸之差。

总余量 Z_0 和工序余量 Z_i 的关系可用下式表示：

$$Z_0 = \sum_{i=1}^{n} Z_i \tag{2-9}$$

工序余量有单边余量和双边余量之分。对于平面上非对称的表面，其加工余量用单边余量 Z_b 来表示，如图 2-44a、b 所示。

$$Z_b = a - b \tag{2-10}$$

式中　Z_b——本工序的工序余量；

b——本工序的公称尺寸；

a——上工序的公称尺寸。

对于外圆与内孔这样的对称表面，其加工余量用双边余量 $2Z_b$ 表示。对于外圆表面，如图 2-44c 所示，有：

$$2Z_b = d_a - d_b \tag{2-11}$$

对于内孔表面（图 2-44d）有：

$$2Z_b = D_b - D_a \tag{2-12}$$

由于工序尺寸有误差，故各工序实际切除的余量值是变化的，因此工序余量有公称余量（简称余量）、最大余量 Z_{max}、最小余量 Z_{min} 之分，余量的变动范围称为余量公差，如图 2-45 所示。

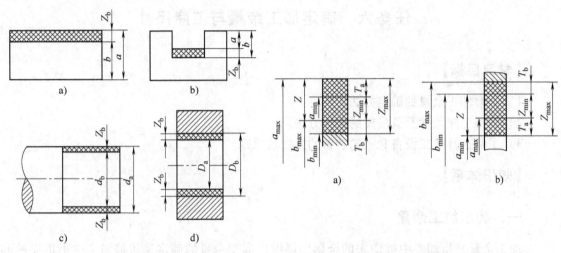

图 2-44　单边余量与双边余量

图 2-45　零件余量与工序
尺寸及其公差的关系
a）被包容面（轴）　b）包容面（孔）

公称余量 Z：前工序基本尺寸与本工序基本尺寸之差。

对于被包容面（轴）　　　　$Z = a - b$ （2-13）

对于包容面（孔）　　　　　$Z = b - a$ （2-14）

最大余量 Z_{max}：前工序最大极限尺寸与本工序最小极限尺寸之差。

对于被包容面（轴）　　　　$Z_{max} = a_{max} - b_{min}$ （2-15）

对于包容面（孔）　　　　　$Z_{max} = b_{max} - a_{min}$ （2-16）

最小余量 Z_{min}：前工序最小极限尺寸与本工序最大极限尺寸之差

对于被包容面（轴）　　　　$Z_{min} = a_{min} - b_{max}$ （2-17）

对于包容面（孔）　　　　　$Z_{min} = b_{min} - a_{max}$ （2-18）

余量公差 T_Z：最大余量与最小余量的差值，等于前工序与本工序两工序尺寸公差之和，即

$$T_Z = Z_{max} - Z_{min} = T_a + T_b \tag{2-19}$$

式中　T_Z——余量公差；

　　　T_a——前工序尺寸公差；

　　　T_b——本工序尺寸公差。

工序尺寸的公差带布置一般都采用"入体原则"，即对于被包容面（轴类），取上偏差为零、下偏差为负；对于包容面（孔类），取下偏差为零、上偏差为正。毛坯尺寸的偏差，一般采用双向标注。

（二）确定加工余量的方法

（1）估计法　根据工艺人员本身积累的经验确定加工余量。一般为了防止余量过小而产生废品，所估计的余量一般都偏大，适用于单件小批量生产。

（2）查表法　根据有关手册和资料提供的加工余量数据，再结合本厂实际生产情况加以修正后确定加工余量，这是工厂广泛采用的方法，适用于批量生产，应用广泛。

（3）计算法　根据理论公式和企业的经验数据表格，通过分析影响余量的各个因素来计算确定加工余量的大小，这种方法较合理，但需要全面可靠的试验资料，计算也较复杂，一般只在材料十分贵重或少数大批、大量生产工厂中采用。

（三）影响加工余量的因素分析

确定加工余量的基本原则是：在保证加工质量的前提下越小越好。

影响加工余量的因素：

（1）上道工序形成的表面粗糙度和表面缺陷层　本道工序必须把前道工序形成的表面粗糙度和表面缺陷层全部切去，本工序的加工余量必须大于等于上工序尺寸公差。

（2）上道工序的工序尺寸公差　由于上道工序加工后，表面存在尺寸误差和几何误差，这些误差一般包括在工序尺寸公差中，所以为了使加工后工件表面不残留上道工序这些误差，本工序加工余量值应比前工序的尺寸公差值大。

（3）上道工序产生的几何误差　当工件上有些几何误差不包括在尺寸公差的范围内时，这些误差必须在本工序加工纠正，则在本工序的加工余量中应包括这些误差。

（4）本道工序的装夹误差　装夹误差包括工件的定位误差和夹紧误差，若用夹具装夹时，还应考虑夹具本身的误差。这些误差会使工件在加工时的位置发生偏斜，所以加工余量还必须考虑这些误差的影响。本道工序的余量必须大于本道工序的装夹误差。

二、确定工序尺寸及公差

（一）基准重合时工序尺寸的确定

工序基准与设计基准一致，即基准重合，零件上的内孔、外圆和平面加工多属于这种情况。当表面需要经过多次加工时，各次加工的尺寸及其公差取决于各工序的加工余量及所采用的加工方法所能达到的经济公差等级。因此，确定各工序的加工余量和各工序所能达到的经济公差等级后，就可计算出各工序的尺寸及公差。工序尺寸及公差的确定方法：由最后一道工序叠加（外表面），或由最后一道工序叠减（内表面）。

【例2-15】　现需加工某法兰上的一尺寸为 $\phi 100^{+0.035}_{0}$ mm（H7）的圆孔。毛坯为锻件，其工序顺序为：粗镗→半精镗→精镗→浮动铰孔，加工过程中，使用同一基准完成该孔的加工，试确定其工序尺寸及上、下极限偏差。

解： 1）加工余量的确定。查手册可知：加工总余量8mm，铰余量0.1mm，精镗余量

0.5mm，半精镗余量 2.4mm，粗镗余量 5mm。

2）工序公称尺寸的确定。工序公称尺寸的计算顺序是从最后一道工序往前推算。浮动铰孔后尺寸为 $\phi 100^{+0.035}_{0}$ mm（H7），即浮动铰孔工序公称尺寸即为图样的基本尺寸。

3）各工序尺寸公差的确定。最后铰孔工序的尺寸公差即图样规定的尺寸公差，各中间工序的加工精度及公差是根据其对应工序的加工性质，查有关经济公差等级的表格得到的。

4）各工序尺寸极限偏差的确定。查得各工序公差之后，按"入体原则"确定各工序尺寸的上、下极限偏差。对于孔，下极限偏差取零，上极限偏差取正值；对于轴，上极限偏差取零，下极限偏差取负值；对于毛坯尺寸的极限偏差应查表取双向值。得出的结果见表 2-21。

表 2-21　工序尺寸及公差的计算　　　　　　　　　　（单位：mm）

工序名称	工序余量	工序精度	工序尺寸	工序尺寸及极限偏差
铰孔	0.1	H7（0.035）	100	$\phi 100^{+0.035}_{0}$（H7）
精镗孔	0.5	H8（0.054）	100 - 0.1 = 99.9	$\phi 99.9^{+0.054}_{0}$
半精镗孔	2.4	H10（0.14）	99.9 - 0.5 = 99.4	$\phi 99.4^{+0.14}_{0}$
粗镗孔	5	H13（0.54）	99.4 - 2.4 = 97	$\phi 97^{+0.54}_{0}$
毛坯孔	8	±2	97 - 5 = 92	$\phi 92 \pm 2$

（二）基准不重合时工序尺寸的确定

工序基准与设计基准不重合及多尺寸保证时，就必须用尺寸链来解。

1. 工艺尺寸链的定义

零件的加工过程中，一系列相互联系的尺寸，按一定的顺序排列形成的封闭尺寸组合，称为工艺尺寸链。如图 2-46 所示零件，零件上标注的是尺寸 A_1 和 A_0，工件如以 1 面定位加工 3 面得尺寸 A_1，然后仍以 1 面定位用调整法，按尺寸 A_2 对刀加工 2 面，间接保证尺寸 A_0 的要求，则 A_1、A_2、A_0 这些相互联系的尺寸就形成了一个封闭的图形，即为工艺尺寸链。

由此可知，工艺尺寸链的主要特点是：

1）封闭性。尺寸链中各个有关联的尺寸首尾相接呈封闭形式，其中应包含一个间接获得的尺寸和若干个对其有影响的直接获得的尺寸。

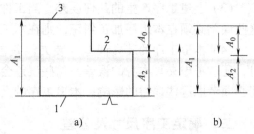

图 2-46　尺寸链示例

2）关联性。任何一个直接保证的尺寸及其精度的变化，必将影响间接保证的尺寸及其精度。

2. 尺寸链的组成

组成尺寸链的每一个尺寸，称为一个环，如图 2-46 所示，A_0、A_1、A_2 都是尺寸链的环，按各环的性质不同，环可分为封闭环和组成环。

（1）封闭环　加工过程中间接获得的尺寸，即最后保证的尺寸称为封闭环。一个尺寸链中，封闭环只有一个。如图 2-46 中的 A_0 是间接获得的，A_0 即为封闭环。

（2）组成环　在加工或测量过程中，直接获得的尺寸称为组成环。在尺寸链中，除封闭环外，其他都是组成环，如图 2-46 中的 A_1、A_2 即为组成环。组成环按其对封闭环的影响不同，可分为增环和减环。

1）增环：当其余组成环不变，该环的增大（减小）引起封闭环的增大（减小）的环，称为增环，如图 2-46 中的尺寸 A_1。

2）减环：当其余组成环不变，该环的增大（减小）引起封闭环的减小（增大）的环，称为减环，如图 2-46 中的尺寸 A_2。

（3）增、减环的判断　对于环数较多的尺寸链，用定义判断增、减环较困难，且易出错。在这种情况下，可采用画箭头的方法快速判断增、减环，称为回路法。其方法是：在绘制的尺寸链图上，先给封闭环任意定一方向，在尺寸的上方或下方画箭头，然后沿箭头所指的方向依次绕尺寸链一圈，并给各组成环标上与绕行方向相同的箭头，凡与封闭环箭头同向的为减环，反向的是增环，如图 2-46b 所示。

3. 工艺尺寸链的建立

（1）封闭环的确定　确定封闭环要根据零件的加工方案，找出"间接、最后"获得的尺寸，定为封闭环。在大多数情况下，封闭环可能是零件设计尺寸中的一个尺寸或者是加工余量值。

（2）组成环的查找　从封闭环两端开始，同步按照工艺过程的顺序，分别向前查找该表面最近一次加工的加工尺寸，之后再找出该尺寸另一端表面的最后一次加工尺寸，直至两边汇合为止，所经过的尺寸都为该尺寸的组成环。

需要注意的是，所建立的尺寸链应使组成环数最少，这样有利于保证封闭环的精度或使各组成环加工容易，更经济。

4. 尺寸链的种类

尺寸链按不同分类方法有不同的类型。

按各尺寸在空间的形式分为：直线尺寸链、角度尺寸链、平面尺寸链和空间尺寸链。

按其独立性分为：独立尺寸链和并联尺寸链。

按生产过程中所处阶段分为：装配尺寸链、零件设计尺寸链和工艺尺寸链。

5. 尺寸链的计算

工艺尺寸链的计算有极值法和概率法，一般采用极值法。

（1）封闭环公称尺寸的确定　封闭环的公称尺寸等于所有增环的公称尺寸之和减去所有减环的公称尺寸之和：

$$A_0 = \sum_{i=1}^{k} A_i - \sum_{j=k+1}^{n-1} A_j \tag{2-20}$$

式中　k——增环的环数；

n——包括封闭环在内的总环数。

（2）封闭环极限尺寸计算　封闭环的上极限尺寸等于所有增环的上极限尺寸之和减去所有减环的下极限尺寸之和，封闭环的下极限尺寸等于所有增环的下极限尺寸之和减去所有减环的上极限尺寸之和，即：

$$A_{0max} = \sum_{i=1}^{k} A_{imax} - \sum_{j=k+1}^{n-1} A_{jmin} \tag{2-21}$$

$$A_{0min} = \sum_{i=1}^{k} A_{imin} - \sum_{j=k+1}^{n-1} A_{jmax} \tag{2-22}$$

（3）封闭环上、下极限偏差　封闭环的上极限偏差等于所有增环的上极限偏差之和减去所有减环的下极限偏差之和，封闭环的下极限偏差等于所有增环的下极限偏差之和减去所有减环的上极限偏差之和，即：

$$ES_{A0} = \sum_{i=1}^{k} ES_{Ai} - \sum_{j=k+1}^{n-1} EI_{Aj} \tag{2-23}$$

$$EI_{A0} = \sum_{i=1}^{k} EI_{Ai} - \sum_{j=k+1}^{n-1} ES_{Aj} \tag{2-24}$$

（4）封闭环公差　封闭环公差等于各组成环公差之和：

$$T_{A0} = \sum_{i=1}^{n} T_{Ai} \tag{2-25}$$

由此可见：为了能经济合理地保证封闭环的精度，组成环环数越少越有利。

（5）工艺尺寸链的计算形式

1）正计算。已知各组成环公称尺寸、公差及上、下极限偏差，求封闭环公称尺寸、公差及上、下极限偏差，结果唯一，用于产品设计的校对工作。

2）反计算。已知封闭环公称尺寸、公差及上、下极限偏差，求各组成环公称尺寸、公差及上、下极限偏差，由于组成环通常有若干个，所以反计算形式需将封闭环的公差按照尺寸大小和精度要求合理地分配给各组成环，封闭环的尺寸分配有以下方法：

①等公差法：不考虑各组成环尺寸大小及加工的难易程度，将封闭环公差平均分配给每一组成环。

$$T_{Ai} = T_{A0}/(n-1) \tag{2-26}$$

②等精度级法：各组成环取用同一公差等级，将封闭环公差按组成环尺寸大小，按比例分配给各组成环。

③凭经验分配公差。

3）中间计算形式。已知封闭环尺寸和部分组成环尺寸，求某一组成环尺寸。该方法常用于加工过程中基准不重合时计算工序尺寸。尺寸链多属于这种计算形式。

（三）工艺尺寸链的分析与应用

1. 测量基准与设计基准不重合时的工序尺寸的计算

在工件加工过程中，有时会遇到一些表面加工之后，不便直接测量的情况，因此需要在零件上另选一个容易测量的表面作为测量基准进行测量，以间接保证设计尺寸的要求。

【例2-16】　如图2-47a所示的套筒零件，两端面已加工完毕，在加工孔底台肩面 C 时，要保证尺寸 $16_{-0.35}^{0}$ mm，但该尺寸不便测量，试标出工序尺寸 x 及其极限偏差。

解：1）画尺寸链，并判断增、减环。

由于孔的深度可以用游标深度

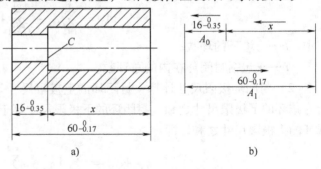

a) b)

图2-47　套筒零件工艺尺寸链

尺进行测量，而设计尺寸 $16_{-0.35}^{0}$mm 可以通过 A_1 和孔深 x 间接计算出来，所以尺寸 $16_{-0.35}^{0}$mm 是封闭环，画出尺寸链如图 2-46b 所示，A_1 为增环，x 为减环。

2）计算公称尺寸。

$$A_0 = A_1 - x$$
$$16 = 60 - x$$
$$x = 44\text{mm}$$

3）计算下极限偏差。

$$ES_{A_0} = ES_{A_1} - EI_x$$
$$0 = 0 - EI_x$$
$$EI_x = 0\text{mm}$$

4）计算上极限偏差。

$$EI_{A_0} = EI_{A_1} - ES_x$$
$$-0.35 = -0.17 - ES_x$$
$$ES_x = +0.18\text{mm}$$

则测量尺寸 $\qquad\qquad x = 44_{0}^{+0.18}\text{mm}$

5）校核： $\qquad A_{0\max} = A_{1\max} - x_{\min} = (60-44)\text{mm} = 16\text{mm}$

$$A_{0\min} = A_{1\min} - x_{\max} = (59.83 - 44.18)\text{mm} = 15.65\text{mm}$$

验算结果说明，测量尺寸 $x = 44_{0}^{+0.18}$mm 计算正确，能保证设计尺寸 $16_{-0.35}^{0}$mm。

假废品问题分析：

如图 2-47a 所示，若测得 x 实际尺寸比它允许的最小尺寸 44mm 还要小 0.17mm，即 $x_{超}$ = 43.83mm，这时工序检验将认为该零件为废品，但检验人员可测量另一组成环尺寸 A_1，如果 A_1 恰好也做到最小，即 A_1 = 59.83mm，此时封闭环 A_0 的实际尺寸为

$$A_{0实际} = A_{1\min} - x_{超} = 59.83 - 43.83 = 16\text{mm}$$

可见设计尺寸 $16_{-0.35}^{0}$mm 仍然合格。

同理，当尺寸 A_1 做成 $A_{1\max}$ = 60mm，x 做成 $x_{2超}$ = 44.35mm（比 $x_{\max}$ = 44.18mm 还要大 0.17mm）时，封闭环 A_0 的实际尺寸为

$$A_{0实际} = A_{1\max} - x_{2超} = 60\text{mm} - 44.35\text{mm} = 15.65\text{mm}$$

这时，设计尺寸 $16_{-0.35}^{0}$mm 仍然符合要求。

由此可见，在实际加工中，如果换算后的测量尺寸超差，但只要它的超差量小于或等于另一组成环的公差，则有可能是假废品，应对该零件进行复验核算。

2. 定位基准与设计基准不重合时工艺尺寸及其公差的确定

采用调整法加工零件时，若所选的定位基准与设计基准不重合，那么该加工表面的设计尺寸就不能由加工直接得到，这时就需要进行工艺尺寸的换算，以保证设计尺寸的精度要求，并将计算的工序尺寸标注在工序图上。

【例 2-17】 加工图 2-48 所示零件，A、B、C 面在镗孔前已经加工，为方便工件装夹，

选择 A 面为定位基准来进行加工，加工时镗刀需按定位面 A 调整，故应计算镗刀的调整尺寸 A_3。

解：

1）画尺寸链图，判断增、减环。据题意作出尺寸链简图，如图 2-48b 所示，由于 A、B、C 面在镗孔前已加工，故 A_1、A_2 在本工序前就保证精度，A_3 为本道工序直接保证精度的尺寸，故三者均为组成环，而 A_0 为本工序加工后才能得到的尺寸，故 A_0 为封闭环。由工艺尺寸链简图可知，组成环 A_2、A_3 是增环，A_1 是减环。

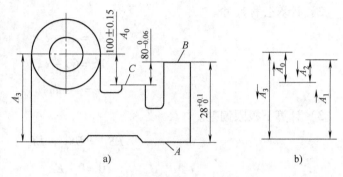

图 2-48 机床床身的工艺尺寸链

2）计算尺寸。

$$A_0 = A_2 + A_3 - A_1$$
$$100\text{mm} = 80\text{mm} + A_3 - 280\text{mm}$$
$$A_3 = 300\text{mm}$$

3）计算上、下极限偏差。

上极限偏差：
$$ES_{A0} = ES_{A2} + ES_{A3} - EI_{A1}$$
$$0.15\text{mm} = 0\text{mm} + ES_{A3} - 0\text{mm}$$
$$ES_{A3} = +0.15\text{mm}$$

下极限偏差：
$$EI_{A0} = EI_{A2} + EI_{A3} - ES_{A1}$$
$$-0.15\text{mm} = -0.06 + EI_{A3} - 0.10\text{mm}$$
$$EI_{A3} = +0.01\text{mm}$$

所以：
$$A_3 = 300^{+0.15}_{+0.01}\text{mm}$$

4）校核：$A_{0\max} = A_{2\max} + A_{3\max} - A_{1\min} = (80 + 300.15 - 280)\text{mm} = 100.15\text{mm}$

$A_{0\min} = A_{2\min} + A_{3\min} - A_{1\max} = (79.94 + 300.01 - 280.1)\text{mm} = 99.85\text{mm}$

验算结果说明，调整尺寸 $A_3 = 300^{+0.15}_{+0.01}\text{mm}$ 计算正确，能保证设计尺寸 $100 \pm 0.15\text{mm}$。

3. 工序基准是尚需加工的设计基准时的工序尺寸及其公差的计算

从待加工的设计基准（一般为基面）标注工序尺寸，因为待加工的设计基准与设计基准两者差一个加工余量，所以仍然可以作为设计基准与定位基准不重合的问题进行解算。

【例 2-18】 要求在轴上铣一个键槽，如图 2-49a 所示。加工顺序为：

1）车削外圆至尺寸 $A_1 = \phi 70.5^{\ 0}_{-0.1}\text{mm}$。

2）铣键槽，键槽尺寸为 A_2。

3）磨外圆至尺寸 $A_3 = \phi 70^{\ 0}_{-0.06}\text{mm}$。

要求磨外圆后保证键槽尺寸为 $A_0 = 62^{\ 0}_{-0.3}\text{mm}$，求键槽尺寸 A_2。

解： 首先建立零件加工的工艺尺寸链，如图 2-49b 所示。在加工过程中，键槽尺寸 A_0 是最后间接保证的尺寸，为封闭环，A_2 和 $A_3/2 = 35^{\ 0}_{-0.03}\text{mm}$ 为增环，$A_1/2 = 35.25^{\ 0}_{-0.05}\text{mm}$ 为

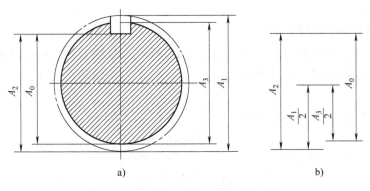

图 2-49　键槽加工的工艺尺寸链计算

减环。

$$A_0 = A_2 + A_3/2 - A_1/2$$

$$62\text{mm} = A_2 + 70\text{mm}/2 - 70.5\text{mm}/2 \qquad A_2 = 62.25\text{mm}$$

$$ES_{A0} = ES_{A2} + ES_{A3}/2 - EI_{A1}/2$$

$$0\text{mm} = ES_{A2} + 0\text{mm} - (-0.1\text{mm}/2) \qquad ES_{A2} = -0.05\text{mm}$$

$$EI_{A0} = EI_{A2} + EI_{A3}/2 - ES_{A1}/2$$

$$-0.3\text{mm} = EI_{A2} + (-0.06\text{mm}/2) - 0\text{mm}$$

$$EI_{A2} = -0.27\text{mm}$$

键槽尺寸

$$A_2 = 62.25_{-0.27}^{-0.05}\text{mm} = 62.5_{-0.52}^{-0.30}\text{mm}$$

校核

$$T_{A_0} = T_{A2} + T_{A3}/2 - T_{A1}/2$$
$$= 0.22\text{mm} + 0.06\text{mm}/2 + 0.1\text{mm}/2$$
$$= 0.3\text{mm}$$

封闭环公差等于各组成环公差之和，尺寸链
计算正确。

4. 保证渗氮、渗碳层深度的工艺措施

有些零件的表面需进行渗氮或渗碳处理，并
且要求精加工后要保持一定的渗层深度。为此，
必须确定渗前加工的工序尺寸和热处理时的渗层
深度。

【例 2-19】　如图 2-50 所示的某零件内孔，
材料为 38CrMoAlA，孔径为 $\phi 145_{0}^{+0.04}$ mm 内孔需
要渗氮，渗氮层深度为 0.3～0.5mm。其加工过
程为

1）磨内孔至 $\phi 144.76_{0}^{+0.04}$ mm。

2）渗氮，深度 t_1。

3）磨内孔至 $\phi 145_{0}^{+0.04}$ mm，并保留渗层深

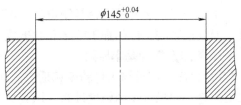

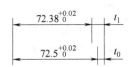

图 2-50　保证渗氮深度的尺寸换算

度 $t_0 = 0.3 \sim 0.5\text{mm}$。

试求渗氮层的单边深度 t_1。

解： 按孔的半径方向画出尺寸链，如图 2-50 所示，显然 $t_0 = 0.3 \sim 0.5\text{mm} = 0.3^{+0.2}_{0}\text{mm}$ 是间接获得的，为封闭环。则尺寸 $72.38^{+0.02}_{0}\text{mm}$、尺寸 t_1 为增环，尺寸 $72.5^{+0.02}_{0}\text{mm}$ 为减环。t_1 的求解如下：

t_1 的公称尺寸： $\qquad 0.3\text{mm} = 72.38\text{mm} + t_1 - 72.5\text{mm}$

则 $\qquad\qquad\qquad\qquad\qquad t_1 = 0.42\text{mm}$

t_1 的上极限偏差 $\qquad +0.2\text{mm} = +0.02\text{mm} + ES_{t1} - 0\text{mm}$

则 $\qquad\qquad\qquad\qquad\qquad ES_{t1} = +0.18\text{mm}$

t_1 的下极限偏差 $\qquad 0\text{mm} = 0\text{mm} + EI_{t1} - 0.02\text{mm}$

则 $\qquad\qquad\qquad\qquad\qquad EI_{t1} = +0.02\text{mm}$

所以 $\qquad\qquad\qquad\qquad\quad t_1 = 0.42^{+0.18}_{+0.02}\text{mm}$

即渗氮层深度为 $0.44 \sim 0.6\text{mm}$。

校核 $\qquad\qquad T_{t0} = 0.02\text{mm} + 0.16\text{mm} + 0.02\text{mm} = 0.2\text{mm}$

封闭环公差等于各组成环公差之和，尺寸链计算正确。

三、选择加工设备和工艺装备

机床与工艺装备的选择是制定工艺规程的一项重要工作，它不但直接影响工件的加工质量，而且还影响工件的加工效率和制造成本。

1. 机床选择的基本原则

1）机床精度要与工件精度相适应。如果机床的性能差、精度过低，则难以保证工件的加工质量；如果机床的精度过高，用其加工中等以下精度的工件，则是一种浪费，不经济。

2）机床的技术规格要与工件的外形尺寸相适应。小零件选用大机床，或者大、重零件选用小机床，都是不合理的。前者因机床动力大，则消耗电量大，造成加工成本增加；后者则由于机床小使工件安装不下或机床动力、刚性不足而无法加工。

3）机床的功能要与工件的结构形状相适应。结构简单的工件加工，可选用普通机床；对形状复杂的工件，可选用数控机床或万能型机床；对工件的特殊工序加工，可选用专用机床。

4）机床的加工效率要与工件的生产纲领相适应。大、中批量生产，可选用高效率的机床，如数控机床；而小批量或单件生产，则多选用通用机床。

5）要根据企业自身的生产需要和经济能力来选用机床。在满足工件加工精度要求的前提下，尽量选用经济型机床，避免盲目选用高精密、大型多功能的机床，但也要考虑机床的先进性和生产发展的需要。

2. 夹具的选择

单件小批生产中，应尽量选用通用夹具，为提高生产率可应用组合夹具。在大批量生产中，应采用高效的气动或液动专用夹具。夹具的精度应与加工精度相适应。

3. 刀具的选择

刀具的选择主要取决于工序所采用的加工方法、加工表面的尺寸、工件材料、所要求的精度及表面粗糙度、生产率及经济性等。尽量采用标准刀具，必要时可采用复合刀具和其他专用刀具。

4. 量具的选择

量具主要根据生产类型和所检验的精度来选择。单件小批生产应采用通用量具（卡尺、百分表等）。大批量生产则采用各种量规和一些高生产率的专用检具。

四、拨叉零件工序内容分析

1. 工序内容的确定

由拨叉零件定位基准的选择可知，加工各面选用的精基准均与设计基准重合，且在工序中测量基准与定位基准重合，因此可以由拨叉零件的机械加工过程卡（表 2-5）分析得出所有加工表面的加工方案及各工序余量、工序尺寸及公差等。

比如，$\phi 30^{+0.021}_{0}$ mm 孔的加工工序尺寸及公差计算见表 2-22，参照孔加工方法的经济精度、模锻毛坯的偏差及加工余量等数据制订了该表格。

表 2-22　拨叉零件 $\phi 30^{+0.021}_{0}$ mm 孔加工工序尺寸及公差计算　（单位：mm）

工序名称	工序余量	工序的经济公差等级	工序公称尺寸	工序尺寸
铰孔	0.2	IT7（0.021）	30	$\phi 30^{+0.021}_{0}$
精扩	1.8	IT9（0.052）	30 - 0.2 = 29.8	$\phi 29.8^{+0.052}_{0}$
粗扩	4	IT12（0.21）	29.8 - 1.8 = 28	$\phi 28^{+0.21}_{0}$
毛坯	6	±3	28 - 4 = 24	24 ± 3

2. 拨叉零件加工过程中机床和工艺装备的选择

拨叉零件属于大批生产，加工方法为调整法。机床和工艺装备的选择遵循部分通用机床和部分高生产率机床的原则，即广泛采用通用机床配以高效率的专用夹具，较多采用专用刀具及专用量具，在满足加工质量的前提下，尽量降低成本、提高效率。

【任务拓展】

根据图 2-25 所示的套筒零件图，完成以下任务：

1）确定各工序的工序尺寸。

2）选择机床及工艺装备。

任务七　选择切削用量

【学习目标】

1）了解切削用量的选择原则。

2）了解切削用量的选择方法。

【任务目标】

1）能根据金属切削原理确定切削用量。

2）从保证工件加工表面的质量、生产率、刀具寿命以及机床功率等因素来考虑选择切削用量。

【知识体系】

一、切削用量的选择原则

切削用量指切削速度 v_c、进给量 f 和背吃刀量 a_p 三个参数，称为切削用量三要素。合理的切削用量是指在充分利用刀具切削性能和机床性能并保证加工质量的前提下，能取得较高生产率和较低成本的切削用量。

提高切削用量三要素中的任一个都能提高生产效率，但切削用量选得过高，会导致刀具寿命下降，就要经常换刀和刃磨，反而影响生产效率。切削用量三要素中对刀具寿命影响最大的是切削速度，其次是进给量，影响最小的是背吃刀量。

1）粗加工时毛坯余量大，工件加工精度和表面粗糙度等技术要求低，应优先选用大的背吃刀量 a_p，再考虑选用大的进给量 f，最后选用合理的切削速度 v_c。

2）精加工时加工余量小，加工精度高，表面粗糙度值小，因此应以提高加工质量作为选择切削用量的主要依据，然后考虑尽可能提高生产率。因此，一般选用较小的背吃刀量 a_p 和进给量 f，在保证刀具寿命的前提下确定合理的切削速度 v_c。

3）制造和刃磨较复杂的刀具，如铣刀、齿轮刀具等，切削用量可选得低些，以提高刀具寿命。反之，如车刀、镗刀等切削用量可选得高些。

4）装夹和调整较复杂的刀具，如多刀机床、组合机床等，可选较低的切削用量。

5）切削大型工件，为避免在切削过程中经常换刀，一般选择较低的切削用量。

二、切削用量的选择方法

1. 背吃刀量 a_p 的确定

在工艺系统（机床、夹具、刀具、零件等）刚度允许的条件下，尽可能选取较大的切削深度，以减少进给次数，提高生产效率。

1）粗加工（表面粗糙度为 $Ra50 \sim 12.5\mu m$）时，除留下精加工的余量外，尽可能以一次或较少的进给次数将粗加工余量切除，在中等功率机床上，$a_p = 8 \sim 10mm$。

粗加工时不能一次切除的，应按先多后少的不等余量方法加工，通常取：

$$a_{p1} = \left(\frac{2}{3} \sim \frac{3}{4}\right)Z \tag{2-27}$$

$$a_{p2} = \left(\frac{1}{3} \sim \frac{1}{4}\right)Z \tag{2-28}$$

式中　Z——单边粗加工余量。

切削有硬皮的零件时，应尽量使切削深度超过硬皮的厚度。

2）半精加工（表面粗糙度为 $Ra6.3 \sim 3.2\mu m$）时，$a_p = 0.5 \sim 2mm$。

3）精加工（表面粗糙度为 $Ra1.6 \sim 0.8\mu m$）时，$a_p = 0.1 \sim 0.4mm$。

2. 进给量 f 的确定

进给量通常根据零件的加工精度、表面粗糙度、刀具与工件的材料通过切削用量手册查表得到。

（1）精加工时 进给量应按表面粗糙度的要求选择，表面粗糙度要求高，进给量可相应减少。

（2）粗加工时

1）在工艺系统刚度和强度较好的情况下，可选用较大的进给速度。

2）当工件的质量要求得到保证时，为提高生产效率，应尽量选用较大的进给量。

3）在切断、加工深孔或用高速钢刀具加工时，宜选择较小的进给量。

4）进给量的选择应与主轴转速和切削深度相适应。

3. 切削速度v_c的确定

切削深度和进给量确定后，根据刀具寿命可以用公式计算或用查表法确定切削速度。

由切削用量三要素与刀具寿命的关系和大量实验可得切削速度的经验公式为

$$v_c = \frac{c_v}{T^m \cdot a_p^{x_v} \cdot f^{y_v}} \cdot k_v \tag{2-29}$$

式中 v_c——切削速度（m/min）；

$\quad$ T——合理刀具寿命（min）；

$\quad$ m——刀具寿命指数；

$\quad$ c_v——切削速度系数；

x_v、y_v——背吃刀量、进给量对刀具寿命的影响指数；

$\quad$ k_v——切削速度修正系数。

以上各参数需要根据实际加工情况参照相关手册查表得出。

v_c确定后，计算出机床的转速n，并在机床说明书中选取一个相近较低的转速。机床的转速计算式为

$$n = \frac{1000v_c}{\pi d_w} \tag{2-30}$$

式中 d_w——工件直径（mm）。

任务八 确定工时定额

【学习目标】

了解工时定额的组成及提高工作效率的措施。

【知识体系】

一、时间定额的定义

时间定额是指在一定生产条件下，规定生产一件产品或完成一道工序所消耗的时间。时间定额是安排生产计划、进行成本核算的重要依据，也是设计或扩建工厂（或车间）时计算设备和工人数量的依据。

时间定额一般由技术人员通过计算或类比的方法，或者通过对实际操作时间的测定和分

析的方法来确定。合理制定时间定额能促进工人的积极性和创造性，对保证产品质量、提高劳动生产率、降低生产成本具有重要意义。

二、时间定额的组成

完成零件一道工序的时间定额称为单件时间定额，它包括下列组成部分。

1. 基本时间（$T_{基本}$）

基本时间指直接改变生产对象的尺寸、形状、相对位置与表面质量或材料性质等工艺过程所消耗的时间。对机械加工来说，则为切除金属层所耗费的时间（包括刀具的切入、切出的时间），也称为切削时间，一般可查有关工艺手册用计算方法确定。如图 2-51 所示的车削外圆工序，基本时间 $T_{基本}$ 为

$$T_{基本} = \frac{L}{v_f} = \frac{\Delta L_1 + L_w + \Delta L_2}{n_w \cdot f} \tag{2-31}$$

式中　v_f——进给速度（mm/min）；

　　　n_w——工件转速（r/min）；

　　　f——进给量（mm/r）；

　　　L——工作行程长度（mm）；

　　　L_w——工件加工长度（mm）；

　　　ΔL_1——车刀切入量（mm）；

　　　ΔL_2——车刀切出量（mm）。

2. 辅助时间（$T_{辅助}$）

辅助时间指为实现工艺过程所必须进行的各种辅助动作消耗的时间，它包括装卸工件、开/停机床、改变切削用量、试切和测量工件、

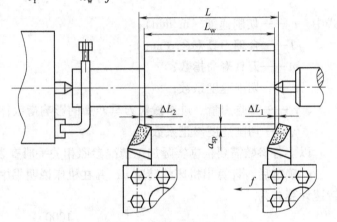

图 2-51　车削外圆的基本时间

进刀和退刀等所需的时间。辅助时间的确定方法随生产类型不同而异。如在大量生产时，为使辅助时间确定得合理，需将辅助动作分解，再分别查表求得分解动作时间，或按分解动作实际测量，最后综合计算得到。在成批生产中，可以按基本时间的百分比进行估算，一般取基本时间的 15% ~20%。

基本时间和辅助时间之和称为工序作业时间。

3. 布置工件场地时间（$T_{服务}$）

布置工件场地时间指为使加工正常进行，工人管理工作场地和调整机床等（如更换、调整刀具，润滑机床，清理切屑，收拾工具等）所需的时间。一般取操作时间的 2% ~7%。

4. 生理和自然需要时间（$T_{休息}$）

生理和自然需要时间指工人在工作时间内为恢复体力和满足生理需要等消耗的时间。一般取操作时间的 2% ~4%。

以上四部分时间的总和称为单件时间定额，即：

$$T_{单件} = T_{基本} + T_{辅助} + T_{服务} + T_{休息} \tag{2-32}$$

5. 准备与终结时间（$T_{终准}$）

准备与终结时间指工人在加工一批产品、零件进行准备和结束工作所消耗的时间。加工

开始前，通常都要熟悉工艺文件，领取毛坯、材料、工艺装备，调整机床，安装刀具和夹具，选定切削用量等，加工结束后，需送交产品，拆下、归还工艺装备等。准终时间对一批工件（N 件）来说只消耗一次，故分摊到每个零件上的时间为 $T_{准终}/N$。

批量生产时单件时间定额为上述时间之和，即

$$T_{定额} = T_{基本} + T_{辅助} + T_{服务} + T_{休息} + T_{准终}/N \tag{2-33}$$

大批大量生产中，由于 N 的数值很大，$T_{准终}/N$ 很小，即可忽略不计，所以大批大量生产的单件时间定额为：

$$T_{定额} = T_{单件} = T_{基本} + T_{辅助} + T_{服务} + T_{休息} \tag{2-34}$$

三、提高劳动生产率的措施

劳动生产率是指一个工人在单位时间内生产出合格品的数量。劳动生产率与时间定额互为倒数。提高劳动生产率不单是一个工艺问题，还涉及许多其他的因素，如产品设计、企业管理等。下面仅讨论提高劳动生产率的一些工艺措施。

1. 缩短基本时间的工艺措施

1）采用精铸、精锻的毛坯件，实施无切屑或少切屑加工。

2）合理选择切削条件，确定合理的切削用量。

3）采用多刀具、多切削刃切削，多件同时加工，如图 2-52 所示。

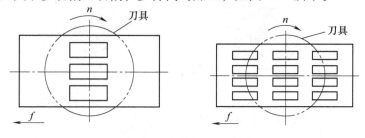

图 2-52 多件加工示意图

4）缩短工作行程。

5）在可行条件下，采用先进切削技术，如高速切削、强力切削与大进给量切削等。

2. 缩短辅助时间

1）采用高度自动化的机床或数控机床。

2）采用先进的检测设备，实施在线自动检测。

3）采用连续加工，如采用带回转工作台的组合机床或者在万能机床上设置多工位夹具，使工件的装卸时间和加工时间相重合，如图 2-53 所示。

3. 合理采用先进制造技术（AMT）

例如 CAPP、CAM、GT 及 CIMS 等。

4. 提高生产率

合理采用科学管理模式，提高管理效率和劳动生产率，使制造系统管理组织机构合理化，使制造系统以最优化的方式运行。

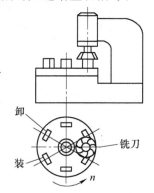

图 2-53 立式连续回转工作台铣床加工

任务九　机械加工工艺文件的制订实例

【学习目标】

能够根据零件图编制零件的机械加工工艺规程。

【知识体系】

一、分析零件图

图 2-54 所示为减速器低速轴零件图。

1. 看懂零件的结构形状

减速器低速轴零件图采用了主视图和移出断面图表达其形状结构。从主视图可以看出，该零件由多个不同直径的回转体组成，有轴颈、轴肩、键槽、螺纹退刀槽、砂轮越程槽、倒角、圆角等结构，由此可以想象出减速器低速轴的结构形状。

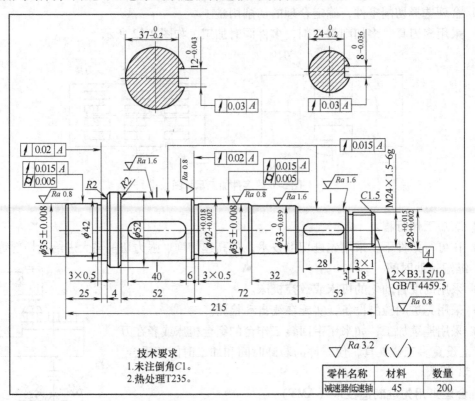

图 2-54　减速器低速轴零件图

2. 明确零件的装配位置和作用

由减速器结构可知，低速轴是减速器的运动输出机构，起支承齿轮、传递转矩的作用。

两段 $\phi35 \pm 0.008$mm 外圆轴颈用于安装轴承，$\phi 42 ^{+0.018}_{+0.002}$mm 轴段及轴肩用于安装齿轮及齿轮轴向定位，采用普通平键周向固定。$\phi 28 ^{+0.015}_{+0.002}$mm 轴段及螺纹 M24×1.5-6g 为完成减速器运动的输出与其他构件相联。$\phi 33 ^{0}_{-0.039}$mm 轴段用于穿过轴承端盖及安装 V 形密封圈。

3. 分析零件的技术要求

1）减速器低速轴各轴段的加工精度见表 2-23。

表 2-23　减速器低速轴各轴段的加工精度

轴　　段	公差等级	几何公差	表面粗糙度
两段 $\phi35 \pm 0.008$mm	IT6	对基准 A 的径向圆跳动 0.015mm、圆柱度为 0.005mm	$Ra0.8\mu$m
$\phi 42 ^{+0.018}_{+0.002}$mm	IT6	对基准 A 的径向圆跳动 0.015mm	$Ra1.6\mu$m
$\phi 33 ^{0}_{-0.039}$mm	IT8		$Ra1.6\mu$m
$\phi 28 ^{+0.015}_{+0.002}$mm	IT6	对基准 A 的径向圆跳动 0.015mm	$Ra1.6\mu$m

2）两键槽宽度尺寸公差等级均为 IT9，对基准 A 的圆跳动公差为 0.03mm，表面粗糙度值为 $Ra3.2\mu$m；键槽深度尺寸公差等级相当于 IT12，要求较低。

3）螺纹 M24×1.5-6g 为中等精度细牙普通螺纹，中径和大径公差带均为 6g。

4）两端中心孔均为 B 型中心孔，其中 $D_1 = 3.15$mm，$D_2 = 10$mm。

5）退刀槽、砂轮越程槽、左右端面、轴环、倒角及过渡圆角等加工表面，尺寸及表面精度要求都比较低。

4. 明确零件的热处理方式

零件图上的热处理方式 T235 是指材料调质后的硬度范围 220~250HBW。

5. 零件结构工艺性分析

通过对减速器低速轴的结构、尺寸标注逐一进行分析，认为该零件的结构工艺性可行。

二、确定生产类型

1. 计算零件的生产纲领

由减速器低速轴零件图可知：零件的生产纲领为 200 件/年，考虑备品率（取 $a = 5\%$）和废品率（取 $b = 1\%$），则减速器低速轴的生产纲领计算如下：

$$N = Qn(1 + a)(1 + b) = 200 \text{ 件/年} \times 1(1 + 5\%)(1 + 1\%) = 212 \text{ 件/年}$$

2. 确定零件的生产类型及工艺特征

减速器低速轴属于轻型机械类零件。根据生产纲领（212 件/年）及零件类型（轻型机械），由表 2-3 可查出，减速器低速轴的生产类型为小批生产，由此得出应具有的工艺特征见表 2-24。

表 2-24　减速器低速轴的生产纲领和生产类型

零件名称	减速器低速轴	生产纲领	212 件/年	生产类型	小批生产
工艺特征		1）毛坯采用型材，易采购，成本低，准备周期短 2）加工设备采用通用机床 3）工艺装备采用通用夹具或部分专用夹具、通用刀具、通用量具、标准附件 4）工艺文件需编制机械加工工艺过程卡片和重要表面的工序卡片 5）加工采用试切法和调整法结合进行			

三、确定毛坯

1. 确定毛坯制造形式

根据减速器低速轴的制造材料45钢及零件的生产类型，毛坯类型可采用型材或锻件。现毛坯选用型材中的热轧圆钢，易采购，成本低，准备周期短。

2. 确定毛坯尺寸

根据热轧钢轴类外圆的加工余量计算方法，轴的长度 $L = 215\text{mm}$，最大直径 $D = 52\text{mm}$，即

$$\frac{L}{D} = \frac{215\text{mm}}{52\text{mm}} = 4.13$$

毛坯直径为55mm，则加工余量为 $55\text{mm} - 52\text{mm} = 3\text{mm}$，长度为 $215\text{mm} + 3\text{mm} = 218\text{mm}$，近似取220mm。

所以，确定毛坯尺寸为 $\phi55\text{mm} \times 220\text{mm}$。

3. 绘制毛坯图

用细双点画线画出经简化了的零件图的主视图，将确定的加工余量叠加在各相应被加工表面上，即得到毛坯轮廓，用粗实线表示，如图2-55所示。

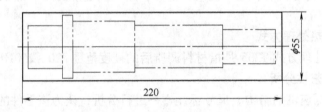

图2-55 减速器低速轴毛坯图

四、选择定位基准

1. 选择零件的定位精基准

根据基准重合和基准统一的原则，选择减速器低速轴的轴线作为定位精基准，即采用两端中心孔作为精基准，如图2-56所示。

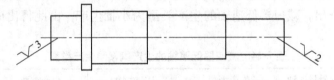

图2-56 减速器低速轴定位精基准

2. 选择零件的定位粗基准

选择毛坯 $\phi55\text{mm}$ 外圆作为粗基准，加工两端面和中心孔，可以较快地获得精基准。同时，以中心孔定位车外圆时，可使余量小而均匀，如图2-57所示。

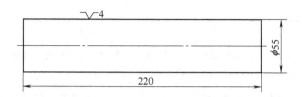

图 2-57　减速器低速轴定位粗基准

五、拟定机械加工工艺路线

1. 确定各表面的加工方案

根据零件各个表面的加工要求，确定其加工方案，见表 2-25。

表 2-25　阶梯轴加工表面加工方案

加工表面	加工方案	加工表面	加工方案
两段 $\phi 35 \pm 0.008$mm 及两轴肩	粗车→半精车→磨	左、右两端面	车
$\phi 42^{+0.018}_{+0.002}$mm	粗车→半精车→精车	两键槽	铣
$\phi 33^{0}_{-0.039}$mm	粗车→半精车	螺纹 M24×1.5-6g	大径粗车→半精车→车螺纹
$\phi 28^{+0.015}_{+0.002}$mm	粗车→半精车→精车		
$\phi 52$mm、$\phi 42$mm	车	各环形槽及各倒角	车

2. 拟定零件加工工艺路线

阶梯轴零件加工一般包括各外圆表面、轴两端面、键槽、螺纹等的加工，按照先基准后其他及先粗后精的原则。该零件的加工工艺路线比较见表 2-26 ~ 表 2-28。

表 2-26　工艺路线方案一

工序	工序名称	工序内容
1	下料	热轧圆钢 $\phi 55$mm × 220mm
2	热处理	调质处理 235HBW
3	粗车	用自定心卡盘装夹 $\phi 55$mm 外圆，粗车两端面，钻两端中心孔 B3.15，总长留余量
4	粗车	用两端中心孔定位装夹工件，粗车轴上各外圆，粗车 $\phi 52$mm 和 $\phi 42$mm 至图样尺寸，其余均留余量
5	半精车	半精车两端面、各段外圆、轴肩面、环形槽、过渡圆角及倒角，其中总长、轴肩面、环形槽、过渡圆角及倒角车至图样尺寸，螺纹大径车至 $\phi 24$-6g，其余外圆均留精加工余量
6	精车	精车外圆 $\phi 42$mm、$\phi 33$mm、$\phi 28$mm 至图样尺寸，车螺纹 M24×1.5-6g
7	磨	磨两段 $\phi 35 \pm 0.008$mm 及轴肩至图样尺寸
8	铣	铣两键槽至图样尺寸
9	检验	按图样检验各部分尺寸

表 2-27　工艺路线方案二

工序	工序名称	工序内容
1	下料	热轧圆钢 $\phi 55$mm × 220mm

（续）

工序	工序名称	工序内容
2	粗车	用自定心卡盘装夹 ϕ55mm 外圆，粗车右端面，见平即可。钻中心孔 B3.15，粗车右端各外圆，其中 ϕ52mm 轴段保证图样尺寸，其余均留余量
3	粗车	调头用自定心卡盘装夹已加工表面定位，粗车左端面，保证总长 215。钻中心孔 B3.15，粗车左端各外圆，ϕ42mm 轴段保证图样尺寸，ϕ35mm 轴段留余量
4	热处理	调质处理 235HBW
5	研磨中心孔	
6	半精车	以两顶尖装夹工件，半精车各段外圆、轴肩面、环形槽、过渡圆角及倒角，ϕ33mm、轴肩面、环形槽、过渡圆角及倒角车至图样尺寸，螺纹大径车至 ϕ24-6g，其余外圆均留精加工余量
7	精车	以两顶尖装夹工件，精车外圆 ϕ42mm、ϕ28mm 至图样尺寸，车螺纹 M24×1.5-6g
8	铣	铣两键槽至图样尺寸
9	磨	以两顶尖装夹工件，磨两段 ϕ35±0.008mm 及轴肩至图样尺寸
10	检验	按图样检验各部分尺寸

表 2-28 两个工艺路线方案比较

工艺路线区别	方案一	方案二	优缺点比较
热处理工序	粗加工前调质热处理	半精加工前调质热处理	调质一般不安排在粗加工之前，以免表面调质层在粗加工时大部分被切削，失去调质处理的作用
粗加工工序	以 ϕ55mm 外圆为粗基准，粗车轴的两端面，钻中心孔	以 ϕ55mm 外圆为粗基准，粗车一端端面，钻中心孔，粗车外圆。再以加工过的外圆为精基准粗车另一端端面，钻中心孔	方案一以 ϕ55mm 外圆为粗基准，粗车轴的一端端面，钻中心孔后需调头安装再以 ϕ55mm 外圆为粗基准，粗车轴的另一端面，钻中心孔。违背了在同一尺寸方向上，粗基准只能使用一次的原则。方案二则避免了这种情况
铣键槽与磨轴颈的位置	先磨后铣	先铣后磨	ϕ35±0.008mm 两段轴颈的尺寸精度要求较高，先铣后磨可避免铣键槽时对已加工轴颈 ϕ35±0.008mm 的损伤
结论	选用方案二作为减速器低速轴零件的加工工艺路线		

六、加工工序设计

1. 确定各工序加工余量及工序尺寸

外圆表面多次加工的工序尺寸只与加工余量有关。将已确定的毛坯余量分为各工序加工余量，然后由后向前计算工序尺寸，中间工序尺寸的公差按加工方法的经济精度确定。本零件各外圆表面的工序加工余量、工序尺寸及公差等级见表 2-29 ~ 表 2-33。因轴向工序尺寸均为自由公差，此处计算略。

表 2-29 两段 $\phi 35 \pm 0.008$mm 外圆加工工序尺寸及偏差计算 （单位：mm）

工序名称	工序余量	工序公称尺寸	公差等级	工序尺寸及偏差
磨	0.4	35	IT6（0.016）	$\phi 35 \pm 0.008$
半精车	1.5	35 + 0.4 = 35.4	IT8（0.039）	$\phi 35.4_{-0.039}^{0}$
粗车	18.1	35.4 + 1.5 = 36.9	IT11（0.16）	$\phi 36.9_{-0.16}^{0}$
毛坯	20	36.9 + 18.1 = 55	±2	$\phi 55 \pm 2$

表 2-30 $\phi 42_{+0.002}^{+0.018}$mm 外圆加工工序尺寸及偏差计算 （单位：mm）

工序名称	工序余量	工序公称尺寸	工序加工公差等级	工序尺寸及偏差
精车	0.8	42	IT6（0.016）	$\phi 42_{+0.002}^{+0.018}$
半精车	1.5	42 + 0.8 = 42.8	IT8（0.039）	$\phi 42.8_{-0.039}^{0}$
粗车	10.7	42.8 + 1.5 = 44.3	IT11（0.16）	$\phi 44.3_{-0.16}^{0}$
毛坯	13	44.3 + 10.7 = 55	±2	$\phi 55 \pm 2$

表 2-31 $\phi 33_{-0.039}^{0}$mm 外圆加工工序尺寸及偏差计算 （单位：mm）

工序名称	工序余量	工序公称尺寸	公差等级	工序尺寸及偏差
半精车	1.5	33	IT8（0.039）	$\phi 33_{-0.039}^{0}$
粗车	20.5	33 + 1.5 = 34.5	IT11（0.16）	$\phi 34.5_{-0.16}^{0}$
毛坯	22	34.5 + 20.5 = 55	±2	$\phi 55 \pm 2$

表 2-32 $\phi 28_{+0.002}^{+0.015}$mm 外圆加工工序尺寸及偏差计算 （单位：mm）

工序名称	工序余量	工序公称尺寸	公差等级	工序尺寸及偏差
精车	0.8	28	IT6（0.013）	$\phi 28_{+0.002}^{+0.015}$
半精车	1.5	28 + 0.8 = 28.8	IT8（0.033）	$\phi 28.8_{-0.039}^{0}$
粗车	24.7	28.8 + 1.5 = 30.3	IT11（0.13）	$\phi 30.3_{-0.13}^{0}$
毛坯	27	30.3 + 24.7 = 55	±2	$\phi 55 \pm 2$

表 2-33 螺纹 M24 × 1.5-6g 加工工序尺寸及偏差计算 （单位：mm）

工序名称	工序余量	工序公称尺寸	公差等级	工序尺寸及偏差
精车	1.5	24	IT6（0.013）	$\phi 24_{-0.020}^{-0.007}$
大径粗车	29.5	24 + 1.5 = 25.5	IT11（0.13）	$\phi 25.5_{-0.13}^{0}$
毛坯	31	25.5 + 29.5 = 55	±2	$\phi 55 \pm 2$

2. 选择加工设备和工艺装备

减速器低速轴零件的机械加工工艺过程见表 2-34，现以该表为例选择加工设备和工艺装备。

表2-34　减速器低速轴零件的机械加工工艺过程卡

企业名称		机械加工工艺过程卡		产品型号		零(部)件型号		工艺表1	
				产品名称		零(部)件名称 减速器低速轴		共2页 第1页	
材料牌号 45	毛坯种类 型材	毛坯外形尺寸 φ55mm×220mm	每毛坯件数	每台件数 1		备注			
工序号	工序名称	工序内容	车间	工段	设备	工艺装备			
10	下料	热轧圆钢 φ55mm×220mm			锯床	钢直尺 100mm			
20	热处理	正火处理							
30	粗车	用自定心卡盘夹 φ55mm 外圆 1) 粗车右端面,见平即可 2) 钻中心孔 B3.15 3) 粗车外圆至尺寸 $\phi25.5_{-0.13}^{0}$ mm 4) 粗车外圆至尺寸 $\phi30.3_{-0.13}^{0}$ mm 5) 粗车外圆至尺寸 $\phi34.5_{-0.16}^{0}$ mm 6) 粗车外圆至尺寸 $\phi36.9_{-0.16}^{0}$ mm 7) 粗车外圆至尺寸 $\phi44.3_{-0.16}^{0}$ mm			CD6140A	YT5 硬质合金外圆车刀 中心钻 B3.15/11.2　GB/T 6078.2—1998 精度 0.05mm 的游标卡尺			
40	粗车	倒头用自定心卡盘夹外圆 $\phi44.3_{-0.16}^{0}$ mm 定位 1) 粗车轴端面,保证总长 215mm 2) 钻中心孔 B3.15 3) 粗车外圆 φ52mm 至图样尺寸 φ52mm 4) 粗车外圆 φ42mm 至图样尺寸 φ42mm 5) 粗车外圆至尺寸 $\phi36.9_{-0.16}^{0}$ mm			CD6140A	自定心卡盘 YT5 硬质合金外圆车刀 中心钻 B3.15/11.2　GB/T 6078.2—1998 精度 0.05mm 的游标卡尺			
50	热处理	调质处理 235HBW							
60	研磨中心孔				CA6140	圆柱形油石 金刚石笔			
					编制(日期)	审核(日期)	标准化(日期)	会签(日期)	批准(日期)
标记	处数	更改文件号	签字	日期					

（续）

企业名称		机械加工工艺过程卡		产品型号		零（部）件型号		工艺表1
				产品名称		零（部）件名称	减速器底速轴	共2页　第2页
材料牌号	45	毛坯种类	型材	毛坯外形尺寸	φ55mm×220mm	每毛坯件数	每台件数 1	备注

工序号	工序名称	工序内容	车间	工段	设备	工艺装备
70	半精车	以两顶尖定位装夹工件 1) 半精车两段外圆至尺寸 $\phi35.4^{\ 0}_{-0.039}$ mm 2) 半精车外圆至尺寸 $\phi42.8^{\ 0}_{-0.039}$ mm 3) 半精车外圆至尺寸 $\phi33^{\ 0}_{-0.039}$ mm 4) 半精车外圆至尺寸 $\phi28.8^{\ 0}_{-0.033}$ mm 5) 半精车外圆至尺寸 $\phi24^{-0.007}_{-0.020}$ mm 6) 半精车各轴肩面、环形槽、过渡圆角及倒角至图样尺寸			CA6140	前后顶尖 YT15硬质合金外圆车刀、高速钢切槽刀 精度0.02mm的游标卡尺 外径千分尺
80	精车	以两顶尖定位装夹工件 1) 精车外圆 $\phi42^{+0.018}_{+0.002}$ mm 至图样尺寸 2) 精车外圆 $\phi28^{+0.015}_{+0.002}$ mm 至图样尺寸 3) 车螺纹 M24×1.5-6g			CA6140	前后顶尖 YT30硬质合金外圆车刀、YT15硬质合金外圆车刀 精度0.02mm的游标卡尺 外径千分尺
90	铣	以外圆 $\phi42^{+0.018}_{+0.002}$ mm 定位，台虎钳装夹工件 1) 铣键槽 $12^{\ 0}_{-0.043}$ mm 至图样尺寸 2) 铣键槽 $8^{\ 0}_{-0.036}$ mm 至图样尺寸			X5012	台虎钳 直柄键槽铣刀 精度0.02mm的游标卡尺
100	磨	以两顶尖定位装夹工件，磨两段 $\phi35\pm0.008$ mm 及轴肩至图样尺寸			M1432B	前后顶尖 外径千分尺
110	检验	按图样尺寸检验				
120	入库					

			编制（日期）	审核（日期）	标准化（日期）	会签（日期）
标记	处数	更改文件号	签字	日期		批准（日期）

（1）机床的选择　根据不同的工序选用机床，即：工序 30、40、70 是粗车和半精车。本零件外廓尺寸不大，精度要求不高，选用常用的卧式车床 CD6140A。工序 80 精车各外圆及车外螺纹，选用卧式车床 CA6140。工序 90 铣两键槽，选用立式铣床 X5012。工序 100 磨两段 $\phi 35 \pm 0.008$mm 外圆，选用 M1432B 型万能外圆磨床。工序 60 研磨中心孔，选用卧式车床 CA6140，用圆柱形油石研修前、后中心孔。

（2）夹具的选择　减速器低速轴零件主要使用通用夹具，如自定心卡盘、台虎钳、前后顶尖等。

（3）刀具的选择　根据不同的工序选择减速器低速轴零件加工时所用刀具，即：

1）在车床上加工外圆的工序，常选用硬质合金车刀。加工钢质零件采用 YT 类硬质合金，粗加工用 YT5，半精加工用 YT15，精加工用 YT30。另外，还需备有 YT15 的硬质合金切槽刀和外螺纹车刀。

2）中心钻选用 B3. 15/11. 2 GB/T 6078. 2—1998。

3）铣刀选用直柄键槽铣刀 8e8　GB/T 1112—2012，直柄键槽铣刀 12e8　GB/T1112—2012。

（4）量具的选择　减速器低速轴零件加工属于小批生产，应尽量采用通用量具。根据零件表面的精度要求、尺寸和形状特点，本零件的加工过程主要选用常见的游标卡尺和外径千分尺。

七、切削用量的选择

在机加工工序卡中需确定切削用量，见表 2-35。现以该表为例说明切削用量的确定方法。

1. 硬质合金刀具精车切削用量

查切削用量手册，YT 类硬质合金刀具加工碳素钢工件，精车时表面粗糙度为 $Ra1.6\mu m$，此时推荐进给量为 $0.1 \sim 0.2$mm/r，取进给量 $f = 0.2$mm，切削深度 $a_p = 0.4$mm，按照式（2-29）计算切削速度 v_c，对于式中刀具寿命 T，一般经济寿命取 60min，最大生产率寿命取 30min，本例中生产类型为小批生产，因此取 $T = 60$min；查手册，硬质合金刀具切削中碳钢，进给量 $f \geqslant 0.2$mm/r 时，$c_v = 19462.972$，$m = 0.39$，$x_v = 0.35$，$y_v = 0.13$，$k_v = 0.012$，代入式（2-29）计算得 $v_c = 80.364$m/min = 1.339m/s。

使用公式 $n = \dfrac{1000v_c}{\pi d_w}$ 计算机床转速，加工表面直径分别为 42mm 和 28mm，计算得到主轴转速为范围为 $609.06 \sim 913$r/min，所以机床转速分别取为 600r/min 和 900r/min。

2. 硬质合金刀具车削螺纹的切削用量

使用了 YT15 的硬质合金外螺纹车刀车削螺纹 M24 × 1.5-6g，螺纹螺距为 1.5mm，查切削用量手册，车削 6 级精度的外螺纹时，需粗加工 3 次，精加工 2 次，因此共进给 5 次。

将计算结果填入机加工工序卡中。

八、工艺文件的制订

机械加工工艺规程的最后一项工作，就是编写工艺文件。工艺文件的格式很多，常见的有机械加工工艺过程卡和机械加工工序卡。现将机械加工工序卡的编写过程说明如下：

表2-35 减速器低速轴零件的机械加工工序卡

机械加工工序卡	产品型号		零(部)件型号		工艺表1	
	产品名称	减速器	零(部)件名称	减速器低速轴	共1页	第1页

企业名称	车间		工序号 80		工序名称 精车		材料牌号 45
	毛坯种类 型材		毛坯外形尺寸		每个毛坯可制件数 1		每台件数
	设备名称 车床		设备型号 CA6140		设备编号		同时加工数 1
	夹具编号		夹具名称 前后顶尖				切削液 乳化液
	工位器具编号		工位器具名称			工序工时 准终 / 单件	

工步号	工步内容	工艺装备	主轴转速 /(r/min)	切削速度 /(m/s)	进给量 /mm	切削深度 /mm	进给次数	工步工时 机动	辅助
1	精车外圆 φ42mm 至图样尺寸 $\phi 42^{+0.018}_{+0.002}$ mm	外径千分尺	600	1.339	0.2	0.4	1		
2	精车外圆 φ28mm 至图样尺寸 $\phi 28^{+0.015}_{+0.002}$ mm		900	1.339	0.2	0.4	1		
3	车螺纹 M24×1.5-6g						5		
			编制(日期)	审核(日期)	标准化(日期)	会签(日期)			
标记	处数	更改文件号	签字	日期		批准(日期)			

1. 绘制工序简图

（1）工序简图中应表明的内容　工件在本工序的加工部位、工序尺寸、定位表面、夹紧方式及工件在该工序加工的技术要求。

（2）工序简图的画法

1）用细实线按比例尽量用较小的投影绘出工件在该工序的简图，绘制时可以略去次要结构和线条。

2）用粗实线画出工件在该工序的被加工表面。

3）注明本工序的工序尺寸和技术要求。

4）用定位符号标明工件在本工序的定位表面。

5）用夹紧符号标明工件在本工序的夹紧表面。

2. 填写工序卡片

按工序卡片给定的格式填写工序内容、切削用量、工艺装备的名称及型号、设备名称及型号、时间定额等内容。

减速器低速轴零件的加工属于小批生产，且零件结构简单，其工艺文件的制订一般要根据具体情况和工厂习惯而定。此处为了教学需要，特制订零件的机械加工工艺过程卡（见表 2-34）和重要工序的机械加工工序卡（见表 2-35）。表中未填切削用量和工时定额，若为大批量生产或流水线生产时，则必须填写，不得省略。

【任务拓展】

参照图 2-25 所示套筒零件，完成下列任务：

1）制定其机械加工工艺过程卡（参考表 2-34）。

2）制定套筒零件加工过程中某一工序的工序卡（参考表 2-35）。

项目三　机床专用夹具设计基础

任务一　认知机床夹具

机械制造中，用来固定加工对象，使之保持正确位置，以接受加工或检测的装置，统称为夹具。它广泛地应用于机械制造过程中，如焊接过程中用于拼焊的焊接夹具，零件检验过程中的检验夹具，装配过程中的装配夹具等。而在机械加工中，用于迅速、准确地确定工件在机床上的位置，进而正确确定工件与机床、刀具的相对位置关系，并在加工中始终保持这个正确位置的工艺装备称为机床夹具。生产中，机床夹具是一种不可缺少的工艺装备，它直接影响零件加工的精度、劳动生产率和产品的制造成本等。

【学习目标】

了解机床夹具的组成、作用及分类。

【知识体系】

一、机床夹具的组成

机床夹具的种类繁多、结构各异，但其工作原理基本相同。以图 3-1 所示的简易钻模夹具为例，按夹具上各部分元件和装置的功能划分，夹具一般有以下几个组成部分。

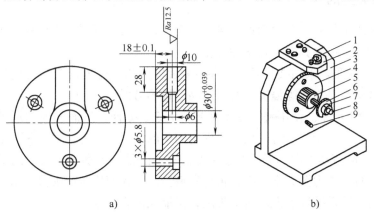

图 3-1　简易钻模夹具示例

a）后盖零件简图　b）钻 $\phi10mm$ 孔的钻床夹具

1—钻套　2—钻模板　3—夹具体　4—支承板　5—圆柱销　6—开口垫圈

7—螺母　8—螺杆　9—菱形销

1. 定位元件

定位元件用于确定工件在夹具中的正确位置，它是夹具的主要功能元件之一。图 3-1 中的圆柱销 5、菱形销 9 和支承板 4 都是定位元件。

2. 夹紧装置

夹紧装置用于保证工件在加工过程中受到外力（如切削力、重力、惯性力等）作用时，已经占据的正确位置不被破坏。图 3-1 所示钻床夹具中的开口垫圈 6 是夹紧元件，与螺杆 8、螺母 7 一起组成夹紧装置。

3. 对刀-导向元件

对刀-导向元件用于确定刀具相对于夹具的正确位置并引导刀具进行加工。其中，对刀元件是在夹具中起对刀作用的零部件，如铣床夹具上的对刀块。导向元件是在夹具中起对刀和引导刀具作用的零部件，如图 3-1 中的钻套 1。

4. 夹具体

夹具体是机床夹具的基础部件，它用于连接夹具各个元件或装置，使之成为一个整体，并与机床有关部件相连接，如图 3-1 中的夹具体 3。

5. 连接元件

连接元件是确定夹具在机床上正确位置的元件，如定位键、定位销及紧固螺栓等。

6. 其他元件和装置

根据夹具的特殊需要而设置的装置和元件，如：

1）分度装置，用于加工按一定规律分布的多个表面。

2）上下料装置，用于输送工件，如输送垫铁等。

3）吊装元件。对于大型夹具，应设置吊装元件，如吊环螺钉等。

4）工件的顶出装置（或让刀装置），如加工箱体类零件时多层壁上的孔。

在上述各组成部分中，定位元件、夹紧装置和夹具体是机床夹具的基本组成部分。

二、机床夹具的作用

在机床上加工工件时，必须用夹具将工件定位、夹紧，以保证工件相对于刀具、机床的正确位置。因此，机床夹具的主要作用有：

1）保证加工质量。采用夹具后，工件各表面间的相互位置精度是由夹具保证的，而不是依靠工人的技术水平与熟练程度，所以产品质量容易保证。

2）提高劳动生产率。使用夹具使工件装夹迅速、方便，从而大大缩短了辅助时间，提高了生产率。特别是对于加工时间短、辅助时间长的中、小零件，效果更为显著。

3）减轻工人的劳动强度，保证安全生产。有些工件，特别是比较大的工件，调整和夹紧很费力气，而且注意力要高度集中，很容易疲劳。如果使用机床夹具，采用气动或液压等自动化夹紧装置，既可减轻工人的劳动强度，又能保证安全生产。

4）扩大机床的使用范围。实现一机多用，一机多能。如在铣床上安装一个回转台或分度装置，可以加工有分度要求的零件；在车床上安装镗模，可以加工箱体零件上的同轴孔系。

三、机床夹具的分类

机床夹具种类繁多，可按不同的方式进行分类，常用的分类方法有以下几种。

1. 按夹具的使用范围和特点分类

（1）通用夹具　通用夹具指结构、尺寸已经规格化，具有一定通用性的夹具。如车床使用的自定心卡盘、单动卡盘，铣床使用的平口虎钳等。其特点是适应性强，不需调整或稍加调整就可用来装夹一定形状和尺寸范围内的各种工件，采用这种夹具可缩短生产准备周期，减少夹具品种，从而降低零件的制造成本。但是它的定位精度不高，操作复杂，生产效率低，且较难装夹形状复杂的工件，故主要用于多品种的单件小批生产。

（2）专用夹具　专用夹具指专门为某一工件的某一道工序设计和制造的专用装置，一般是由使用单位按照具体条件自行设计制造的。其特点是结构紧凑、操作迅速、方便；可以保证较高的加工精度和生产率；但设计和制造周期长，制造费用高；无继承性，在产品变更后，往往因无法重复利用而报废。因此这类夹具主要用于产品固定的大批、大量生产的场合。

（3）可调夹具　可调夹具是根据结构的多次使用原则而设计的，对不同类型和尺寸的工件，只需调整或更换原来夹具上的个别定位元件或夹紧元件便可使用。它一般分为通用可调夹具和成组夹具，前者的加工对象不确定，通用范围大，如滑柱式钻模、带各种钳口的通用虎钳等；后者则是针对成组工艺中某一组零件的加工而设计的，加工对象明确，调整范围只限于本组内的工件。

（4）随行夹具　随行夹具是在自动或半自动生产线上使用的夹具，虽然它只适用于某一种工件，但毛坯装上随行夹具后，可从生产线开始一直到生产线终端在各位置上进行各种不同工序的加工。根据这一特点，随行夹具的结构也适用于各种不同工序的加工。

（5）组合夹具　组合夹具是由预先制造好的通用标准零部件经组装而成的专用夹具，是一种标准化、系列化、通用化程度高的工艺装备。其特点是组装迅速、周期短；通用性强，元件和组件可反复使用；产品变更时，夹具可拆卸、清洗、重复再用；一次性投资大，夹具标准元件存放费用高；与专用夹具相比，其刚性差，外形尺寸大。这类夹具主要用于新产品试制以及多品种、中小批量生产中。

2. 按使用机床分类

按使用机床分类，机床夹具可分为车床夹具、铣床夹具、钻床夹具、镗床夹具、拉床夹具、磨床夹具、齿轮加工机床夹具等。

3. 按夹紧的动力源分类

按夹紧的动力源分类，机床夹具可分为手动夹具、气动夹具、液压夹具、气液夹具、电磁夹具、真空夹具等。

【任务拓展】

自找一夹具总图，分析其组成。

任务二　工件在夹具中的定位

【学习目标】

1）能根据零件的加工要求选用合理的定位方式和定位元件。

2）会分析定位误差对零件加工精度的影响。

【知识体系】

工件在夹具中定位就是要确定工件与定位元件的相对位置，从而保证工件相对于刀具和机床的正确加工位置。工件在夹具中的定位应解决两方面的问题：一是工件位置是否确定，即定位方案的设计；二是工件位置是否准确，即定位精度问题。

一、六点定位原理

一个尚未定位的工件是一个自由刚体，其在空间的位置是不确定的，如图 3-2a 所示，它在空间直角坐标系中可沿 x、y、z 三个坐标轴任意移动，也可绕此三坐标轴转动，分别用 $\vec{x}$、$\vec{y}$、$\vec{z}$ 和 $\hat{x}$、$\hat{y}$、$\hat{z}$ 表示，即为工件的六个自由度。要使工件具有唯一确定的位置，就必须限制它在空间的六个自由度。

如图 3-2b 所示，用六个合理分布的定位支承点与工件分别接触，即一个支承点限制工件的一个自由度，可使工件在夹具中的位置完全确定。由此可见，要使工件在空间具有唯一确定的位置，就必须限制工件在空间的六个自由度，这就是"六点定位原理"。

在应用工件的"六点定位原理"进行定位分析时，应注意以下几点：

1）定位就是限制自由度，通常用合理布置的定位支承点来限制工件的自由度。

2）定位支承点限制工件自由度的作用，应理解为定位支承点与工件定位基准面始终保持紧贴接触。若二者脱离，则意味着失去定位作用。

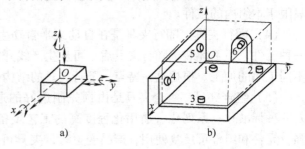

图 3-2　工件在空间中的自由度

3）定位和夹紧是两个不同的概念：定位是为了使工件在空间某一方向占据唯一确定的位置，此时工件除受自身重力作用外，不受其他外力作用；而夹紧则是使工件在外力作用下，仍能保证这唯一正确位置不变。对于一般夹具，先实施定位，然后再夹紧。对于自定心夹具（如自定心卡盘），则是定位和夹紧过程同时进行。因此，一定要把定位和夹紧区别开来，不能混为一谈。

4）定位支承点是由定位元件抽象而来的，在夹具中，定位支承点总是通过具体的定位元件来体现，至于具体的定位元件应转化为几个定位支承点，需结合其结构进行分析。

二、工件在夹具中的几种定位情况

1. 完全定位

工件的六个自由度被定位元件无重复地限制，工件在夹具中具有唯一确定的位置称为完全定位。如图 3-3a 所示，在工件上铣键槽，保证尺寸 z，需要限制 $\vec{z}$、$\hat{x}$、$\hat{y}$；保证尺寸 x，需要限制 $\vec{x}$、$\hat{y}$、$\hat{z}$；保证尺寸 y，需要限制 $\vec{y}$、$\hat{z}$、$\hat{x}$。综合起来，必须限制工件的六个自由度，即完全定位。

2. 不完全定位

如图 3-3b 所示，在工件上铣台阶面时，工件沿 y 轴的移动自由度 $\vec{y}$，对工件的加工精度无影响，工件在这一方向上的位置不确定只影响加工时的进给行程，故此处只需要限制五个自由度，即 $\vec{x}$、$\vec{z}$、$\hat{x}$、$\hat{y}$、$\hat{z}$。这种对不影响工件加工要求的某些自由度不加限制的定位方式称为不完全定位。显然，不完全定位是合理的定位方式。图 3-3c 中加工上表面时采用的即是不完全定位。

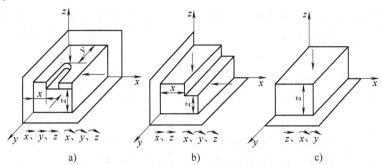

图 3-3　工件应限制自由度的确定

3. 欠定位

根据工件的加工要求，应该限制的自由度没有完全被限制的定位称为欠定位。欠定位无法保证加工要求。因此，在确定工件的定位方案时，决不允许有欠定位的现象发生。

4. 过定位

当几个定位支承点重复限制工件的一个或几个自由度时，这种定位称为过定位或重复定位。如图 3-4a 所示，一个定位基准平面由四个支承点定位。由于三点决定一个平面，该定位基准平面虽然由四个支承点定位，但仍只限制工件的 $\vec{z}$、$\hat{x}$、$\hat{y}$ 三个自由度，所以有一个支承点是过定位。这时如果工件的定位基准平面加工粗糙或是毛坯表面，则将造成只有不确定的三个支承点与其接触，致使同一批工件的定位不一致而增大加工误差。

图 3-4b 所示为一套筒零件在长心轴上定位的情况。心轴的外圆限制了工件的 $\vec{y}$、$\vec{z}$ 和 $\hat{y}$、$\hat{z}$ 四个自由度，而心轴定位端面又限制了 $\vec{x}$、$\hat{y}$、$\hat{z}$ 三个自由度，所以对 $\hat{y}$、$\hat{z}$ 是过定位。因为工件内孔与端面以及心轴外圆与端面的垂直度都存在着制造误差，使工件端面不能与心轴端面完全接触，轴向夹紧时会使工件或心轴产生变形而影响加工精度。

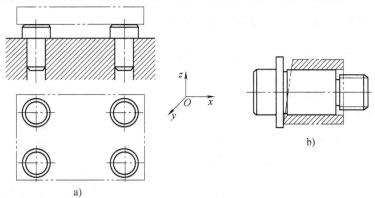

图 3-4　工件的过定位

由以上分析可知，过定位将造成工件的定位不确定或使工件及定位元件产生变形，降低加工精度，甚至无法装夹和加工。因此，在确定工件的定位方案时，应尽量避免过定位。

当过定位不可避免时，常采取如下两种措施减小或消除其影响：

1）提高工件定位基准之间及定位元件工作表面之间的位置精度，减少过定位对加工精度的影响，使不可用过定位变为可用过定位。

如图 3-4a 所示，如果工件上的定位基准平面加工得平整光洁，夹具上四个支承钉安装好后经过一次磨平，使其工作面准确位于同一平面内，则此时采用四个支承点不仅不会影响加工精度，还能提高工件定位的稳定性和工艺系统的刚性。因此，在这种情况下的过定位是允许的。

2）改变定位方案，避免过定位。消除重复限制自由度的支承或将其中某个支承改为辅助支承（或浮动支承）；改变定位元件的结构，如圆柱销改为菱形销，长心轴改为短心轴等。

如图 3-5a 所示，在长心轴端面配以球面垫圈，使其端面只限制 $\vec{x}$ 一个自由度，而对工件的 $\hat{y}$、$\hat{z}$ 自由度没有限制作用。图 3-5b 将长心轴的端面由大平面改为小平面，同样小平面只限制 $\vec{x}$ 一个自由度，而不限制工件的 $\hat{y}$、$\hat{z}$ 自由度。图 3-5c 将长心轴定位改为短心轴定位，短心轴只限制工件的 $\vec{y}$、$\vec{z}$ 两个自由度。由于定位元件结构的改进避免了重复限制自由度，也就不属于过定位了。

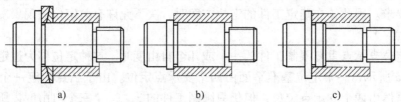

图 3-5　消除过定位的措施
a）球面长心轴定位　b）小平面长心轴定位　c）大平面短心轴定位

由上述几种定位情况可知，完全定位和不完全定位是符合工件定位原理的定位，而欠定位和过定位是不符合工件定位原理的定位。在实际应用中，欠定位绝对不允许出现，但过定位在不影响加工要求的前提下是允许使用的。

三、工件加工精度对自由度限制的要求

设计夹具时，必须根据本工序加工中工件需要保证的位置尺寸和位置精度，按照工件的定位原理，分析研究应该限制工件的哪几个自由度，对哪些自由度可不必限制。如图 3-6 所示，铣削长方体工件上的通槽，为保证槽底面与 A 面的平行度和尺寸 H，就必须限制工件的 $\vec{z}$、$\hat{x}$、$\hat{y}$ 三个自由度；为保证槽侧面与 B 面的平行度及尺寸 F 的加工要求，还需要限制 $\vec{x}$、$\hat{z}$ 两个自由度。至于 $\vec{y}$，按加工要求可不用限制。因一批工件逐个在夹具中定位时，各个工件沿 y 轴的位置即使不同，也不会影响加工通槽的要求。

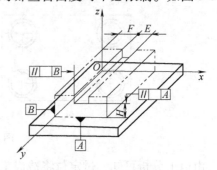

图 3-6　铣削通槽

表 3-1 是根据工件的加工要求，必须限制的自由度。

表 3-1 根据加工要求必须限制的自由度

工 序 简 图	加 工 要 求	必须限制的自由度
加工面宽为 W 的槽（B、H、W）	1. 尺寸 B 2. 尺寸 H	$\vec{x}$、$\vec{z}$ $\hat{x}$、$\hat{y}$、$\hat{z}$
加工面宽为 W 的槽（B、W、H、L）	1. 尺寸 B 2. 尺寸 H 3. 尺寸 L	$\vec{x}$、$\vec{y}$、$\vec{z}$ $\hat{x}$、$\hat{y}$、$\hat{z}$
加工平面（H）	尺寸 H	$\vec{z}$ $\hat{x}$
加工面宽为 W 的槽（W、ϕD、H）	1. 尺寸 H 2. W 对称平面对 ϕD 轴线的对称度	$\vec{x}$、$\vec{z}$ $\hat{x}$、$\hat{z}$
加工面宽为 W 的槽（W、L、ϕD）	1. 尺寸 H 2. 尺寸 L 3. W 对称平面对 ϕD 轴线的对称度	$\vec{x}$、$\vec{y}$、$\vec{z}$ $\hat{x}$、$\hat{z}$
加工面宽为 W 的槽（W、L、ϕD、H、W_1）	1. 尺寸 H 2. 尺寸 L 3. W 对称平面对 ϕD 轴线的对称度 4. W 对称平面对 W_1 对称平面的对称度	$\vec{x}$、$\vec{y}$、$\vec{z}$ $\hat{x}$、$\hat{y}$、$\hat{z}$

（续）

工序简图	加工要求		必须限制的自由度
加工面圆孔	通孔	1. 尺寸 B 2. 尺寸 L	$\vec{x}、\vec{y}$ $\hat{x}、\hat{y}、\hat{z}$
	不通孔		$\vec{x}、\vec{y}、\vec{z}$ $\hat{x}、\hat{y}、\hat{z}$
加工面圆孔	通孔	1. 尺寸 L 2. 加工孔轴线对 ϕD 轴线的垂直度与对称度	$\vec{x}、\vec{y}$ $\hat{x}、\hat{z}$
	不通孔		$\vec{x}、\vec{y}、\vec{z}$ $\hat{x}、\hat{z}$
加工面圆孔	通孔	加工孔轴线对 ϕD 轴线的同轴度	$\vec{x}、\vec{y}$ $\hat{x}、\hat{y}$
	不通孔		$\vec{x}、\vec{y}、\vec{z}$ $\hat{x}、\hat{y}$

四、定位元件与定位方式

（一）定位元件的基本要求

定位元件首先要保证工件准确位置，同时还要适应工件频繁装卸以及承受各种作用力的需要，因此尽管各种定位元件结构不同，但都应该满足下列基本要求：

（1）高的精度 定位元件的精度直接影响工件定位误差的大小。定得过宽，会降低定位精度，定得过严，则制造困难。通常定位元件的尺寸公差等级为 IT6 ～ IT8，表面粗糙度取 $Ra0.2 ～ 1.6\mu m$。

（2）高的耐磨性 因定位元件经常与工件接触，容易磨损。为避免因定位元件的磨损而影响定位精度，甚至产生废品，需要经常修理或更换定位元件，因此要求定位元件的工作表面要有足够的耐磨性。为此，制造定位元件一般采用的材料是 20 钢，工作表面渗碳层为 0.8 ～ 1.2mm，并淬硬至 55 ～ 60HRC；或采用 T7A、T8A，淬硬至 50 ～ 55HRC；或采用 45 钢，淬硬至 40 ～ 45HRC。可根据夹具的使用情况等具体条件加以选用。

（3）足够的刚度与强度 定位元件应具有足够的刚度与强度以避免由于受到工件的重力、夹紧力、切削力等因素影响而变形或损坏。

（4）良好的工艺性 定位元件应便于加工、装配和维修。有时为了装配和维修方便，往往在夹具体上开有适当的工艺用窗口。

（二）常用的定位元件及其定位方式

在进行工件定位分析时，首先应根据工件的要求，确定应限制它的哪些自由度；其次，选用一定数量的恰当类型的定位元件，进行适当的布置来消除这些自由度。

表 3-2 所示为常见的典型定位方式及定位元件可转化的支承点数目及所限制的自由度。需要注意的是，一种定位元件转化成的支承点数目是一定的。

表3-2 常见典型定位方式及定位元件所限制的自由度

工件定位基准面	定位元件	定位方式及所限制的自由度	工件定位基准面	定位元件	定位方式及所限制的自由度
平面	支承钉		圆孔	长圆柱销	
	支承板			圆锥销	
	固定支承与自位支承		外圆柱面	定位套	
	固定支承与辅助支承			半圆孔	
圆孔	短圆柱销			锥套	

（续）

工件定位基准面	定位元件	定位方式及所限制的自由度	工件定位基准面	定位元件	定位方式及所限制的自由度
圆孔	圆锥销	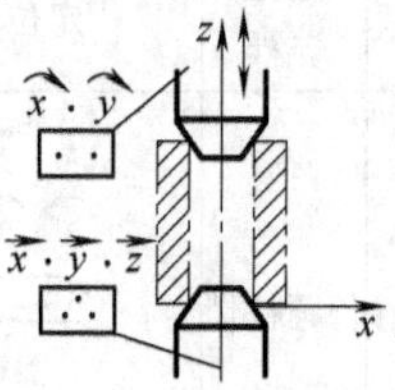		V形块	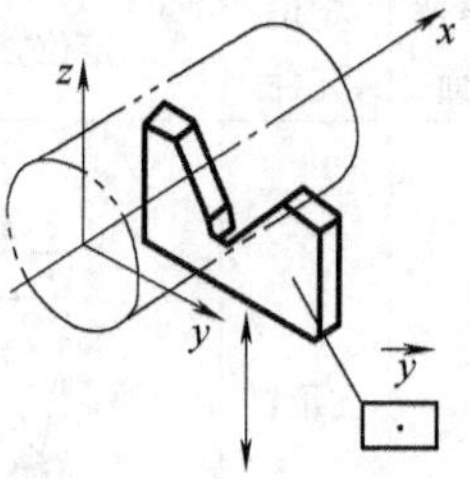
外圆柱面	支承板或支承钉	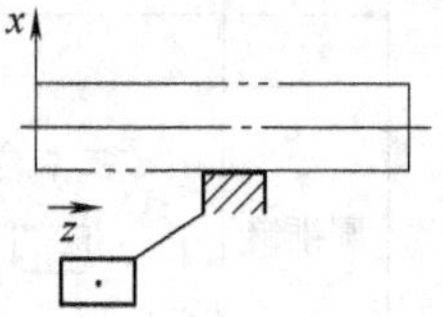	外圆柱面	定位套	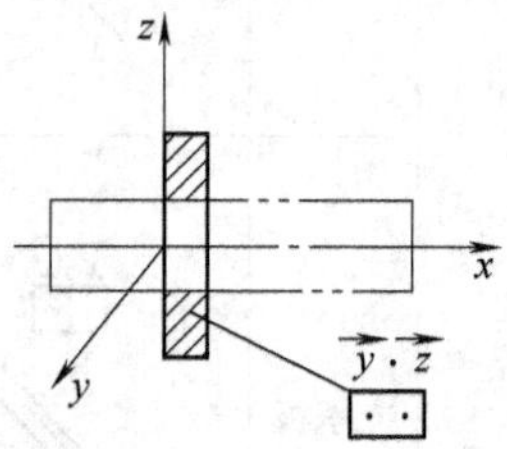
		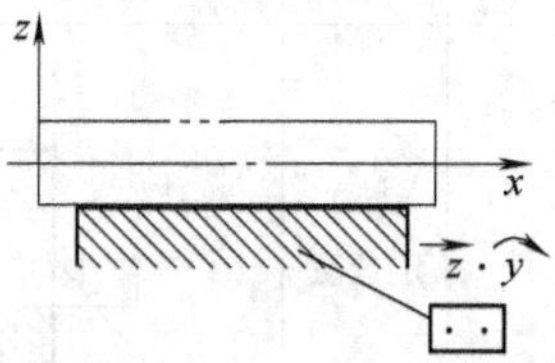		锥套	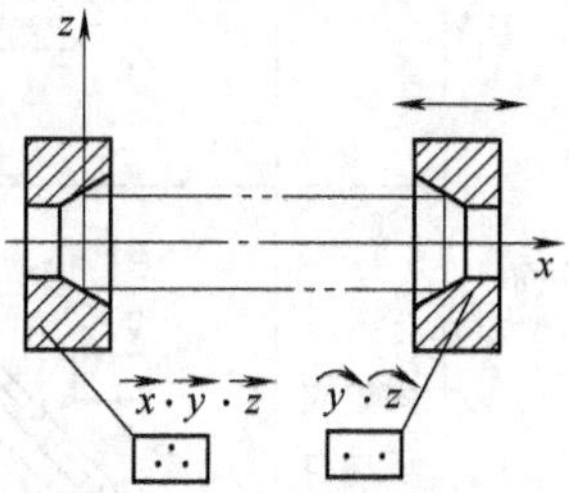
外圆柱面	V形块	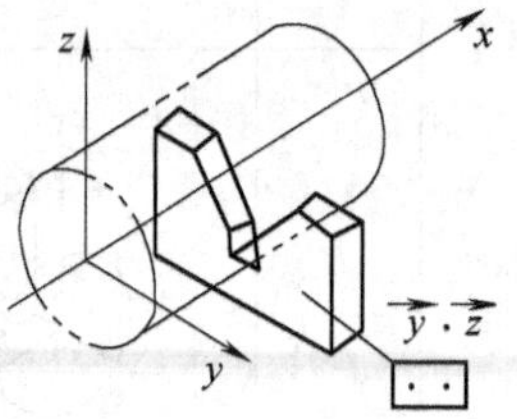	锥孔	顶尖	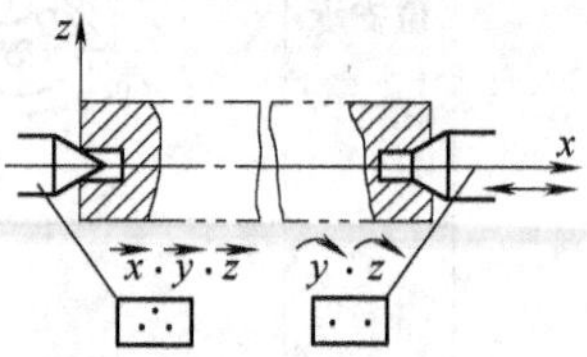
		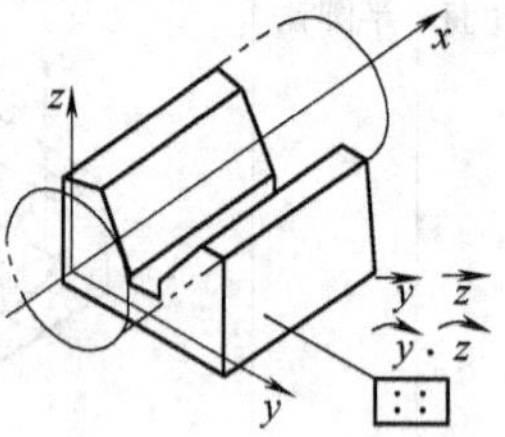		锥心轴	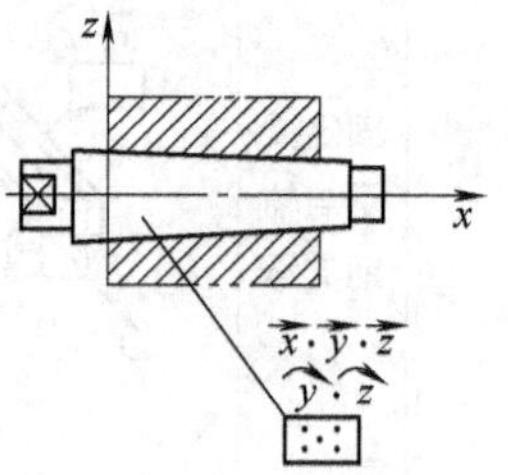

1. 工件以平面定位时的定位元件

工件以平面定位时，定位元件常用三个支承钉或两个以上支承板组成的平面进行定位。各支承钉（板）的距离应尽量大，使得定位稳定可靠。常用定位元件有以下几种：

（1）固定支承 固定支承指高度尺寸固定，不能调节的支承，包括固定支承钉和支承板两类。

1）固定支承钉。图3-7a所示为平头支承钉，多用于精基准定位。图3-7b所示为球头支承钉，图3-7c所示为齿纹支承钉，这两种适用于粗基准定位，可减少接触面积，以便与粗基准面有稳定的接触。其中，球头支承钉较易磨损而失去精度，齿纹支承钉能增大接触面间的摩擦力，防止工件受力走动，但落入齿纹中的切屑不易清除，故多用于侧面定位。图3-7d所示为带套筒的支承钉，用于大批大量生产，便于磨损后更换。

支承钉与夹具体孔的配合为H7/r6或H7/n6。带套筒的支承钉套筒外径与夹具体孔的配合也为H7/r6或H7/n6，套筒内径与支承钉的配合为H7/js6。当使用多个平头支承钉（处于同一平面）时，装配后应一次磨平工作表面，以保证平面度。

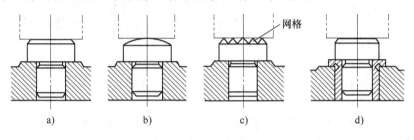

网格

a)　　　　b)　　　　c)　　　　d)

图3-7　各种固定支承钉

2）支承板。支承板多用于精基准定位，有时可用一块支承板代替两个支承钉。如图3-8所示，A型支承板结构简单、紧凑，但切屑易落入内六角螺钉头部的孔中，且不易清除，所以多用于侧面和顶面的定位。B型支承板在工作面上有45°的斜槽，且能保持与工件定位基面连续接触，清除切屑方便，所以多用于平面定位。

支承板用螺钉紧固在夹具体上，当一个平面采用两个以上的支承板定位时，装配后应一次磨平工作表面，以保证其平面度。

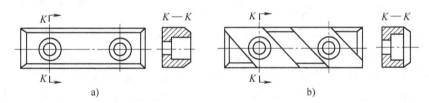

a)　　　　　　　　　b)

图3-8　固定支承板

a）A型　b）B型

（2）调节支承　调节支承指支承顶端位置可在一定高度范围内调整的支承，适用于形状、尺寸变化较大的粗基准定位，也可用于同一夹具装夹形状相同而尺寸不同的工件。图3-9所示为两种调节支承的基本形式，它们均由螺钉及螺母组成，支承高度调整好后，用螺母锁紧。

（3）自位支承　自位支承是在工件定位过程中，能随工件定位基准面位置的变化而自动与之适应的多点接触的浮动支承。其作用相当于一个定位支承点，限制工件的一个自由度。由于接触点数的增多，可提高工件的支承刚度和定位的稳定性，适用于粗基准定位或工件刚度不足的定位情况。图3-10a、b所示为双接触点自位支承，图3-10c所示为三接触点自位支承，无论哪一种，都只相当于一个定位支承点，限制工件的一个自由度。

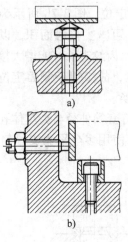

图 3-9　调节支承

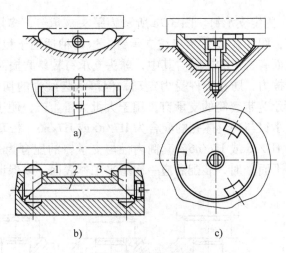

图 3-10　自位支承

在生产中为了提高工件的刚度和定位稳定性，常采用辅助支承。如图 3-11 所示的阶梯零件，当用平面 1 定位铣平面 2 时，在工件右部底面增设辅助支承 3 可避免加工过程中工件的变形。辅助支承的结构形式很多，无论采用哪一种都应注意：辅助支承不起定位作用，即不应限制工件的自由度，同时更不能破坏基本支承对工件的定位。因此，辅助支承的结构都是可调并能锁紧的。

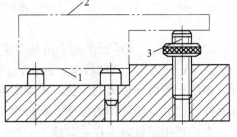

图 3-11　辅助支承的作用
1、2—平面　3—辅助支承

2. 工件以圆孔定位

工件以孔的轴线为定位基准，常在圆柱体（定位销、心轴等）、圆锥体及定心夹紧机构中定位。该方式定位可靠，使用方便，在实际生产中获得广泛使用。常用定位元件有以下几种。

（1）定位销　定位销是长度较短的圆柱形定位元件，其工作部分的直径可根据工件定位基面的尺寸和装卸的方便设计，与工件定位孔的配合按 g5、g6、f6、f7 制造。基本结构有以下几种：

1）固定式定位销。如图 3-12 所示，它是直接用过盈配合（H7/r6 或 H7/n6）装在夹具体上的定位销，有圆柱销和菱形销两种类型。其中，圆柱销限制工件的两个移动自由度，菱形销限制工件的一个自由度。

2）可换式定位销。在大批量生产时，因装卸工件频繁，定位销易磨损，丧失定位精度，故常采用可换式定位销，如图 3-13 所示。衬

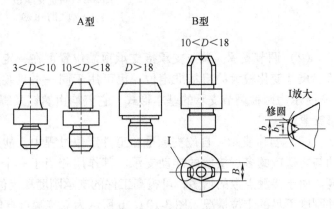

图 3-12　固定式定位销

套外径与夹具体的配合为 H7/n6，内径与可换定位销的配合为 H7/h6 或 H7/h5。

3）圆锥定位销。如图 3-14 所示，工件圆孔与圆锥销定位，圆孔与锥销的接触线为一个圆，可限制工件的三个移动自由度 $\vec{x}$、$\vec{y}$、$\vec{z}$。图 3-14a 用于粗基准面定位，图 3-14b 用于精基准面定位。工件以圆孔与圆锥销定位能实现无间隙配合，但单个圆锥销定位时容易倾斜，因此，圆锥销一般不单独使用，如图 3-15 所示。

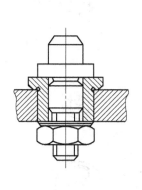

图 3-13 可换式定位销

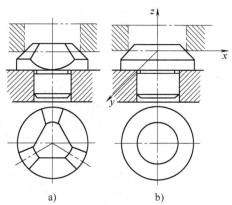

图 3-14 圆锥定位销

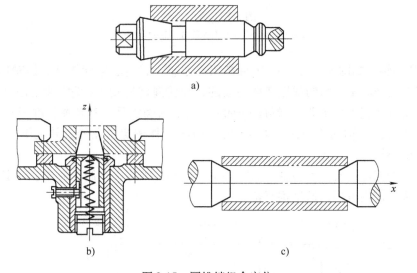

图 3-15 圆锥销组合定位

a）圆锥与圆柱组合心轴定位 b）活动圆锥销与平面组合定位 c）双圆锥销组合定位

（2）定位心轴 心轴的结构形式很多，应用也很广泛。常用的定位心轴分为圆柱心轴和锥度心轴。

1）圆柱心轴。图 3-16a 是间隙配合心轴，其工作部分一般按 h6、g6 或 f7 制造，与工件孔的配合属于间隙配合。其特点是装卸工件方便，但定心精度不高。工件常以孔与端面组合定位，因此，要求工件孔与定位端面、定位元件圆柱面与端面之间都有较高的位置精度。切削力矩传递由端部螺纹夹紧时产生的夹紧力传递。图 3-16b 是过盈配合心轴，由导向部分 1、工作部分 2 和传动部分 3 组成。其特点是结构简单，定心准确，不需要另设夹紧机构；但装卸工件不方便，易损坏工件定位孔。因此，它多用于定心精度高的精加工。图 3-16c 为花键心轴，用于以花键孔定位的工件。当工件定位孔的长径比 $L/D>1$ 时，心轴工作部分应稍带锥度。设计花键心轴时，应根据工件的不同定位方式来确定心轴的结构。

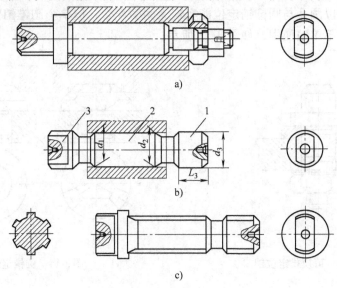

图 3-16　圆柱心轴
1—导向部分　2—工作部分　3—传动部分

2）锥度心轴。如图 3-17 所示，工件楔紧在心轴上，定心精度较高，但轴向位移较大。工件是靠基准孔与心轴表面的弹性变形夹紧的，故传递转矩较小，适于精加工或检验工序。基准孔的公差等级应不低于 IT7。锥度心轴结构尺寸的确定可参考有关标准或夹具手册。为保证心轴的刚度，心轴的长径比 $L/D>8$ 时，应将工件按定位孔的公差范围分为 2～3 组，每组设计一根心轴。

此外，心轴定位还有弹性心轴、液塑心轴、定心心轴等，它们在完成工件定位的同时完成工件的夹紧，使用方便，但结构复杂。

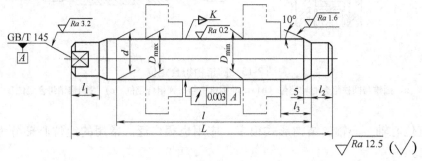

图 3-17　锥度心轴

3. 工件以外圆柱面定位时的定位元件

工件以外圆柱面定位在生产中是常见的，例如凸轮轴、曲轴、阀门以及套类零件的定位等。在夹具设计中，除通用夹具外，常用于外圆表面定位的定位元件有 V 形块、定位套和半圆孔定位座等。各种定位套或半圆孔定位座以工件外圆表面实现定位，V形块则实现对外圆表面的定心对中定位，是应用最广泛的外圆表面定位元件。

（1）V形块　V形块已经标准化，两斜面夹角有60°、90°、120°，其中90°V形块使用最广泛，使用时可根据定位圆柱面的长度和直径进行选择。V形块结构有多种形式，图3-18a所示V形块适用于较长的加工过的圆柱面定位，图3-18b所示V形块适用于较长的粗糙的圆柱面定位，图3-18c所示V形块为镶装支承钉或支承板的结构，其底座采用铸件，V形面采用淬火钢件，以减少磨损，提高寿命和节省钢材，它适用于尺寸较大的圆柱面定位。

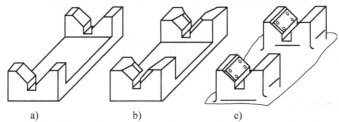

图3-18　V形块

使用V形块定位具有良好的对中性，能使工件的定位基准（轴线）处在V形块对称平面上，不受定位基面直径误差的影响，且装夹方便，可用于粗、精基准面，整圆柱面或部分圆柱面的定位，活动V形块还可兼作夹紧元件。另外，它还适用于阶梯轴及曲轴的定位，并且装卸工件很方便。

（2）定位套　如图3-19所示，工件以外圆柱面作为定位基面在圆孔中定位，外圆柱面的轴线是定位基准，外圆柱面是定位基面。这种定位方法，定位结构简单，制造容易，但定心精度不高，当工件外圆与定位孔配合较松时，还易使工件偏斜，因此，常采用套筒内孔与端面一起定位，以减少偏斜。若工件端面较大，为避免过定位，定位孔应做短些。

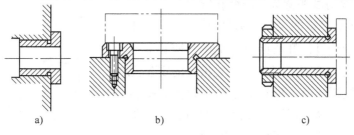

图3-19　定位套

（3）半圆孔定位座　将同一圆周面的孔分为两半圆，下半圆部分装在夹具体上，起定位作用，其最小直径应取工件定位基面（外圆）的最大直径。上半圆部分装在可卸式或铰链式盖上，起夹紧作用，如图3-20所示。工作表面是用耐磨材料制成的两个半圆衬套，并镶在基体上，以便于更换，半圆孔定位座适用于大型轴类工件的定位。

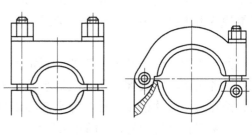

图3-20　半圆孔定位座

4. 工件以锥孔定位

在加工轴类零件或某些精密定心零件时，常以工件的锥孔定位，如图 3-21 所示。

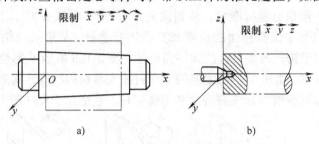

图 3-21　工件以锥孔定位

a）圆锥心轴　b）顶尖

5. 工件以组合表面定位

以上所述定位方法，均指工件以单一表面定位。实际上，工件多是以两个或两个以上表面组合起来作为定位基准使用，称为组合表面定位。当以多个表面作为定位基准进行组合定位时，夹具中也有相应的定位元件组合来实现工件的定位。由于工件定位基准之间、夹具定位元件之间都存在一定的位置误差，所以，必须注意工件的过定位问题。为此，定位元件的结构、尺寸和布置方式必须满足工件的定位要求。

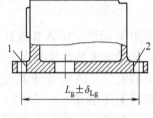

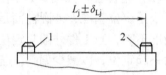

图 3-22　一面两销定位

（1）一个平面和两个与其垂直的孔的组合　在成批和大量生产中加工箱体、杆、盖板等类零件时，常常采用以一平面和两定位孔作为定位基准实现组合定位（图3-22），该组合定位方式简称为一面两孔定位。

1）一面双圆销定位的设计。如图 3-23 所示，工件定位基准面为一面两孔。孔心距尺寸见图，两孔的尺寸分别为：1 孔 $D_1{}_{\ 0}^{+\delta_{D1}}$，2 孔 $D_2{}_{\ 0}^{+\delta_{D2}}$。与之相应的定位元件是支承板和两个短圆柱销，两个圆柱销的尺寸分别为：1 销 $d_1{}_{\ 0}^{+\delta_{d1}}$，2 销 $d_2{}_{\ 0}^{\delta_{d2}}$，销心距尺寸见图。此时，支承板限制工件三个自由度，两个短圆柱销各限制工件两个自由度。显然，沿两销连心线方向的移动自由度被重复限制而出现过定位。当定位尺寸出现危险的极限情况时，将可能导致出现孔、销定位干涉的结果，使工件无法进行定位。

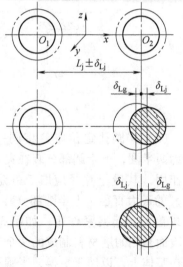

图 3-23　一面两销定位的干涉情况

如图 3-24 所示，出现危险的极限定位尺寸情况有两种：一种是销心距最大，孔心距最小，两销直径尺寸最大，两孔直径尺寸最小；另一种是销心距最小，孔心距最大，两销直径尺寸最大，两孔直径尺寸最小。

假设第一个定位销、孔处于理想的定位位置。当出现危险的极限定位尺寸时，为保证第二个销、孔仍能进行正常的定位，就必须满足图 3-24 所示要求。根据图 3-24a 可列方程：

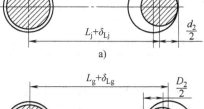

$$L_g - \delta_{Lg} + \frac{D_2}{2} = L_j + \delta_{Lj} + \frac{d_2}{2}$$

设孔心距和销心距的公称尺寸相等，即 $L_g = L_j$，则可得

$$d_2 = D_2 - 2(\delta_{Lg} + \delta_{Lj}) \tag{3-1}$$

由图 3-24b 同样可推得上式。

以上推导结果是在第一个销、孔处于理想定位位置下的结果。实际上，第一个销、孔的最小配合间隙 X_{1min} 可以补偿一部分中心距的误差。因此，第二个短圆柱销的直径尺寸可以比上式的大一些，即

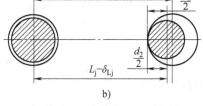

$$d_2 = D_2 - 2\left(\delta_{Lg} + \delta_{Lj} - \frac{X_{1min}}{2}\right) \tag{3-2}$$

图 3-24　危险情况下正常定位的条件

也就是说，为保证危险情况下工件能够正常定位，必须使第二个销的直径比第二个孔的直径小，其最少减小量为

$$X_{2min} = 2\left(\delta_{Lg} + \delta_{Lj} - \frac{X_{1min}}{2}\right) \tag{3-3}$$

当第二个短圆柱销的直径减小很多时，势必会造成工件定位时转角误差的增大，如图 3-25a 所示。为了避免这一情况的发生，采取在过定位方向上将第二个圆柱销削边，如图 3-25b 所示。

2）削边销尺寸的确定。如图 3-26 所示，b 为削边销的宽度，设削边销直径为 d_x，削边销与孔的最小配合间隙 $X_{xmin} = D_{2min} - d_{xmax}$（推导过程略），可得

$$X_{xmin} = \frac{b}{D_2} X_{2min} \approx \frac{2b(\delta_{Lg} + \delta_{Lj})}{D_2} \tag{3-4}$$

显然，$X_{xmin} < X_{2min}$，即第二个销采用削边销定位时，其转角误差比采用圆柱销定位时小。因此，常说的"一面两销"是指一个支承平面、一个圆柱销和一个削边销。根据 X_{xmin} 可以得出削边销的计算公式：

$$d_{xmax} = D_{2min} - X_{xmin} \tag{3-5}$$

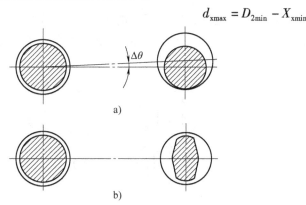

图 3-25　避免过定位的方法

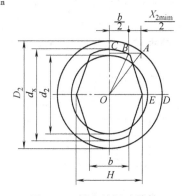

图 3-26　削边销尺寸计算

削边销的结构尺寸已经标准化，设计应尽量按照标准选用。削边销的宽度 b 和 H 值可根据表 3-3 选择。

表 3-3 削边销的宽度 b 和 H 值 （单位：mm）

配合孔 D_2	>3~6	>6~8	>8~20	>20~24	>24~30	>30~40	>40~50
b	2	3	4	5		6	8
H	$D_2 - 0.5$	$D_2 - 1$	$D_2 - 2$	$D_2 - 3$	$D_2 - 4$	$D_2 - 5$	

3）"一面两销"的尺寸设计。一面两销的尺寸设计步骤如下：

①确定销心距。销心距的公称尺寸等于孔心距的公称尺寸（孔心距应转化为对称标注）。

②确定第一个定位销尺寸 d_1。取 $d_{1min} = D_{1min}$，销偏差可按 g6 或 f7 确定，最后应对销尺寸进行圆整处理。

③确定削边销宽度 b 和 H 值。根据表 3-3 选取。

④计算削边销尺寸 d_x（削边销直径尺寸）。先根据式（3-4）求出 X_{xmax}，再根据式（3-5）求出 d_{xmax}，并圆整处理。

（2）一孔与一端面组合 一孔和一端面组合定位时，孔与销或心轴定位采用间隙配合，此时应注意避免过定位，以免造成工件和定位元件的弯曲变形，如图 3-27 所示。

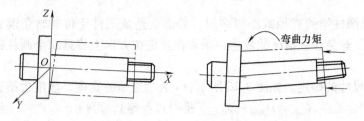

图 3-27 孔与平面的组合定位

1）如图 3-28 所示，采用端面为第一定位基准，限制工件的 $\vec{x}$、$\hat{y}$、$\hat{z}$ 三个自由度，孔中心线为第二定位基准，限制工件的 $\vec{y}$、$\vec{z}$ 两个自由度，定位元件是平面支承和短圆柱销，实现五点定位。

2）如图 3-29 所示，以孔中心线作为第一定位基准，限制工件的 $\vec{x}$、$\vec{y}$、$\hat{x}$、$\hat{y}$ 四个自由度，端面为第二定位基准，限制工件的 $\vec{z}$ 一个自由度；用的定位元件为小平面支承（小支承板或浮动支承）和长圆柱销或心轴，实现五点定位。

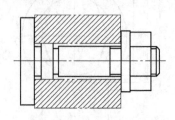

图 3-28 端面为第一定位基准

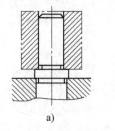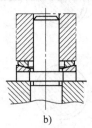

a)   b)

图 3-29 孔的中心线为第一定位基准

此外，生产中有时还会采用 V 形导轨、燕尾导轨等成形表面组合作为定位基面，此时应当注意避免由于过定位而带来的定位误差。

五、定位误差分析

对大批工件定位，工件按六点定位原理定位后，它在夹具中的位置已经确定，但由于不同工件的定位面尺寸存在差异，这种位置的变化导致了调整法加工工件时工序尺寸和位置精度产生误差。工件在定位时因工序基准的实际位置偏离其理论位置而使工件在加工时产生的加工误差称为定位误差，用 Δ_D 表示。对于单个工件而言，其定位误差为定值。对于一批工件，其定位误差由工序基准位置的最大变动量确定。

在工件的加工中，还会因为夹具的制造与安装、工件的夹紧、机床的工作精度、刀具的精度、受力变形、热变形等因素而产生误差，定位误差仅是加工误差的一部分，一般限定定位误差不超过工件加工公差 T 的 $1/5 \sim 1/3$，即

$$\Delta_D \leqslant (1/5 \sim 1/3)T \tag{3-6}$$

式中　Δ_D——定位误差；

　　　T——工件加工误差。

定位误差主要由以下几方面组成：

$$定位误差\begin{cases} 定位基准位移误差\begin{cases} 工件定位基准误差 \\ 夹具定位元件误差 \end{cases} \\ 定位基准与设计基准不重合误差 \end{cases}$$

（一）基准不重合误差

基准不重合误差是由于工件定位时用的定位基准与工件的工序基准不重合而使工序基准的位置发生变动引起的，其大小等于工序基准与定位基准间的尺寸及相对位置在加工尺寸方向上的变动量，以 Δ_B 表示。

如图 3-30 所示，在工件上铣缺口，要保证的工序尺寸为 $A_{-\delta_A}^{\ 0}$。刀具以支承钉的支承面（即定位基准 E）面作为调刀基准，一次调整好刀具位置，保证调刀尺寸 T 不变。而工序尺寸 A 的工序基准为 D 面。显然工序基准与调刀基准（定位基准）不重合，它们之间的尺寸为 $C \pm \delta_C$。由于尺寸 $C \pm \delta_C$ 是在本工序之前已经加工好的，因此在本工序定位中，对一批工件而言，其工序基准 D 相对于调刀基准（定位基准 E）有可能产生的最大位置变化量就是 $2\delta_C$。因为工序基准的变化方向与工序尺寸 A 同向，所以这一位置变化会导致工序

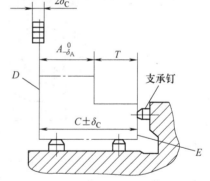

图 3-30　基准不重合误差产生的原因

尺寸 A 产生 $2\delta_C$ 的加工误差。这一加工误差是由于基准不重合误差 Δ_B 所致，即

$$\Delta_B = 2\delta_C \tag{3-7}$$

由此可见，基准不重合误差的大小等于工件从工序基准到调刀基准（定位基准）之间的尺寸误差积累。显然，基准不重合误差是由于定位基准选择不当引起的，可以通过用 D 面作定位基准加以消除。

（二）基准位移误差

由于定位副的制造误差或定位副配合间隙所导致的定位基准在加工尺寸方向上的最大变动量，称为基准位移误差，用 Δ_y 表示。

1. 工件以平面定位时的基准位移误差

工件以平面定位时，作为精基准的平面，其平面度误差很小，所以由定位副制造不准确而引起的基准位移误差可以忽略不计。

2. 工件以圆柱孔定位时的基准位移误差

工件以圆柱孔在间隙配合的心轴（或定位销）上定位时，定位副有单边接触和任意边接触两种情况，产生的位移误差值不同。

（1）圆柱孔与心轴（或定位销）固定单边接触　工件定位时，若加一固定方向的作用力（如工件重力），孔与心轴在一固定处接触，定位副间只存在单边间隙。图 3-31 所示为圆柱孔在心轴上间隙配合定位。图 3-31a 为理想定位状态，工件内孔轴线与心轴轴线重合，Δ_y=0。在重力作用下孔与心轴上母线处固定接触，孔中心线从 O 变动到 O_1，如图 3-31b 所示，此时为孔轴线可能产生的最小下移状态。当最大直径孔 D_{max} 与最小直径心轴 d_{min} 相配时，出现孔轴线的最大下移状态，使孔中心线从 O 变动到 O_2，如图 3-31c 所示。孔的中心线位置的在竖直方向的最大变动量即为竖直方向工序尺寸的基准位移误差：

$$\Delta_y = \overline{O_1O_2} = \overline{OO_2} - \overline{OO_1} = \frac{1}{2}(D_{max} - d_{min}) - \frac{1}{2}(D_{min} - d_{max})$$

$$= \frac{1}{2}\big[(D_{max} - D_{min}) - (d_{max} - d_{min})\big]$$

$$= \frac{1}{2}(\delta_D + \delta_d) \tag{3-8}$$

式中　δ_D——工件孔直径 D 的尺寸公差；

δ_d——定位心轴直径 d 的尺寸公差。

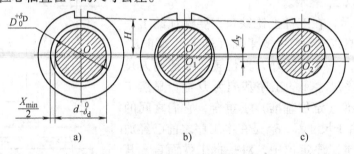

图 3-31　圆柱孔与心轴固定单边接触

（2）圆柱孔与心轴（或定位销）任意边接触　孔中心线相对于心轴中心线可以在间隙范围内作任意方向、任意大小的位置变动，如图 3-32 所示。孔中心线的变动范围是以最大间隙 x_{max} 为直径的圆柱体。其任意方向的基准位移误差为：

$$\Delta_y = x_{max} = D_{max} - d_{min} = \delta_D + \delta_d + x_{min} \tag{3-9}$$

（3）工件以外圆柱面在 V 形块上定位时的定位误差计算　如图 3-33 所示，若不考虑 V 形块的制造误差，则工件轴线总是处于 V 形块的对称面上，这就是 V 形块的对中作用。因此，在水平方向上，工件定位基准不会产生基准位移误差。但在垂直方向上，由于工件定位直径尺寸的误差，将导致工件定位基准产生位置变化，其可能产生的最大位置变化量为：

$$\Delta_{y} = \overline{O_1O_2} = \overline{O_1C} - \overline{O_2C} = \frac{\overline{O_1A}}{\sin\frac{\alpha}{2}} - \frac{\overline{O_2B}}{\sin\frac{\alpha}{2}} = \frac{\delta_{d}}{2\sin\frac{\alpha}{2}} \tag{3-10}$$

式中 δ_{d}——工件定位外圆柱面直径尺寸公差；

α——V 形块的夹角。

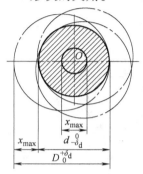

图 3-32 圆柱孔与定位销
任意边接触

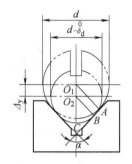

图 3-33 用 V 形块定位时基准
位移误差的计算

（三）基准不重合误差与基准位移误差的合成

由上述分析可知，基准位移误差是由于定位副制造误差及其配合间隙引起的，而基准不重合误差是由于定位基准选择不当产生的。在工件定位时，上述两项误差可能同时存在，也可能只有一项存在，而定位误差正是这两项误差共同作用的结果。这种由于基准位移和基准不重合导致采用调整法加工一批工件时，工序尺寸（或位置精度）有可能产生的最大变化量，称为定位误差，用 Δ_{D} 表示，即

$$\Delta_{D} = \Delta_{B}\cos\alpha \pm \Delta_{y}\cos\beta \tag{3-11}$$

式中 α——基准不重合误差 Δ_{B} 方向与工序尺寸方向间的夹角；

β——基准位移误差 Δ_{y} 方向与工序尺寸方向间的夹角。

若 Δ_{B} 和 Δ_{y} 是由同一误差因素导致产生的，则称 Δ_{B} 和 Δ_{y} 关联。当 Δ_{B} 和 Δ_{y} 关联时，如果 $\Delta_{B}\cos\alpha$ 和 $\Delta_{y}\cos\beta$ 方向相同，合成时取"+"号；如果 $\Delta_{B}\cos\alpha$ 和 $\Delta_{y}\cos\beta$ 方向相反，合成时取"-"号。当两者不关联时，可直接采用两者的和叠加计算定位误差。

图 3-34 所示为工件在 V 形块上定位铣槽的三种不同工序尺寸标注情况，设工件直径尺寸为 $d_{-\delta_{d}}^{0}$，其定位误差分析如下：

图 3-34a 所示工序尺寸为 H_1，以工件轴线为工序基准，此时工序基准与定位基准重合，$\Delta_{B} = 0$。其定位误差仅有基准位移误差。

$$\Delta_{DH_1} = \Delta_{y} = \frac{\delta_{d}}{2\sin\frac{\alpha}{2}} \tag{3-12}$$

图 3-34b 所示工序尺寸为 H_2，以工件上母线为工序基准，工序基准与定位基准不重合，其定位误差为基准不重合误差和基准位移误差的矢量和。其中 $\Delta_{y} = \frac{\delta_{d}}{2\sin\frac{\alpha}{2}}$，$\Delta_{B} = \frac{\delta_{d}}{2}$，因为两者均是由工件定位外圆柱面直径尺寸误差引起的，所以属于关联因素，因此计算定位误差

时需判断相加还是相减。其判断方法如下：当工件直径尺寸减小时，工件定位基准下移，基准位移误差 Δ_y 使得工序尺寸 H_2 变小；当工件定位基准位置不变时，如果工件直径尺寸减小，则工序基准（即上母线）也将下移，同样使工序尺寸 H_2 变小，两者变化方向相同，合成时取"＋"号，即：

$$\Delta_{DH_2} = \Delta_y + \Delta_B = \frac{\delta_d}{2\sin\frac{\alpha}{2}} + \frac{\delta_d}{2} \tag{3-13}$$

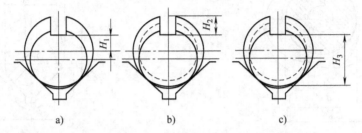

图 3-34 不同工序尺寸标注的定位误差计算

a）工序基准为工件轴线 b）工序基准为工件上母线 c）工序基准为工件下母线

工序基准为工件下母线时，工序尺寸为 H_3，工序基准与定位基准不重合，其定位误差为基准不重合误差和基准位移误差之差，即。

$$\Delta_{DH_3} = \Delta_y - \Delta_B = \frac{\delta_d}{2\sin\frac{\alpha}{2}} - \frac{\delta_d}{2} \tag{3-14}$$

从上述三种不同工序基准的定位误差分析可知，当工件以下母线为工序基准时，其定位误差最小。

【例 3-1】 如图 3-35 所示，工件以孔 $\phi 60^{+0.15}_{0}$ mm 及端面定位加工 $\phi 10^{+0.1}_{0}$ mm 小孔，定位销直径为 $\phi 60^{-0.03}_{-0.06}$ mm，要求保证工序尺寸 40 ± 0.10 mm。计算定位误差，并分析定位质量。

解：

1）求基准不重合误差。因定位基准与工序基准（工件内孔轴线）重合，则 $\Delta_B = 0$。

2）求基准位移误差。因工件内孔定位与定位销属于任意边接触，所以有

$\Delta_y = \delta_D + \delta_d + X_{min} = 0.15\text{mm} + 0.03\text{mm} + 0.03\text{mm}$
$= 0.21\text{mm}$

3）计算定位误差。

$\Delta_D = \Delta_y + \Delta_B = 0\text{mm} + 0.21\text{mm} = 0.21\text{mm}$

4）分析定位质量。工件公差的三分之一为

$\frac{1}{3}T = \frac{1}{3} \times 0.2\text{mm} = 0.0667\text{mm} < \Delta_D$

故此定位方案不能确保工序尺寸 40 ± 0.10 mm 的加工要求。

（四）工件以一面两销定位时的定位误差

一面两销定位时常采用的定位元件是：一个短

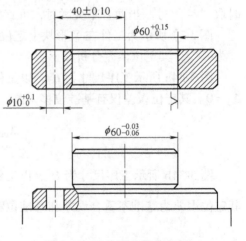

图 3-35 定位误差计算实例

圆柱销和一个短削边销,削边销的削边方向应垂直于两销连心线方向,如图 3-36 所示。在不同的方向和不同的位置,其定位误差的计算方法是不同的。定位误差计算有下列几种情况:

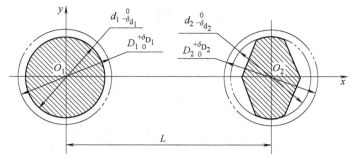

图 3-36　工件以双孔定位

(1) x 轴方向上的基准位移误差 $\Delta_{y(x)}$　在 x 轴方向上的定位是由定位孔 1 实现的,定位孔 2 不起定位作用。因此,工件所能产生的最大定位误差是定位孔 1 相对于定位销 1 的基准位移误差,即

$$\Delta_{y(x)} = \delta_{D_1} + \delta_{d_1} + X_{1\min} \tag{3-15}$$

(2) y 轴方向上的基准位移误差 $\Delta_{y(y)}$　在 y 轴方向上,基准位移误差受两销定位的共同影响,其大小随着位置的不同而不同,且在不同的区域内计算方法也有所不同,如图 3-37 所示。

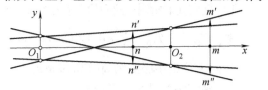

图 3-37　方向的基准位移误差

在中心 O_1 或 O_2 处,其 $\Delta_{y(y)}$ 就等于该处单孔、销定位的基准位移误差;在 O_1 和 O_2 的中间区域,应按双孔同向最大位移计算 $\Delta_{y(y)}$,如图 3-37 中 n 处的基准位移误差为 $n'n''$;在 O_1 和 O_2 的外侧区域,应按双孔的最大转角计算 $\Delta_{y(y)}$,如图 3-37 中 m 处的基准位移误差为 $m'm''$。

(3) 转角误差 $\pm\Delta_\theta$　如图 3-38 所示,最大转角发生的条件是:双孔直径最大 $D_1 + \delta_{D1}$、$D_2 + \delta_{D2}$,两销直径最小 $d_1 - \delta_{d1}$、$d_2 - \delta_{d2}$;销心距和孔心距应取最小相等值,由于其对转角误差影响不大,且考虑计算方便起见,销心距和孔心距一般取其公称尺寸。

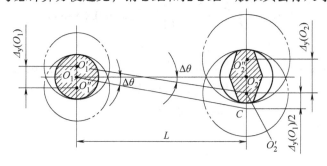

图 3-38　转角误差计算

图 3-38 中 O_1 和 O_2 分别为两销中心。当双孔顺时针转动时,即左孔中心上移至 O_1',而右孔中心下移至 O_2' 时转角有最大值。根据图 3-38 中几何关系可得:

$$\tan\Delta_\theta = \frac{\overline{O_2C}}{L} = \frac{\overline{O_2O_2'} + \overline{O_2'C}}{L}$$

式中

$$\overline{O_2O_2'} = \frac{\delta_{d2} + \delta_{D2} + X_{2min}}{2}$$

所以

$$\overline{O_2'C} = \overline{O_1O_1'} = \frac{\delta_{d1} + \delta_{D1} + X_{1min}}{2}$$

$$\tan\Delta_\theta = \frac{\delta_{d1} + \delta_{D1} + X_{1min} + \delta_{d2} + \delta_{D2} + X_{2min}}{2L}$$

故

$$\Delta_\theta = \operatorname{arccot}\left(\frac{\delta_{d1} + \delta_{D1} + X_{1min} + \delta_{d2} + \delta_{D2} + X_{2min}}{2L}\right) \tag{3-16}$$

当双孔逆时针转动时，具有相同的 Δ_θ 误差，故总的转角误差应为 $\pm\Delta_\theta$ 或 $2\Delta_\theta$，即

$$2\Delta_\theta = 2\operatorname{arccot}\left(\frac{\delta_{d1} + \delta_{D1} + X_{1min} + \delta_{d2} + \delta_{D2} + X_{2min}}{2L}\right) \tag{3-17}$$

【例 3-2】 工件如图 3-39 所示，工件以 $2 \times \phi12^{+0.027}_{0}$ mm 孔定位。已知两定位孔的中心距为 80 ± 0.06 mm，试设计两定位销尺寸并计算定位误差。

解：

1）确定定位销中心距及尺寸公差 δ。

取 $T_{Ld} = \frac{1}{3}T_{LD} = \frac{1}{3} \times 0.12$ mm $= 0.04$ mm

故两定位销中心距为 80 ± 0.02 mm。

2）确定圆柱销尺寸及公差。

取 $\phi12g6 = \phi12^{-0.006}_{-0.017}$ mm

3）按表 3-3 选定削边销的 b_1 值。

取 $b_1 = 4$ mm

$B = d - 2$ mm $= (12 - 2)$ mm $= 10$ mm

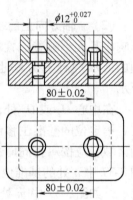

图 3-39　一面两销定位
设计计算实例

4）确定削边销的直径尺寸及公差。

取补偿值 $a = \delta_{LD} + \delta_{Ld} = (0.06 + 0.02)$ mm $= 0.08$ mm

则

$$X_{2min} = \frac{2ab_1}{D_{2min}} = \frac{2 \times 0.08 \times 4}{12} \text{ mm} \approx 0.053 \text{ mm}$$

所以 $d_{2max} = D_{2min} - X_{2min} = (12 - 0.053)$ mm $= 11.947$ mm

削边销与孔的配合取 h6，其下极限偏差为 -0.011 mm，故削边销直径为

$$\phi11.947^{0}_{-0.011} \text{ mm} = \phi12^{-0.053}_{-0.064} \text{ mm}$$

所以

$$d_{2max} = \phi12^{-0.053}_{-0.064} \text{ mm}$$

5）计算定位误差。

基准位移误差为

$$\begin{aligned}
\Delta_y &= \delta_{D1} + \delta_{d1} + X_{1min}\\
&= [0.027 + (-0.006 + 0.017) + (0 + 0.006)] \text{ mm}\\
&= 0.044 \text{ mm}
\end{aligned}$$

转角误差为

$$\Delta_\theta = \arctan \frac{X_{1max} + X_{2max}}{2L}$$

$$= \arctan \frac{(0.027 + 0.017) + (0.027 + 0.064)}{2 \times 80}$$

$$= \arctan \frac{0.135}{160}$$

$\Delta_\theta \approx 2'54''$，双向转角误差为 $5'48''$。

【任务拓展】

试确定图 3-40 所示支架零件下列工序的定位方案。

1）钻 $\phi15mm$ 阶梯孔。

2）铣 L 形平面。

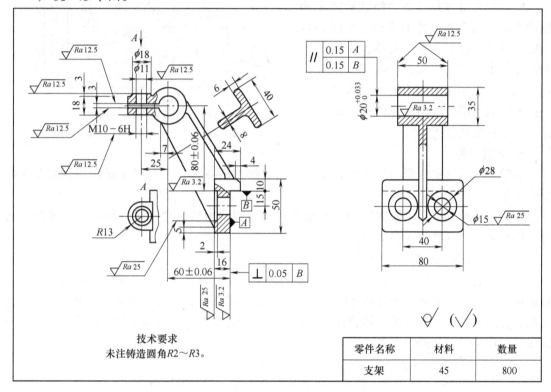

图 3-40　支架零件图

任务三　确定工件在夹具中的夹紧

工件在夹具上定位以后，必须采用一些装置将工件夹紧压牢，使其在加工过程中不会因受切削力、惯性力等作用而使工件产生位移或振动。这种将工件夹紧压牢的装置称为夹紧装置。

【学习目标】

1）了解典型夹紧机构。

2）能根据零件的加工要求选择合理的夹紧方式，并能设计夹紧装置。

【知识体系】

一、夹紧装置的组成及基本要求

（一）夹紧装置的组成

夹紧装置的结构形式是多种多样的，一般由三部分组成，包括：

1. 力源装置

力源装置通常是指产生夹紧作用力的装置，所产生的力称为原动力。常用的原动力有气动、液动、电动等。图3-41中的力源装置是气缸1。手动夹紧装置的力源为人的手。

2. 中间传力机构

中间传力机构是指将力源装置产生的原动力传递给夹紧元件的机构，如图3-41中的斜楔2。根据夹紧的需要，中间传力机构在传力过程中可以改变夹紧力的大小和方向并使夹紧装置实现自锁，保证力源提供的原动力消失后仍能可靠地夹紧工件，这对手动夹紧装置尤为重要。

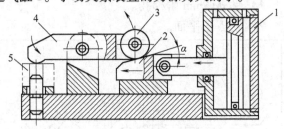

图3-41　夹紧装置的组成
1—气缸　2—斜楔　3—滚轮　4—压板　5—工件

3. 夹紧元件

夹紧元件是夹紧装置的最终执行元件，它直接作用在工件上完成夹紧作用，如图3-41中的压板4。

在一些简单的手动夹紧装置中，夹紧元件与中间传力机构往往是一体的，很难严格区分，因此常将二者统称为夹紧机构。

（二）对夹紧装置的基本要求

夹紧装置设计得好坏，对工件的加工质量、生产率的高低以及操作者的劳动强度都有直接影响。夹紧装置的设计要合理地解决以下两个方面的问题：一是正确选择和确定夹紧力的方向、作用点及大小；二是合理选择或设计原动力的传递方式及夹紧机构。因此，在设计夹紧装置时应满足下列基本要求：

1）夹紧时不破坏工件的定位，不损伤已加工表面。

2）夹紧力的大小要适当，既要保证夹紧，又不使工件产生不允许的变形。

3）夹紧动作准确、迅速，操作方便省力，安全可靠。

4）手动夹紧装置要有可靠的自锁性，机动夹紧装置要统筹考虑其自锁性和稳定的原动力。

5）夹紧装置要具有足够的夹紧行程，以满足工件装卸空间的需要。

6）夹紧装置的设计应与工件的生产类型一致。

7）结构简单，制造修理方便，工艺性好，尽量采用标准化元件。

二、确定夹紧力

夹紧力通过夹紧元件（装置）作用于工件，夹紧力的大小、方向和作用点的确定至关重要，它直接影响着夹紧装置设计的各个方面。在确定夹紧力时，首先要考虑夹具的整体布局，其次要考虑加工方法、加工精度、工件结构、切削力等方面对夹紧力的不同要求。只有正确地确定夹紧力，才能更好地发挥夹具的技术—经济效果。下面具体介绍夹紧三要素的确定。

（一）夹紧力方向的确定

夹紧力作用方向主要影响工件的定位可靠性、夹紧产生的变形及夹紧力大小等方面。在设计夹紧装置时，选择夹紧力的方向应考虑的原则为：

1）夹紧力应垂直于主要定位基面。因为这一表面面积最大，定位元件最多，能使接触点的单位压力相对减少，以免损伤定位元件，并使工件定位稳定。如图 3-42 所示，在工件上镗一个孔，要求孔中心线与工件的 A 面垂直，故 A 面为主要定位基面，应使夹紧力垂直于 A 面，才能保证工件既定的位置，以满足精度要求。但若夹紧力指向 B 面，则由于 A 面与 B 面间有垂直度误差，破坏了定位，较难满足加工精度的要求。

2）夹紧力方向使工件夹紧变形最小。图 3-43 所示为加工薄壁套筒时的两种夹紧方式。由于工件的径向刚度很差，用图 3-43a 所示的径向夹紧方式将产生过大的夹紧变形而无法保证加工精度。若改用图 3-43b 所示的轴向夹紧方式，则可大大减少工件的夹紧变形。

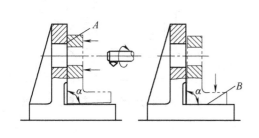

图 3-42　夹紧力垂直指向支承面

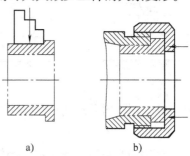

图 3-43　夹紧力方向对工件变形的影响

3）夹紧力的方向应有利于减小夹紧力。最佳情况是夹紧力、切削力和工件的重力三者方向一致。这样既省力，又可减少工件的夹紧变形，还可减小夹紧装置的结构尺寸。图 3-44 所示为夹紧力 W、工件重力 G 和切削力 F 三者的关系，当夹紧力 W 与 G、F 方向一致时，所需夹紧力较小；当夹紧力 W 与 G、F 方向相反时，所需夹紧力较大。

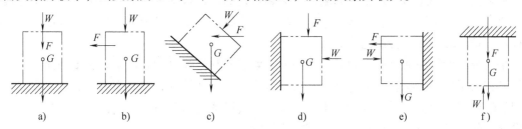

图 3-44　夹紧力方向与夹紧力大小的关系

（二）夹紧力作用点的确定

夹紧力作用点的确定包括作用点的位置、数量、布局、作用方式的确定。它们主要影响工件的定位准确性、定位可靠性及夹紧变形；同时，作用点的选择还影响夹紧装置的结构复杂程度和工作效率。具体设计时应遵循以下原则：

1）夹紧力应作用在工件刚度大的部位，使夹紧变形尽可能小。图3-45a所示的夹紧方案容易导致连杆变形，所以图3-45b所示的夹紧方案较合理。

2）夹紧力的作用点应对准支承或位于几个支承的作用范围内，以减少工件变形量，避免工件定位不稳。图3-46a所示的夹紧装置左侧夹紧力位于支承作用范围外，夹紧时会破坏工件定位；而图3-46b所示的夹紧装置夹紧力在稳定区内，较为合理。

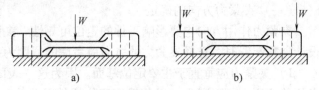

图3-45 夹紧力作用点对工件变形的影响

3）夹紧力的作用点应尽量靠近被加工表面，如图3-47所示，这样可以减少工件的振动，提高加工表面的质量。

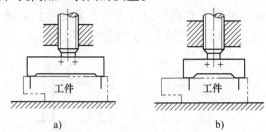

图3-46 夹紧力作用点对工件稳定性的影响

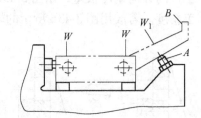

图3-47 夹紧力的作用点应接近加工表面

4）夹紧力应尽量避免作用在已经精加工过的表面上，以免产生压痕，损坏已加工表面。

（三）夹紧力的大小

夹紧力的大小主要影响工件定位的可靠性、工件的夹紧变形以及夹紧装置的结构尺寸和复杂性。因此，夹紧力的大小必须适当。若夹紧力过小，工件在加工过程中易发生移动，破坏定位；若夹紧力过大，工件和夹具易发生夹紧变形，影响加工质量。

理论上，夹紧力应与工件受到的切削力、离心力、惯性力及重力等力的作用平衡；实际上，夹紧力的大小还与工艺系统的刚性、夹紧机构的传递效率等有关。切削力在加工过程中是变化的，因此夹紧力只能进行粗略的估算。在实际设计中，确定基本夹紧力大小的方法有两种：分析计算法和经验类比法。

采用分析计算法估算夹紧力时，应找出夹紧最不利的瞬时状态，略去次要因素，考虑主要因素在力系中的影响。通常将夹具和工件看成一个刚性系统，建立切削力、夹紧力、重力（大型工件）、惯性力（高速运动工件）、离心力（高速旋转工件）、支承力以及摩擦力的静力平衡条件，计算出理论夹紧力W_0，则实际夹紧力W为

$$W = KW_0 \qquad (3-18)$$

式中　　K——安全系数，与加工质量（粗、精加工）、切削特点（连续、断续切削）、夹紧力来源（手动、机动夹紧）、刀具情况有关。一般取$K = 1.5 \sim 3$；粗加工时，$K = 2.5 \sim 3$；精加工时，$K = 1.5 \sim 2.5$。

生产中还经常用经验类比法（或试验）确定夹紧力，读者可查阅有关资料学习，本书不再详述。

三、认识典型夹紧机构

夹紧机构是夹紧装置的重要组成部分，因为无论采用何种力源装置，都必须通过夹紧机构将原动力转化为夹紧力，各类机床夹具应用的夹紧机构多种多样，下面介绍几种利用机械摩擦实现夹紧，并可自锁的典型夹紧机构。

（一）斜楔夹紧机构

斜楔是夹紧机构中最基本的增力和锁紧元件。它是利用斜楔的斜面移动产生楔紧力直接或间接地对工件夹紧的机构。直接使用斜楔夹紧工件的夹具较少，它常与其他机构联合使用。斜楔夹紧机构可分为无移动滑柱的斜楔机构和带滑柱的斜楔机构，如图 3-48a、b 所示。生产中斜楔夹紧机构广泛采用气动和液动，以改变原动力的方向和大小，是一种很好的增力机构，在自动定心夹紧机构中经常应用。

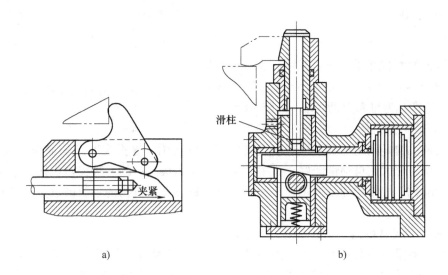

a)　　　　　　　　　　　b)

滑柱

夹紧

图 3-48　斜楔夹紧机构

选用斜楔夹紧机构时，应根据需要确定斜角 α，斜角 α 必须小于摩擦角，常在 8°～12° 内选择。在现代夹具中，斜楔夹紧机构常与气压、液压传动装置联合使用，由于气压和液压可保持一定压力，楔块斜角可大于摩擦角，一般在 15°～30° 内选用。

1. 斜楔的夹紧力

图 3-49 所示为夹紧机构斜楔的受力分析。根据图 3-49a 可推导出斜楔夹紧机构的夹紧力计算公式：

$$F_{\mathrm{Q}} = F_{\mathrm{W}}\tan\varphi_1 + F_{\mathrm{W}}\tan(\alpha + \varphi_2)$$

$$F_{\mathrm{W}} = \frac{F_{\mathrm{Q}}}{\tan\varphi_1 + \tan(\alpha + \varphi_2)} \tag{3-19}$$

当 α、φ_1、φ_2 均很小且 $\varphi_1 = \varphi_2 = \varphi$ 时，上式可近似简化为

$$F_W = \frac{F_Q}{\tan(\alpha + 2\varphi)} \tag{3-20}$$

式中　F_W——夹紧力（N）；

　　　F_Q——作用力（N）；

　　　φ_1、φ_2——斜楔与支承面和工件受压面间的摩擦角，一般为 5°~8°；

　　　α——斜楔的斜角，常取 $\alpha = 6$°~10°。

2. 斜楔的自锁条件

如图 3-49b 所示，当作用力消失后，斜楔仍能夹紧工件而不会自行退出。根据力的平衡条件，合力 $F_1 \geqslant F_{RX}$，即：

$$F_M \tan\varphi_1 \geqslant F_M \tan(\alpha - \varphi_2)$$

所以自锁条件为

$$\alpha \leqslant \varphi_1 + \varphi_2 \tag{3-21}$$

设 $\varphi_1 = \varphi_2 = \varphi$，则

$$\alpha \leqslant 2\varphi \tag{3-22}$$

一般钢铁的摩擦系数 $\mu = 0.1 \sim 0.15$，摩擦角 $\varphi = \arctan(0.1 \sim 0.15) = 5°43' \sim 8°32'$，故有 $\alpha \leqslant 11° \sim 17°$。通常，为可靠起见，取 $\alpha = 6° \sim 8°$。

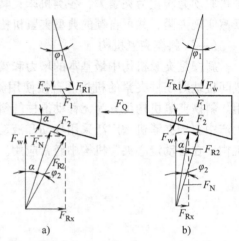

图 3-49　夹紧机构斜楔的受力分析

（二）螺旋夹紧机构

螺旋夹紧机构是利用螺旋直接或间接夹紧工件的机构。这类夹紧结构简单，夹紧可靠，易于操作，增力比大，自锁性能好，是手动夹紧中应用最广泛的一种夹紧机构，其采用的元件多数已标准化、规格化和系列化，故经济性好。螺纹夹紧机构的主要缺点是夹紧和松开工件比较费时、费力。

1. 简单螺旋夹紧机构

简单螺旋夹紧机构有两种形式，图 3-50a 所示的机构螺杆直接与工件接触，容易损伤已加工面或使工件转动，一般不宜选用；图 3-50b 所示的是常用的螺旋夹紧机构，其螺钉头部常装有摆动压块，可防止螺杆夹紧时带动工件转动和损伤工件表面。螺杆上部装有手柄，夹紧时不需要扳手，操作方便、迅速。在工件夹紧部分不宜使用扳手，且夹紧力要求不大时，可选用这种机构。

2. 螺旋压板夹紧机构

在夹紧机构中，结构形式变化最多的是螺旋压板机构，如图 3-51 所示。选用时，可根据夹紧力大小的要求、工作高度尺寸的变化范围、夹具上夹紧机构允许占用的部位和面积进行选择。例如，当夹具中只允许夹紧机构占据很小的面积，而夹紧力又要求不大时，可选用图 3-51a 所示的螺旋压板夹紧机构；对于工件夹紧高度变化较大的小批单件生产，可选用图 3-51e、f 所示的通用压板夹紧机构。

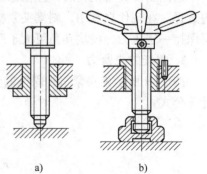

图 3-50　简单螺旋夹紧机构

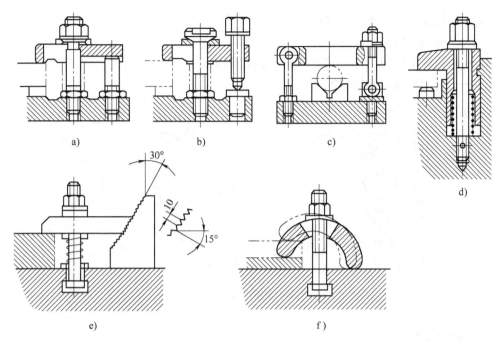

图 3-51　螺旋压板夹紧机构

设计螺旋夹紧机构时，应根据所需的夹紧力的大小选择合适的螺纹直径。图 3-52 给出了螺栓端部的当量摩擦半径 r 的计算方法，以便计算出作用力的损失。

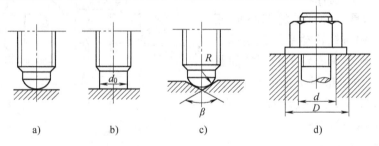

图 3-52　当量摩擦半径

a) $r = 0$　　b) $r = \dfrac{1}{3}d_o$　　c) $r = R\tan\dfrac{\beta}{2}$　　d) $r = \dfrac{D^3 - d^3}{D^2 - d^2}$

分析夹紧力时，可将螺旋看作是一个绕在圆柱上的斜面，展开后就相当于斜楔了。如图 3-53 所示，用手柄转动螺杆产生外力矩 $M = F_P L$，在 M 作用下，螺杆下端（或压块）与工件间产生摩擦反力矩 $M_1 = F_1 r$，螺杆螺旋面产生反作用力矩 $M_2 = F_{RX} r_0$。由力矩平衡方程式 $M = M_1 + M_2$ 可得单螺旋夹紧力 F_M。

$$F_M = \frac{F_P L}{r\tan\phi_1 + r_0\tan(\alpha + \phi_2)} \tag{3-23}$$

式中　F_P——原始作用力（N）；

　　　L——手柄长度（mm）；

　　　r——螺杆下端与工件（或压块）的当量摩擦半径（mm），根据端部形状确定；

r_0——螺旋作用中径之半（mm）；

α——螺旋升角；

ϕ_1——螺杆下端与工件（或压块）间的摩擦角；

ϕ_2——螺旋配合面间的摩擦角。

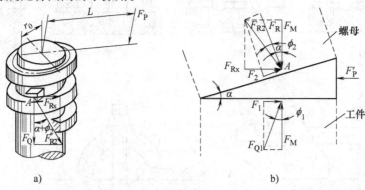

图 3-53　螺旋夹紧力分析

（三）偏心夹紧机构

偏心夹紧机构是指由偏心轮或凸轮实现夹紧的夹紧机构。该结构简单，制造容易，操作方便，动作迅速；缺点是自锁性能较差，增力比较小，夹紧行程小；一般用于切削平稳且切削力不大的场合。

图 3-54 所示是一种常见的偏心轮-压板夹紧机构。当顺时针转动手柄 2 使偏心轮 3 绕轴 4 转动时，偏心轮 3 的圆柱面紧压在垫板 1 上，由于垫板 1 的反作用力，使偏心轮 3 上移，同时抬起压板 5 右端，而压板 5 左端下压夹紧工件。

（四）铰链夹紧机构

图 3-55 所示是常用的铰链夹紧机构的三种基本机构，图 3-55a 所示为单臂铰链夹紧机构；图 3-55b 所示为双臂单作用铰

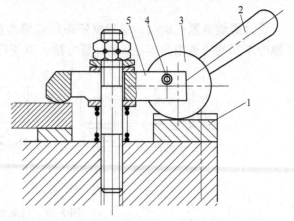

图 3-54　偏心轮-压板夹紧机构
1—垫板　2—手柄　3—偏心轮　4—轴　5—压板

链夹紧机构；图 3-55c 所示为双臂双作用铰链夹紧机构。在铰链夹紧机构中，一般由气缸带动铰链臂及压板转动夹紧或松动工件。

铰链夹紧机构是一种增力机构，其结构简单，动作迅速，增力比大，摩擦损失小，并易于改变力的作用方向，但自锁性能差，常与具有自锁性能的机构组成复合夹紧机构。铰链夹紧机构适用于多点、多件夹紧，在气动、液压夹具中获得了广泛应用。

（五）联动夹紧机构

需多点夹紧工件或同时夹紧几个工件时，为提高生产效率，可采用联动夹紧机构。如图 3-56 所示，多点夹紧机构中有一个重要的浮动机构或浮动元件，在夹紧工件的过程中，若有一个夹紧点接触，该元件就能摆动（图 3-56a）或移动（图 3-56b），使两个或多个夹紧点

都与工件接触,直至最后均衡夹紧。图 3-56c 所示为四点双向浮动夹紧机构,夹紧力分别作用在两个相互垂直的方向上,每个方向各有两个夹紧点,通过浮动元件实现对工件的夹紧,调节杠杆 L_1、L_2 的长度可改变两个方向夹紧力的比例。

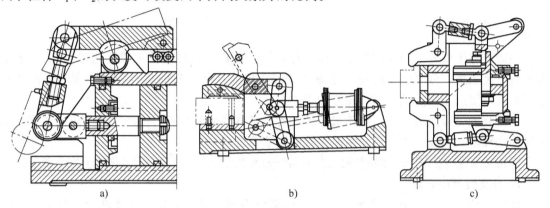

图 3-55　铰链夹紧机构

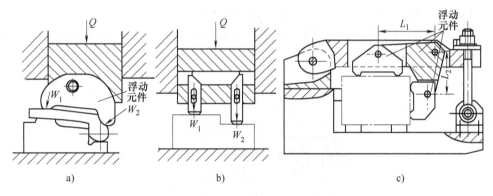

图 3-56　浮动压头和四点双向浮动夹紧机构

【任务拓展】

试在完成图 3-40 所示支架零件某工序的定位方案后设计相应的夹紧装置。

1）设计钻 $\phi15$mm 阶梯孔时的夹紧装置。

2）设计铣 L 形平面时的夹紧装置。

任务四　设计夹具的其他装置及夹具体

除了定位和夹紧两个主要部分外,分度装置、夹具体、辅助支承也是夹具重要的组成部分。例如,回转式钻模中的分度装置是不可缺少的组成部分;夹具体则是将夹具上的各组成部分连接成一个整体;在需要提高工件的刚度及稳定性时,辅助支承是必不可少的。

【学习目标】

1）了解机床夹具的其他装置及夹具体。

2）能根据加工要求设计、选择夹具的其他装置及夹具体。

【知识体系】

一、分度装置

当需要在工件的圆周面或端面上加工有等分位置要求的表面时（如铣花键），夹具上应设计有分度装置。分度装置能使工序集中，减少安装次数，从而减轻劳动强度和提高生产率，因而广泛用于钻、铣、车、镗等加工中。

分度装置可分为两大类：回转式分度装置及直线式分度装置。生产实践中以回转式分度装置应用较多，所以在此主要介绍回转式分度装置。

回转式分度装置按回转轴的空间位置不同可分为立式分度、卧式分度和斜式分度三种形式。

1. 分度装置的组成

如图3-57所示，回转分度装置一般由四部分组成：固定部分、转动部分、分度对定机构和锁紧机构。

（1）固定部分　固定部分是分度装置中相对不运动的部分。对于专用回转分度夹具，固定部分是夹具体；对于通用转台，固定部分是转台体。

（2）转动部分　转动部分是分度装置中相对运动的部分。对于专用回转分度夹具，定位、夹紧装置都设置在转动部分上。

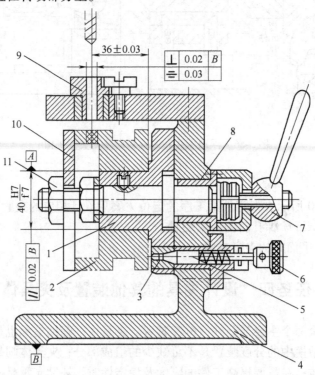

图3-57　钻3×φ6H9孔的钻床夹具

1—定位心轴　2—工件　3—对定套　4—夹具体　5—分度对定销　6—把手
7—手柄　8—衬套　9—快换钻套　10—开口垫圈　11—锁紧螺母

（3）分度对定机构 分度对定机构能确保分度装置中的转动部分相对固定部分得到一个正确的定位。如图 3-57 中定位心轴 1、对定套 3 和分度对定销 5 等组成了分度对定机构。分度盘与分度装置的转动部分相连，分度对定销与分度装置的固定部分相连。

（4）锁紧机构 分度装置经分度以后，锁紧机构应使夹具的转动部分锁紧在固定部分上。其目的是增强分度装置工作时的刚性及稳定性，防止加工时受切削力影响而发生振动。如图 3-57 中的锁紧螺母 11 就起锁紧作用。

2. 分度对定机构的分类

分度对定机构是分度装置的关键部分。按照分度盘与分度对定销的相互位置不同，一般分为轴向分度与径向分度两种形式，如图 3-58 所示。分度对定销轴线平行于分度盘轴线的称为轴向分度；径向分度时，分度对定销的运动是沿着分度盘的径向方向。

当分度盘直径相同时，径向分度作用半径较大，由间隙引起的分度转角误差较小；轴向分度结构紧凑，但分度误差较大。因此，一般精度要求的生产中轴向分度应用较多，分度精度要求较高的场合，常采用径向分度。

3. 常用的锁紧机构

锁紧机构的作用是抵抗外力，保证分度位置不因外力而变化，常用的锁紧机构如图 3-59 所示。

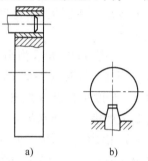

图 3-58 分度对定机构
a）轴向分度 b）径向分度

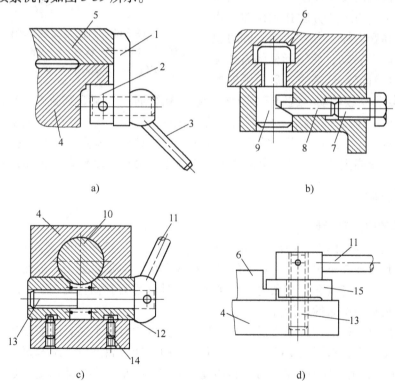

图 3-59 常用的锁紧机构

1—支板 2—偏心轮 3、11—手柄 4—底座 5、6—回转台 7—螺钉 8—滑柱
9—梯形压紧钉 10—转轴 12—锁紧套 13—锁紧螺钉 14—防转螺钉 15—压板

1）图 3-59a 所示为偏心轮锁紧机构，转动手柄 3 带动偏心轮 2 回转，通过支板 1 将回转台 5 向下拉而锁紧在底座 4 上，为了压紧均匀，偏心轮也应均匀地布置 3 个。图 3-59b 所示为楔式锁紧机构，转动螺钉 7，通过滑柱 8 和梯形压紧钉 9，将回转台 6 压紧在底座上。图 3-59c 所示为切向锁紧机构，转动手柄 11，由于防转螺钉 14 的限制，锁紧螺钉 13 迫使两个锁紧套 12 作相对直线运动，锁住转轴 10。图 3-59d 所示为压板锁紧机构，转动手柄 11，手柄随着锁紧螺钉 13 边转动边向下运动，使压板 15 将回转台 6 压紧在底座 4 上。

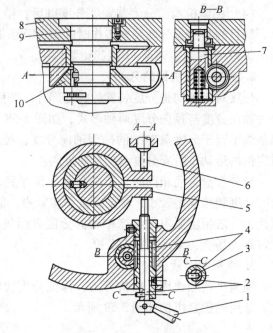

2）图 3-60 所示为分度与锁紧联动机构。当逆时针转动手柄 1 时，螺栓 2 放开卡箍 5，分度工作台 8 松开；同时，固定在螺杆 2 上的横销 3 将在齿轮 4（活套在螺杆上）的扇形槽内走一段空程（见 C—C 剖面），再继续转动，就会带动齿轮 4 转动，而将带有齿条的对定销 7 拔出，这就实现了先松开分度工作台后拔销的动作要求。当分度工作台转过某一角度，下一个分度孔到位时，齿条对定销借助弹簧力插入分度孔内，同时也迫使齿轮 4 顺时针转动，使扇形槽的右边侧面紧靠横销，待对定销全部插入后再顺时针

图 3-60　分度与锁紧联动机构

1—手柄　2—螺杆　3—横销　4—齿轮　5—卡箍　6—顶杆
7—对定销　8—分度工作台　9—回转轴　10—锥套

转动手柄 1，螺杆继续转动，这时横销走空行程，就会通过卡箍 5 和锥套 10 将回转轴 9 下拉，从而使分度工作台 8 锁紧。为了保证螺杆 2 在规定的转角内对工作台锁紧的需要，可以调整顶杆 6 的轴向位置，以确保卡箍 5 的位置及锁紧位移量。采用上述单手柄操纵，不但能缩短辅助时间，提高生产率，减轻劳动强度，而且也不会出现动作顺序失误现象。

二、夹具体

1. 夹具体的作用和设计要求

夹具体是夹具的基础件，组成夹具所需要的各种元件、机构和装置都安装在夹具体上，并通过它将夹具安装在机床上。夹具体的结构形式和尺寸主要取决于：被加工工件的尺寸和结构；夹具的受力状态（包括夹紧力、切削力、工件的重力和惯性力等）；夹具所选用的零件及其布局；夹具与机床的连接方式等。

夹具体一般是非标准件，需自行设计、制造。夹具体对整个夹具的强度和刚度、工件加工精度和安全生产等都有很大影响。因此，夹具体的设计应满足以下基本要求：

1）夹具体应有足够的强度和刚度，以防受力后产生变形。夹具体需要有足够的壁厚，一般铸造夹具体的壁厚为 12 ~ 30mm，焊接夹具体的壁厚为 8 ~ 12mm，加强肋厚度取壁厚尺寸的 0.7 ~ 0.9 倍。在不影响强度和刚度的地方，应该开有窗口、凹槽，以减轻夹具体的重量。

2）夹具体安装需稳定，故夹具体重心要低，其高度与宽度之比一般小于 1.25，且夹具

底面中间挖空，以保证夹具底部四周与机床工作台接触，并可减少加工面。

3）夹具体要结构紧凑、形状简单、装卸工件方便。在保证强度和刚度的前提下，尽可能减小其体积和重量，特别是手动移动或翻转夹具，要求夹具总重量不超过100N。大型夹具还要安装吊环螺钉，以利于搬运。

4）夹具体要便于排除切屑。当加工所产生的切屑不多时，可适当加大定位元件工作表面与夹具体之间的距离或增设容屑槽；对于加工产生大量切屑的夹具，一般应在夹具体上专门设置排屑用的斜面或缺口，以便切屑能自动地排至夹具体外。

5）夹具体的结构工艺性要好，便于制造、装配和使用。夹具体上有三部分表面是影响夹具装配精度的关键，即夹具的安装面（与机床连接的表面）、安装定位元件的表面、安装对刀或导向装置的表面，而其中常以夹具体的安装面作为加工其他表面的定位基准。因此，在考虑夹具体结构时，应便于这些表面的加工，一般铸出3~5mm的凸台，以减少加工面积。

6）夹具体与机床连接部分的结构形状和尺寸装配关系应与机床连接部分相适应。

2. 夹具体的毛坯类型

在选择夹具体的毛坯制造方法时，应考虑其结构工艺性、经济性、标准化可能性、制造周期以及工厂的具体条件等。在生产中，按夹具体的毛坯制造方法和所用材料的不同，将夹具体分为五类。

（1）铸造夹具体　如图3-61a所示，铸造夹具体应用最为广泛。其主要优点是，可铸出各种复杂的形状，具有较好抗压强度，刚度和抗振性也较好，但生产周期较长，为消除内应力，铸件需经时效处理，故生产成本较高。

（2）焊接夹具体　如图3-61b所示，焊接夹具体用钢板、型材焊接而成。其主要优点是易于制造，生产周期短，成本低，重量轻；缺点是焊接过程中产生的热变形和残留应力对精度影响较大，故焊接后需经退火处理。

（3）锻造夹具体　如图3-61c所示，锻造夹具体只适用于形状简单、尺寸不大的场合，一般情况下较少使用。

（4）型材夹具体　小型夹具体可以直接用板料、棒料、管料等型材加工装配而成。这类夹具体取材方便、生产周期短、成本低、重量轻。

（5）装配夹具体　如图3-61d所示，装配夹具体是选用通用零件和标准零件组装而成的，可大大缩短夹具体的制造周期，并可组织专业化生产，有利于降低成本。而要使装配夹具体在生产中得到广泛应用，必须实现夹具体结构标准化和系列化。

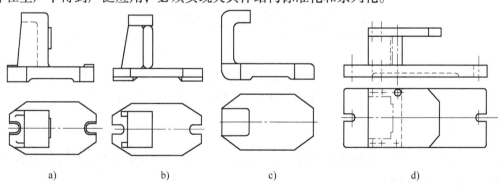

a)　　　　　　b)　　　　　　c)　　　　　　d)

图3-61　夹具体毛坯零件

三、辅助支承

在夹具中，只起提高工件装夹刚度和稳定性作用的元件，称为辅助支承。如图 3-62 所示，工件以内孔及端面定位，钻右端小孔。若右端不设支承，工件装好后，A 处刚性较差，致使因切削力作用而产生较大的变形，影响加工精度。因此，宜在 A 处设置辅助支承，以增加工件的装夹刚度，但此支承不起限制自由度的作用，也不允许破坏原有的定位。为此，只有在工件定位装夹好后，才能调整并锁紧辅助支承，在每次卸下工件后必须将其退回或松开。辅助支承有以下几种：

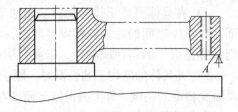

图 3-62 辅助支承的应用

（1）螺旋式辅助支承 如图 3-63a 所示，这种支承结构简单，效率较低，操作不方便。

（2）自动调节辅助支承 如图 3-63b 所示，弹簧 2 推动滑柱 1 与工件接触，转动手柄，通过顶柱 3，锁紧滑柱 1。滑柱的斜面角不能大于自锁角，否则锁紧时会使滑柱顶起工件而破坏原定位。

（3）推引式辅助支承 如图 3-63c 所示，工件定位后，推动手轮 4，使滑销 5 与工件接触，然后转动手轮 4，使斜楔 6 胀开而锁紧。它适用于工件较重、垂直作用负荷较大的场合。

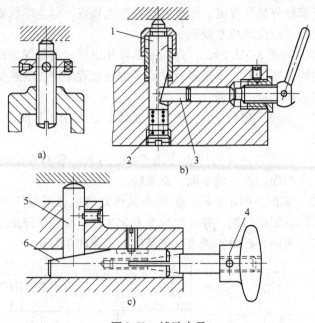

a)

b)

c)

图 3-63 辅助支承
1—滑柱 2—弹簧 3—顶柱 4—手轮 5—滑销 6—斜楔

【任务拓展】

试在完成图 3-40 所示支架零件下列工序的定位方案后设计相应夹具的其他装置及夹具体。

1）钻 $\phi15$mm 阶梯孔。

2）铣 L 形平面。

任务五　机床专用夹具的设计方法

【学习目标】

掌握专用夹具的设计步骤与方法。

【知识体系】

一、专用夹具设计的基本要求

1）保证工件加工工序的技术要求。工件加工工序的技术要求包括工序尺寸公差、几何公差、表面粗糙度和其他特殊要求。夹具设计首先要保证工件加工工序的这些质量指标。

2）提高生产率，降低成本，提高经济性。在适应工件生产纲领的前提下，尽量采用多件多位、快速高效的先进结构，缩短辅助时间。

3）操作方便，省力和安全。

4）便于排屑。这是容易被忽视的一个问题。排屑不畅将会影响工件定位的正确性和可靠性，同时，积屑的热量将会造成系统的热变形，影响加工质量；清屑要增加辅助时间；积屑还可能损坏刀具以至造成工伤事故。

5）结构工艺性要好。夹具的工艺性能要好，便于制造、装配、调整、检测和维修。

总之，在设计时，针对具体设计的夹具，结合上述各项基本要求，最好提出几种设计方案进行综合分析和比较，以期达到高质、高效、低成本的综合经济效果，其中保证质量是最基本的要求。

二、专用夹具设计的方法与步骤

在专用夹具的设计过程中，必须充分收集设计资料，明确设计任务，优选设计方案。整个设计过程大体分为以下几个阶段。

（一）明确设计要求

认真调查研究，收集有关资料。这是进行具体设计前的准备阶段。这时，根据夹具设计任务书的要求认真研究并收集下列资料：

1）研究被加工的零件，明确夹具设计任务。

2）了解零件的生产批量和对夹具需用情况，以确定所采用夹具结构的合理性和经济性。

3）了解所使用的机床的主要技术参数、规格、安装夹具的有关连接部分的尺寸，如工作台T形槽的尺寸、主轴端部尺寸等。

4）了解所使用的刀具和量具的结构和规格以及测量和对刀调整方法。

5）收集有关本厂夹具零部件标准（国标、部标、企标、厂标），典型夹具结构图册，夹具设计指导资料等。

6）了解有关本厂制造、使用夹具的情况。如工厂有无压缩空气站以及压缩空气的气压是多大，本厂制造夹具的能力和经验等。

7）收集国内外有关设计、制造同类夹具的资料，吸取其中先进而又可结合本厂实际情况的合理部分。

（二）确定夹具的结构方案

确定夹具的结构方案，即根据工件生产批量的大小，所用的机床设备、工件的技术要求、结构特点和使用要求来确定夹具的结构。在这个阶段，一般按下列步骤进行：

1）确定工件的定位方案。根据工序图给出的定位方案，选取相应结构形状的定位元件，并确定定位元件的尺寸公差等级及其配合公差带等。

2）确定刀具的引导方式或对刀装置。对于钻床、镗床类夹具，应分别采用钻套和镗套；对于铣床类夹具，一般应设置对刀块。设计时应尽量选取标准元件。

3）确定工件的夹紧装置。根据所确定的夹紧方式，选择杠杆、螺旋、偏心、铰链等夹紧装置。

4）确定其他元件或装置的结构，如动力源、定位键、分度装置、装卸工件所用的辅助装置、排屑装置及防误装置等。

5）确定夹具在机床上的安装方式以及夹具体的结构形式。

6）绘制结构方案草图。

（三）绘制夹具总图

夹具总图绘制比例除特殊情况外，均应按1∶1绘制，以保证良好的直观性。总图上的主视图应尽量选取与操作者正对的位置。

绘制顺序：先用双点画线画出工件的外形轮廓和主要表面。主要表面指定位基面、夹紧表面和被加工表面。总图上的工件是一个假想的透明体，它不影响夹具各元件的绘制。此后，围绕工件的几个视图依次绘出：定位元件、对刀—导向元件、夹紧机构、力源装置等夹具机构；绘制夹具体及连接件；标注有关尺寸、公差、几何公差和其他技术要求；零件编号；编写标题栏和零件明细栏。

（四）绘制非标准零件的零件图

对于夹具总图上的非标准零件均应绘制零件图，视图尽可能与装配图上的位置一致，尺寸、公差、几何公差及表面粗糙度等要标注完整。

三、专用夹具总图上的尺寸标注

夹具总图尺寸标注是否正确、公差和技术要求制定是否合理，对整个机床夹具的设计与制造影响是很大的。

（一）夹具总图上标注的五类尺寸

（1）夹具的轮廓尺寸　轮廓尺寸指夹具在长、宽、高三个方向上的外形最大极限尺寸。对于升降式夹具，要注明最高和最低尺寸；对于回转式夹具，要注出回转半径或直径。这样可表明夹具的轮廓大小和运动范围，以便于检查夹具与机床、刀具的相对位置有无干涉现象以及夹具在机床上安装的可能性。图3-64中工件孔

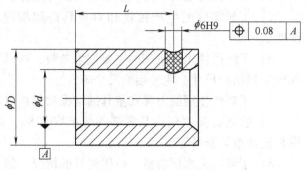

图3-64　工序简图

φ6H9 需要加工，图 3-65 为加工该孔的夹具总图，其中尺寸 A 为夹具最大轮廓尺寸。

（2）工件与定位元件间的联系尺寸　工件与定位元件间的联系尺寸主要指工件定位面与定位元件上定位表面的配合尺寸以及各定位表面之间的位置尺寸。图 3-65 中的尺寸 B 属于此类尺寸。

（3）夹具与刀具的联系尺寸　夹具与刀具的联系尺寸主要指对刀、导向元件与定位元件间的位置尺寸；导向元件之间的位置尺寸及导向元件与刀具（或镗杆）导向部分的配合尺寸。图 3-65 中的尺寸 C 属于此类尺寸。

（4）夹具与机床的联系尺寸　夹具与机床的联系尺寸指夹具在机床上安装时有关的尺寸，从而确定夹具在机床上的正确位置。对于车床类夹具，主要指夹具与机床主轴端的连接尺寸；对于刨、铣夹具，是指夹具上的定向键与机床工作台 T 形槽之间的配合尺寸。

（5）夹具内部的配合尺寸　夹具总图上，凡属于夹具内部有配合要求的表面，都必须按配合性质和配合精度标上配合尺寸，以保证夹具上各主要元件装配后能够满足规定的使用要求。图 3-65 中的尺寸 E 属于此类尺寸。

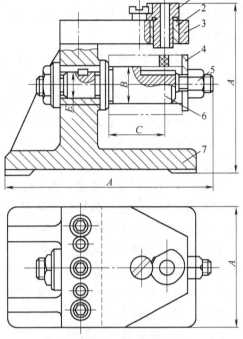

图 3-65　钻轴套工件 φ6H9 孔及其加工用的夹具
1—钻套　2—衬套　3—钻模板　4—开口垫圈
5—螺母　6—定位心轴　7—底座

（二）夹具上主要元件之间的位置公差

夹具上主要元件之间的尺寸应取工件相应尺寸的平均值，夹具上相应位置公差应视工件精度要求和工件尺寸公差的大小而定，当工件公差值小时，宜取工件相应尺寸公差的 1/2 ~ 1/3；当工件公差值较大时，宜取工件相应尺寸公差的 1/3 ~ 1/5。

夹具上角度公差一般按工件相应角度公差的 1/2 ~ 1/5 选取，常取为 ±10′，要求严格的可取 ±5′ ~ ±1′。

从上述可知，夹具上主要元件间的位置公差和角度公差，一般是按工件相应公差的 1/2 ~ 1/5 取值的，有时甚至还取得更严些。它的取值原则是既要精确，又要能够实现，以确保工件加工质量。

（三）夹具总图上技术要求的规定

夹具总图上规定技术要求的目的是限制定位件和导向元件等在夹具体上的相互位置误差以及夹具在机床上的安装误差。在规定夹具的技术要求时，必须从分析工件被加工表面的位置要求入手，分析哪些是影响工件被加工表面位置精度的因素，从而提出必要的技术要求。

技术要求的具体规定项目，虽然要视夹具的构造形式和特点等而区别对待，但归纳起来大致有如下几方面：

（1）定位元件之间的相互位置精度要求　定位元件之间的相互位置精度要求主要是指组合定位时，定位元件之间的相互位置要求或多件装夹时相同定位元件之间的相互位置要求，目的是保证定位精度。

（2）定位元件与连接元件和夹具体底面的相互位置要求　夹具在机床上安装时，是通过连接元件、夹具体底面来确定其在机床上的最终位置的，而工件在夹具上的正确位置靠夹具上的定位元件来保证。因此，工件在机床上的最终位置，实际上是由定位元件与连接元件和夹具体底面间的相互位置来确定的。故定位元件与连接元件和夹具体底面间就应当有一定的相互位置要求。

（3）导向元件与连接元件和夹具体底面的相互位置要求　标注这类技术要求的目的是保证刀具相对工件的正确位置。加工时工件在夹具定位元件上定位，而定位元件如前述已能保证与连接元件和底面的相对位置，所以只要保证导向元件与连接元件和夹具体底面的相互位置要求，就能保证刀具对工件的正确位置。

（4）导向元件与定位元件之间的相互位置要求　这类技术要求主要指钻、镗、套公共轴线对定位元件间的相互位置要求。

另外，夹具在制造和使用上的其他要求，如夹具的平衡和密封、装配性能和要求、磨损范围和极限、打印标记和编号以及使用中应注意的事项等，要用文字标注在夹具总图上。

（四）零件的编号和填写零件明细栏

夹具总图上的编号从夹具体开始，按顺时针或逆时针方向依次排列，标准件和通用件可直接标出代号和标准。复杂夹具的零件明细栏分别按标准件、通用件和专用件填写。标准件按类别和规格尺寸大小依次填写，类别和规格尺寸相同的标准件要合并统计数量，在明细栏中仅填写一栏，这样有利于统计和采购。

（五）工件在夹具中的精度分析

在夹具设计中，当结构方案确定之后，就应对夹具的方案进行精度分析和估算，在夹具总图设计完成之后，有必要根据夹具有关元件和总图上的配合性质及技术要求等进行一次复算。

在夹具中造成工件工序误差的因素，来自夹具方面的有：定位误差 Δ_D、夹具在机床上的安装误差 Δ_Z、导向或对刀误差 Δ_T；来自加工方法方面的误差 Δ_G 有：机床方面的误差、刀具方面的误差、工艺系统变形方面的误差、调整测量方面的误差等。上述各项误差在工序尺寸方向上的分量之和就是对工序尺寸造成的加工总误差 $\Sigma\Delta$，即

$$\Sigma\Delta = \Delta_D + \Delta_Z + \Delta_T + \Delta_G \tag{3-24}$$

式（3-24）中各项按极大值计算，其和应不超过该工序尺寸的公差 δ_K，即

$$\Sigma\Delta = \Delta_D + \Delta_Z + \Delta_T + \Delta_G \leqslant \delta_K \tag{3-25}$$

式（3-25）即为误差计算不等式。只有满足此式，才能保证加工精度。当夹具要保证的工序尺寸不止一个时，每个工序尺寸都要满足它自己的误差不等式。另外，因为式中各项误差不可能同时出现最大值，故对这些随机性变量可按概率法合成，即

$$\Sigma\Delta = \sqrt{\Delta_D^2 + \Delta_Z^2 + \Delta_T^2 + \Delta_G^2} \leqslant \delta_K \tag{3-26}$$

四、专用夹具设计实例

1. 夹具设计任务

图 3-66 所示为拨叉零件钻孔的工序简图。已知：工件材料为 45 钢，毛坯为模锻件，所用机床为 Z525 型立式钻床，成批生产规模。试为该工序设计一钻床夹具。

2. 确定夹具结构方案

（1）确定定位元件 根据工序简图规定的定位基准，选用一面两销定位（图3-67），长

定位销与工件定位孔配合，限制四个自由度，定位销轴肩小环面与工件定位端面接触，限制一个自由度，削边销与工件叉口接触，限制一个自由度，实现工件正确定位。定位孔与定位销的配合尺寸取为 $\phi30H7/f6$（在夹具上标出定位销配合尺寸 $\phi30f6$）。对于工序尺寸 $40^{+0.18}_{0}$ mm 而言，定位基准与工序基准重合，定位误差 Δ_D（40mm）=0；对于加工孔的位置公差要求，因基准重合，故 $\Delta_B=0$；加工孔径尺寸 $\phi8$mm 由刀具直接保证，Δ_D（$\phi8$mm）=0。由上述分析可知，该定位方案合理、可行。

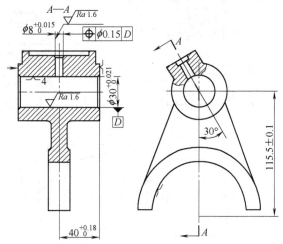

图 3-66　拨叉零件钻孔工序简图

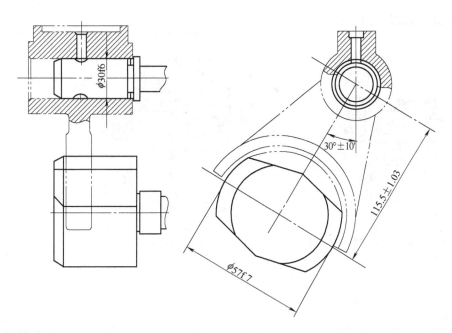

图 3-67　定位方案设计

（2）确定导向装置 本工序要求对被加工孔依次进行钻、扩、铰三个工步的加工，最终达到工序简图上规定的加工要求，故选用快换钻套作为刀具的导向元件，如图 3-68 所示（快换钻套、钻套用衬套及钻套螺钉可查相关手册）。

查表确定钻套高度 $H=3D=3\times8$mm$=24$mm，排屑空间 $h=d=8$mm。

（3）确定夹紧机构 针对成批生产的工艺特征，此夹具选用偏心螺旋压板夹紧机构，如图 3-69 所示。偏心螺旋压板夹紧机构中的各零件采用标准夹具元件。

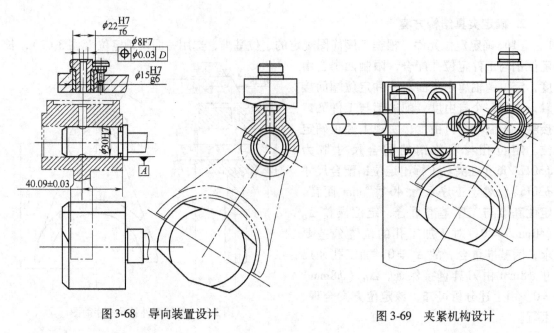

图 3-68　导向装置设计　　　　　　　　图 3-69　夹紧机构设计

3. 画夹具总图（图 3-70）

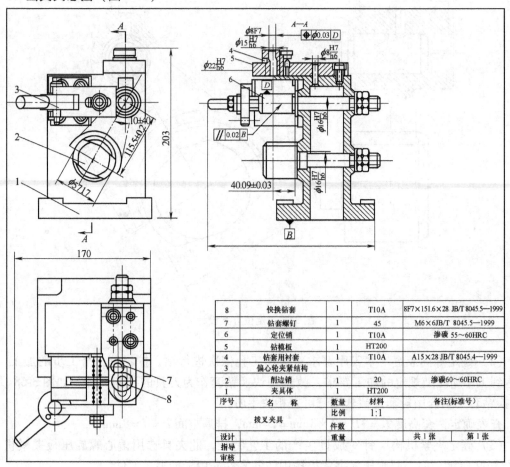

8	快换钻套	1	T10A	8F7×151.6×28 JB/T 8045.5—1999
7	钻套螺钉	1	45	M6×6JB/T 8045.5—1999
6	定位销	1	T10A	渗碳 55～60HRC
5	钻模板	1	HT200	
4	钻套用衬套	1	T10A	A15×28 JB/T 8045.4—1999
3	偏心轮夹紧结构	1		
2	削边销	1	20	渗碳60～60HRC
1	夹具体	1	HT200	
序号	名　称	数量	材料	备注(标准号)
	拨叉夹具	比例	1:1	
		件数		
设计		重量		共1张　　第1张
指导				
审核				

图 3-70　拨叉钻孔夹具总图

4. 在夹具总图上标注尺寸、配合及技术要求

1）确定定位元件之间的尺寸，定位销与削边销中心距尺寸公差取工件相应尺寸公差的 1/3，偏差对称标注，即标注尺寸为 115.5 ±0.03mm。

2）根据工序简图上规定的被加孔的加工要求，确定钻套中心线与定位销定位环面（轴肩）之间的尺寸取为 40.09 ±0.03mm（其公称尺寸取为零件相应尺寸 $40^{+0.18}_{0}$mm 的平均尺寸；其公差值取为零件相应尺寸 $40^{+0.18}_{0}$mm 公差值的 1/3，偏差对称标注）。

3）钻套中心线对定位销中心线的位置公差取工件相应位置公差的 1/3，即取为 0.03mm。

4）定位销中心线与夹具底面的平行度公差取为 0.02mm。

5）标注关键件的配合尺寸，如图 3-70 所示的 $\phi8F7$、$\phi30f6$、$\phi57f7$、$\phi15H7/g6$、$\phi22H7/r6$、$\phi8H7/n6$ 和 $\phi16H7/k6$。

【任务拓展】

试设计图 3-40 所示支架零件某一工序的夹具总图，并编写设计说明书。

项目四 典型零件的加工工艺与专用夹具

任务一 轴类零件工艺与车床专用夹具

【学习目标】

1）会编制轴类零件的工艺规程。
2）能设计车床专用夹具。

【知识体系】

一、轴类零件的分析

（一）轴类零件的作用与分类

1. 轴类零件的作用

轴是机械加工中常见的典型零件之一。它在机械中主要用于支承齿轮、带轮、凸轮以及连杆等传动件，主要用来传递转矩，承受载荷并保证装在轴上的零件（或刀具）具有一定的回转精度。

2. 轴的分类

按照结构形式的不同，轴可以分为阶梯轴、锥度心轴、光轴、空心轴、曲轴、凸轮轴、偏心轴、各种螺杆等，如图4-1所示。其中，阶梯传动轴应用较广，其加工工艺能较全面地反映轴类零件的加工规律和共性。

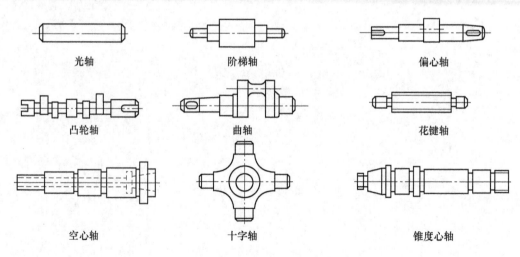

光轴　　　　　　　　　阶梯轴　　　　　　　　　偏心轴

凸轮轴　　　　　　　　　曲轴　　　　　　　　　花键轴

空心轴　　　　　　　　　十字轴　　　　　　　　　锥度心轴

图4-1 常见轴的类型

（二）轴类零件的材料、毛坯及热处理

1. 轴类零件的材料

轴类零件最常用的材料是 45 钢，一般需经调质、表面淬火等热处理，可以获得一定的强度、硬度、韧性和耐磨性，主要用于制造中等复杂程度、一般重要的轴类零件。

对中等精度而转速较高的轴可采用 40Cr，对精度要求较高、转速要求较高的轴可选用轴承钢 GCr15、弹簧钢 65Mn；对高速、重载的轴，选用 20CrMnTi、20Mn2B 等低碳合金钢或 38CrMoAl 等中碳渗氮钢。

2. 轴类零件的毛坯

（1）圆棒料　用于一般要求的光轴和直径相差不大的阶梯轴。

（2）锻件　用于直径相差较大的阶梯轴或直径相差不大，但使用环境受力情况复杂、综合力学性能要求较高的重要轴。

（3）铸件　用于大型轴或结构复杂的轴。

3. 轴类零件的热处理

轴类零件在加工前、后和加工过程中一般均需热处理。如锻造毛坯，加工前安排正火，使钢材内部晶粒细化，消除锻造应力，改善切削加工性能；调质一般安排在粗车之后、半精车之前，以获得良好的物理力学性能，为以后表面淬火和氮化时减少变形做好准备；表面淬火一般安排在精加工之前，这样可以利用精加工纠正因淬火引起的局部变形；精度要求高的轴，在局部淬火或粗磨之后，还需进行低温实效处理，以便消除残留应力，避免因应力的回复而产生的变形。

（三）轴类零件的主要技术要求

根据轴类零件的功用和工作条件，其技术要求主要有以下几个方面：

（1）尺寸精度　轴类零件的主要表面分为两类：一类是与轴承的内圈配合的外圆轴颈，即支承轴颈，用于确定轴的位置并支承轴，尺寸精度要求较高，公差等级通常为 IT5～IT7；另一类是与各类传动件配合的轴颈，即配合轴颈，其精度稍低，公差等级通常为 IT6～IT9。

（2）几何形状精度　轴类零件的几何形状精度主要指轴颈表面、外圆锥面、锥孔等重要表面的圆度、圆柱度。其误差一般应限制在尺寸公差范围内，对于精密轴，需在零件图上另行规定其形状公差。

由于支承轴颈的精度将影响轴上所有传动零件的工作精度，所以支承轴颈的尺寸精度、形状精度应高于配合轴颈的尺寸精度和形状精度。

（3）相互位置精度　轴类零件最主要的相互位置精度是配合轴颈轴线相对支承轴颈轴线的同轴度或配合轴颈相对支承轴颈轴线的圆跳动，以及轴肩对轴线的垂直度。

几何形状精度和相互位置精度应高于尺寸精度。

普通精度轴的同轴度公差为 $\phi0.01～\phi0.03$mm，高精度轴的同轴度公差为 $\phi0.001～\phi0.005$mm。

（4）表面粗糙度　轴的加工表面都有表面粗糙度的要求，一般根据加工的可能性和经济性来确定。支承轴颈表面粗糙度一般为 $Ra0.2～1.6\mu$m，传动件配合轴颈表面粗糙度一般为 $Ra0.4～3.2\mu$m。

（5）其他　热处理、倒角、倒棱及外观修饰等要求。

二、轴类零件加工工艺分析

（一）定位基准的选择

（1）采用两中心孔　轴是长径比较大的回转体类零件，轴线是轴上各回转表面的设计基准，以轴两端的中心孔作为精基准是最常用的一种方式。用两中心孔定位符合基准重合的定位原则。并且用两中心孔定位能够在一次安装中加工出多个外圆和端面，符合基准统一的原则。用中心孔定位加工的各外圆表面可以获得很高的位置精度。

（2）采用外圆表面　当加工较粗、较长的轴类零件时，或在粗加工阶段为了提高安装刚度，可采用轴的外圆表面作为定位基准，用卡盘装夹；或以外圆和中心孔同时作为定位基准，用一夹一顶方式装夹工件。

（3）采用内孔表面　当工件为通孔轴类零件时，一般采用内孔表面作定位基准在锥堵或锥堵心轴上定位，如图4-2所示。当工件孔的锥度较小时使用锥堵，当工件孔的锥度较大或为圆柱孔时使用锥堵心轴。

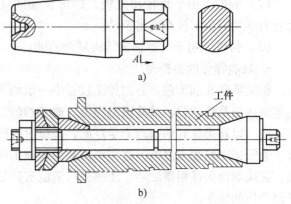

图4-2　轴类零件内孔定位元件
a）锥堵　b）锥堵心轴

（二）加工顺序的安排

1）按照"先粗后精"的原则，先完成各表面的粗加工，再完成半精加工和精加工，而主要表面的精加工放在最后进行。轴类零件主要表面是外圆表面，各外圆表面的粗、半精加工一般采用车削，精加工采用磨削，一些精密轴类零件的轴颈表面还需要进行光整加工。

2）粗加工外圆表面时，应先加工直径大的外圆，后加工直径小的外圆，以避免一开始加工就明显降低工件刚度，引起弯曲变形和振动。

3）空心轴的深孔加工应安排在工件经调质处理后和外圆经粗车或半精车之后进行，因调质处理工件变形较大，如果先加工深孔，调质处理引起的孔轴线弯曲变形不易或无法纠正，而外圆先经加工可以使深孔加工时有一个较精确的轴颈作为定位基准，从而保证孔与外圆的同轴，工件壁厚均匀。

4）轴上的花键、键槽应安排在外圆经精车或粗磨后、磨削或精磨前加工。

（三）细长轴的加工工艺

1. 细长轴的工艺特点

细长轴刚性很差，车削时装夹不当，很容易因切削力及重力的作用而发生弯曲变形、振动，从而影响加工精度和表面粗糙度，细长轴如果采用两端为固定支承，则工件会因伸长而顶弯，如使用跟刀架，若支承工件的两个支承块对零件压力过小或不接触，就不起作用，不能提高零件的刚度，如压力过大，零件被压向车刀，切削深度增加，车出的直径就变小，当跟刀架继续移动后，支承块支承在小直径外圆处，支承块与工件脱离，切削力使工件向外让开，切削深度减小，车出的直径变大，这样连续有规律的变化，会把细长轴车成"竹节"形。

2. 细长轴的车削方法

为了减小细长轴在加工时的变形，提高加工精度，在加工细长轴时可以采用反向进给的切削加工方法，同时应用弹性的尾座顶尖，如图 4-3 所示，这时切削力对工件的作用是拉伸而不是压缩。拉伸变形和热伸长都可以在弹性顶尖上得到补偿。这种方法的特点是：

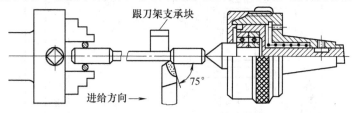

图 4-3　细长轴反向进给车削法

1）细长轴左端缠有一圈钢丝，利用自定心卡盘夹紧，以减少接触面积，使工件在卡盘内能自由调节其位置，避免夹紧时形成弯曲力矩，且切削过程中发生的变形也不会因卡盘夹死而产生内应力。

2）尾座顶尖改为弹性顶尖，当工件因切削热发生线膨胀伸长时，顶尖能自动后退，可避免热膨胀引起的弯曲变形。

3）采用三个支承块跟刀架，以提高工件刚性。

4）改变进给方向，使大拖板由车头向尾座方向移动。由于细长轴固定在卡盘内，可以自由伸缩，所以反向进给后，工件受拉，不易产生弹性弯曲变形。反向进给的平稳性也比正向进给好，其原因是反向进给时车床小齿轮与床身上齿条的啮合比较好。

反向进给车削法能达到较高的加工精度和较好的表面粗糙度。

三、轴类零件工艺过程实例

（一）磨床砂轮主轴零件的分析

1. 砂轮主轴使用性能与设计要求

磨床砂轮主轴属于精密主轴零件，主要表面的精度和表面质量要求高且稳定，因此其使用性能应满足高刚度、高精度、受力变形小、精度稳定性好等。这就要求砂轮主轴在选材、工艺安排、热处理等方面具有自身的特点。

2. 砂轮主轴的结构分析

从图 4-4 可以看出，该主轴的结构具有以下特点：

1）零件结构简单，加工表面大部分为回转表面，非回转表面为对称表面，因此易于实现主轴的动、静平衡，保证主轴的回转精度和磨床的加工精度。

2）主轴通过两段 $\phi30h7$ 外圆以轴承支承在箱体上，故 $\phi30h7$ 外圆的尺寸精度直接影响主轴零件的旋转精度。

3）主轴载荷与动力均采用圆锥表面（两端圆锥面）传递。圆锥面的径向定位精度高、接触均匀、连接可靠、传递转矩大、加工工艺性好，但其轴向定位精度较低，不影响其使用性能。

4）主轴紧固采用螺纹联接，易于实现与支承轴径的同轴度要求，避免连接的回转不平衡，消除了偏心对主轴回转精度的影响。

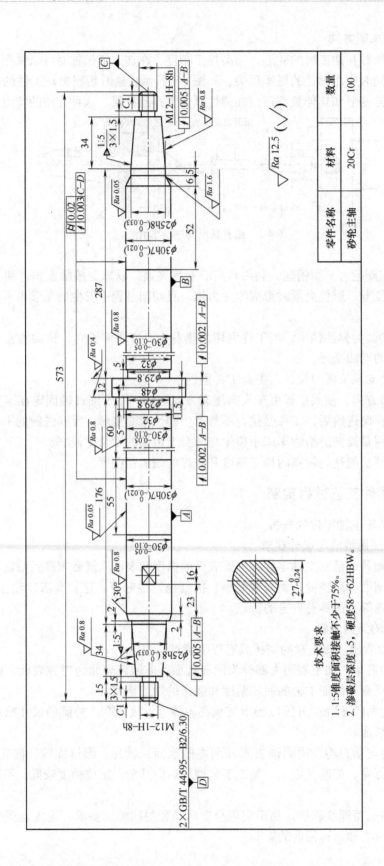

图 4-4 砂轮主轴零件图

技术要求
1. 1:5锥度面积接触不少于75‰。
2. 渗碳层深度1.5，硬度58~62HBW。

5）主轴轴向采用轴肩端面定位，易于实现与中心线垂直，以保证主轴轴向窜动精度要求。

6）由于砂轮架装配以及操作空间的要求，主轴的轴向尺寸较大，长径比 $L/D \geqslant 15 \sim 20$，属于细长轴结构，因此加工工艺复杂，加工精度较难保证。

3. 砂轮主轴的技术要求及其分析

主轴的支承轴径 ϕ30h7、两端圆锥面、主轴轴向定位面是砂轮主轴的主要加工表面，其中支承轴径的尺寸精度、几何形状精度及与其他表面的相互位置精度要求较高，这是制定主轴加工工艺的关键。

（1）加工精度　砂轮主轴有一定配合要求，其直径尺寸比其长度尺寸精度要求高，该主轴主要轴径的直径尺寸公差等级为 IT8 ~ IT7，而长度尺寸的精度要求为自由公差。为保证主轴的配合和回转精度，支承轴径 ϕ30h7 的圆柱度公差为 0.002mm，配合圆锥面和主轴其他轴径的形状精度则包含在其尺寸精度范围内。由于砂轮主轴转速高，主轴配合轴径即圆锥面对于支承轴径 ϕ30h7 的同轴度有严格的要求，其径向圆跳动量为 0.005mm；主轴的轴向定位端面与支承轴径中心线的垂直度要求更为严格，其轴向圆跳动量为 0.002mm，这些要求都是根据轴的工作性能和具体的装配结构以及装配关系制定的。考虑到主轴加工时的定位基准为两端中心孔，因此设计要求主轴的支承表面对中心孔的跳动量应达到 0.003mm 的要求。

（2）表面粗糙度　随着砂轮主轴运转速度和公差等级的提高，其表面粗糙度要求也很高，表面粗糙度的高要求有利于保证主轴性能的稳定与持久。支承轴径的表面粗糙度值为 Ra0.4μm，配合表面的表面粗糙度值为 Ra0.8μm，定位表面的表面粗糙度值为 Ra0.8 ~ 0.4μm，其余表面的表面粗糙度值为 Ra1.6 ~ 12.5μm。

（3）配合表面的接触精度　装配砂轮以及带轮传动件的圆锥表面，其接触精度也有较高的要求，全长度上接触点应不小于75%。

（4）主轴热处理　主轴热处理采用渗碳淬火处理，其渗层深度为 1.5mm，硬度为 58HRC。零件经渗碳淬火处理后既具有很高的表面硬度，又具有较好的冲击韧度和心部强度。但渗碳淬火处理使工件变形大，零件加工时应考虑热处理变形对工艺及精度的影响。

（5）主轴材料和毛坯　砂轮主轴应选用性能稳定、热变形小的材料，如 20Cr 或 38CrMoAlA 等优质合金钢（本例选用 20Cr）。主轴毛坯经锻造后正火处理，既使零件毛坯组织结构得到改善，又保证了主轴具有较好的机械加工工艺性。

（二）磨床砂轮主轴加工工艺分析

1. 砂轮主轴加工工艺过程

根据上述分析并考虑到主轴材料为 20Cr，锻件毛坯，小批量的生产纲领，确定砂轮主轴的加工工艺路线为：备料→锻造→正火→钻中心孔→粗车→精车→渗碳→淬火、低温回火→粗磨→次要表面加工→精磨。

2. 砂轮主轴加工工艺过程分析

（1）定位基准的选择　本砂轮轴采用轴类零件最常用的定位基准两顶尖孔为主要定位基准，这样可以较容易地保证主轴的同轴度和它们与端面的垂直度要求。

（2）砂轮轴加工中的主要工艺问题

1) 淬硬表面上的孔、槽加工应在淬火处理之前完成，淬火处理后安排修正工序。本例中 $\phi 30_{-0.10}^{-0.05}$ mm 外圆表面上的两平面安排在淬硬前铣削，但因两平面精度要求不高，淬硬后未安排修正工序。

2) 顶尖孔的研磨。顶尖孔在使用过程中的磨损及热处理后产生的变形都会影响加工精度。因此，在热处理之后、磨削加工之前，应安排修研顶尖孔工序，以消除误差。

3) 从砂轮主轴结构分析中可知，砂轮主轴属于细长轴。因此细长轴加工就成为砂轮主轴加工中应考虑的一个主要问题。细长轴车削可采用反向进给车削法加工。

3. 砂轮主轴零件加工的工艺路线

加工工艺过程见表 4-1。

四、车床专用夹具设计

（一）车床夹具特点及类型

1. 车床夹具特点

车床主要用于加工零件的内、外圆柱面，圆锥面、螺纹以及端面等。上述表面都是围绕机床主轴的旋转轴线而成形的，因此，车床夹具一般都安装在车床主轴上，加工时随机床主轴一起旋转。

2. 车床夹具的类型

根据加工特点和夹具在机床上安装的位置不同，将车床夹具分为两种基本类型：

（1）安装在车床主轴上的夹具　这类夹具中，除了各类卡盘、顶尖等通用夹具或其他机床附件外，往往根据加工的需要设计各种心轴或其他专用夹具，加工时夹具随机床主轴一起旋转，切削刀具作进给运动。

（2）安装在滑板或床身上的夹具　对于某些形状不规则和尺寸较大的工件，常常把夹具安装在车床滑板上，刀具则安装在车床主轴上作旋转运动，夹具作进给运动。加工回转成形面的靠模属于此类夹具。

（二）典型车床专用夹具结构分析

心轴类车床夹具多用于工件以内孔作为定位基准，加工外圆柱面，常用的车床夹具有圆柱心轴、弹簧心轴、顶尖式心轴等。图 4-5a 所示为飞球保持架工序图。本工序的加工要求是车外圆 $\phi 92$ mm 及两端倒角。图 4-5b 所示为加工时所使用的圆柱心轴。心轴上装有定位键位，工件以 $\phi 33$ mm 孔、一端面及槽的侧面作为定位基准，套在心轴上，每次装夹 22 件，每隔一件装一垫套，以便加工倒角 $C0.5$，旋转螺母 7，通过快换垫圈 6 和压板 5 将工件连续装夹。

图 4-6 所示为几种常见弹簧心轴的结构形式。图 4-6a 所示为前推式弹簧心轴，转动螺母 1，弹簧筒夹 2 前移，使工件定心及夹紧，这种结构不能进行轴向定位。图 4-6b 所示为带强制退出的不动式弹簧心轴，转动螺母 3，推动滑条 4 后移，使锥形拉杆 5 移动而将工件定心夹紧。反转螺母，滑条前移而使筒夹 6 松开，此外筒夹元件不动，依靠其台阶端面对工件实现轴向定位；该结构形式常用于加工以不通孔作为定位基准的工件。图 4-6c 所示为加工长薄壁工件用的分开式弹簧心轴，心轴体 12、7 分别装置于车床主轴和尾座中，用尾座顶尖套顶紧时，锥套 8 撑开筒夹 9，使工件右端定心夹紧；转动螺母 11，使筒夹 10 移动，依靠心轴体 12 的 30°锥角将工件另一端定心夹紧。

表 4-1　砂轮主轴机械加工工艺过程卡

企业名称		机械加工工艺过程卡		产品型号			零(部)件型号			工艺表 1	
				产品名称			零(部)件名称		砂轮主轴	共 2 页	第 1 页
材料牌号	20Cr	毛坯种类	锻件	毛坯外形尺寸		每毛坯件数	每台件数	1			
工序号	工序名称	工序内容				车间	工段	设备	工艺装备		备注
10	下料										
20	锻造										
30	热处理	1)正火 2)毛坯检验									
40	粗车	1)夹外圆车一端面,钻中心孔 B2 2)调头车另一端面,保证总长 573mm;钻中心孔 B2 3)一夹一顶装夹工件,车外圆至尺寸 φ48mm 4)车两端外圆 φ25mm、φ30mm,留余量,车 φ48mm 两端槽 5)检验						CW6163B 车床	端面车刀、外圆车刀、中心钻、游标卡尺		
50	粗车	1)车两端外圆至 φ12.5mm 2)车两端退刀槽 3mm×1.5mm 3)车两处 1:5 锥面,留余量 4)检验						CW6163B 车床	外圆车刀、车槽刀、游标卡尺		
60	精车	1)车两端外圆 φ25mm、φ30mm,留磨余量 2)车两处 1:5 锥面,留磨余量 3)车两个 30°倒棱至图样尺寸						CA6140 车床	外圆车刀、千分尺		
70	精车	1)车螺纹外径至尺寸 φ12mm,倒角 C1 2)车两端端螺纹 M12-LH-8h 3)检验						CA6140 车床	外圆车刀、螺纹刀、千分尺		
					编制(日期)	审核(日期)		标准化(日期)	会签(日期)		批准(日期)
标记	处数	更改文件号	签字	日期							

（续）

企业名称		机械加工工艺过程卡		产品型号		零(部)件型号			工艺表1	
				产品名称		零(部)件名称			共2页 第2页	
材料牌号	20Cr	毛坯种类	锻件	毛坯外形尺寸		每毛坯件数	每台件数	1		备注
工序号	工序名称		工序内容		车间	工段	设备	每台件数		工艺装备
80	铣		铣 φ30mm 轴径上两平面至图样尺寸				X5032 铣床			
90	钳		在铣扁处打编号							
100	热处理		渗碳1.5mm,校直跳动量0.1~0.15mm							
110	热处理		1) 淬火 + 低温回火 2) 检验							
120	研磨		1) 研磨两端中心孔 2) 检验				中心孔研磨机			
130	磨		1) 磨两端 φ30h7 外圆至图样尺寸 2) 磨三段 φ30$^{-0.05}_{-0.10}$mm 外圆至图样尺寸 3) 磨两段 φ25h8 外圆至图样尺寸 4) 检验				M131W 磨床			
140	磨		1) 磨两段 1:5 锥面至图样尺寸 2) 检验				M131W 磨床			
150	检验		按图样尺寸抽检							
160	入库		涂油入库							
					编制(日期)		审核(日期)	标准化(日期)	会签(日期)	
标记	处数	更改文件号	签字	日期					批准(日期)	

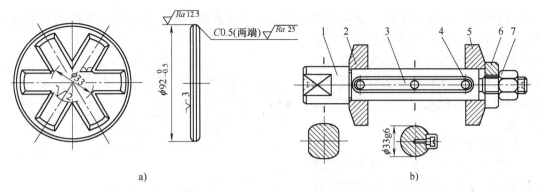

图 4-5 飞球保持架工序图及其心轴

a）飞球保持架工序图 b）圆柱心轴

1—心轴 2、5—压板 3—定位键 4—螺钉 6—快换垫圈 7—螺母

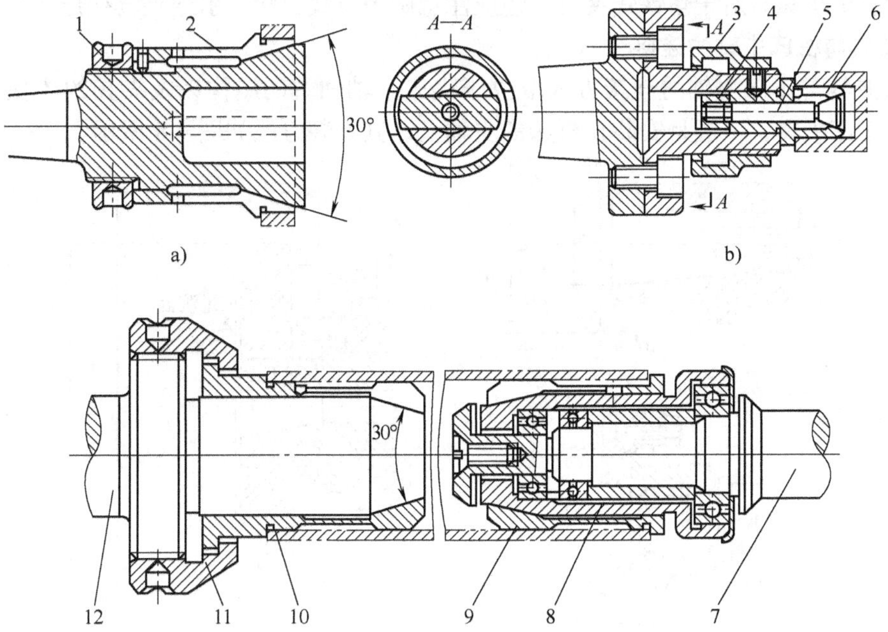

图 4-6 常见弹簧心轴的结构形式

a）前推式弹簧心轴 b）不动式弹簧心轴 c）分开式弹簧心轴

1、3、11—螺母 2、6、9、10—筒夹 4—滑条 5—拉杆 7、12—心轴体 8—锥套

图 4-7 所示为顶尖式心轴，工件以孔口 60°角定位车削外圆表面。当旋转螺母 6 时，活动顶尖套 4 左移，从而使工件定心夹紧。顶尖式心轴的结构简单、夹紧可靠、操作方便，适用于加工内、外圆无同轴度要求或只需要加工外圆的套筒类零件。被加工工件的内径 d 一般为 32～110mm，L_s 为 120～780mm。

（三）车床夹具设计要点

1. 定位装置的设计特点

设计定位装置时，必须保证工件被加工面的轴线与车床主轴的旋转轴线重合。因此，对于同轴的轴套类和盘类工件，要求夹具定位元件工作表面的中心轴线与夹具的回转轴线重合。对于壳体、接头或支座等工件，被加工的回转面轴线与工序基准之间有尺寸联系或相互位置精度要求时，则应以夹具轴线为基准确定定位元件工作表面的位置。

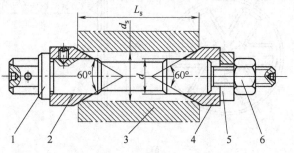

图 4-7　顶尖式心轴
1—心轴　2—固定顶尖套　3—工件
4—活动顶尖套　5—快换垫圈　6—螺母

2. 夹紧装置的设计特点

在车削过程中，由于工件和夹具随主轴旋转，除工件受切削转矩的作用外，整个夹具还受到离心力的作用。因此，夹紧机构必须产生足够的夹紧力，且自锁性能要可靠。对于角铁式夹具，还应注意施力方式，防止引起夹具变形。

3. 夹具与机床主轴的连接

车床夹具与车床主轴的连接方式取决于机床主轴轴端的结构以及夹具的体积和精度要求。对于车床夹具，一般是安装在机床的主轴上，其安装方法如图 4-8 所示。

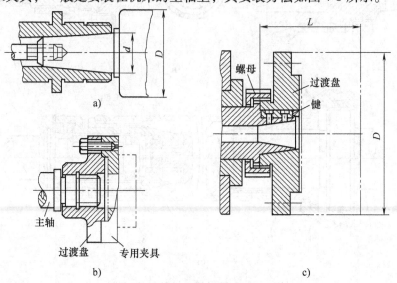

图 4-8　车床夹具与机床主轴的连接

1）夹具体直径 $D < 140\text{mm}$ 或 $D < (2 \sim 3)d$ 的小型夹具，一般用莫氏锥度与机床主轴配合，为保险起见，有时用拉杆在尾部拉紧，如图 4-8a 所示。这种方法定位迅速方便，定位精度高，但夹具呈悬臂状，刚度低，通常只适用于小型夹具。

2）径向尺寸较大的夹具，一般用过渡盘安装在主轴的头部，过渡盘与主轴配合处的形状取决于主轴前端的结构。

①如图 4-8b 所示的过渡盘，用圆柱及端面定位，圆柱定位面一般用 H7/h6 或 H7/js6 配合，用螺纹紧固，轴向由过渡盘端面与主轴前端的台阶面接触。为防止停车和倒车时因惯性作用使两者松开，可用压板将过渡盘压在主轴上。这种安装方式的安装精度受配合精度的影响，所以定位精度低。

②如图 4-8c 所示的过渡盘以锥孔与端面定位，用螺母锁紧，由键传递转矩。这种安装方式定位精度高，刚性好，但过渡盘与主轴台阶面必须贴近，要求间隙为 0.05 ~ 0.1mm，因而制造困难。

4. 设计车床夹具时应注意的问题

（1）夹具的悬伸长度 L　车床夹具一般是在悬臂状态下工作，为保证加工的稳定性，夹具的结构应紧凑、轻便，悬伸长度要短，尽可能使重心靠近主轴。

夹具的悬伸长度 L 与轮廓直径 D 之比应参照以下数值选取：

1）直径小于 150mm 的夹具，$L/D \leqslant 1.25$。

2）直径为 150 ~ 300mm 的夹具，$L/D \leqslant 0.9$。

3）直径大于 300mm 的夹具，$L/D \leqslant 0.6$。

（2）夹具的平衡　由于加工时夹具随同主轴旋转，如果夹具的总体结构不平衡，则在离心力的作用下将造成振动，影响工件的加工精度和表面粗糙度，加剧机床主轴和轴承的磨损。因此，车床夹具除了控制悬伸长度外，结构上还应基本平衡。角铁式车床夹具的定位元件及其他元件总是布置在主轴轴线一边，不平衡现象最严重，所以在确定其结构时，特别要注意对它进行平衡。平衡的方法有两种：设置平衡块或加工减重孔。

（3）夹具的外形轮廓　车床夹具的夹具体应设计成圆形，为保证安全，夹具上的各种零件一般不允许突出夹具体圆形轮廓之外。此外，还应注意切屑缠绕和切削液飞溅等问题，必要时应设置防护罩。

【任务拓展】

编制图 4-9 所示活塞杆零件的加工工艺规程。

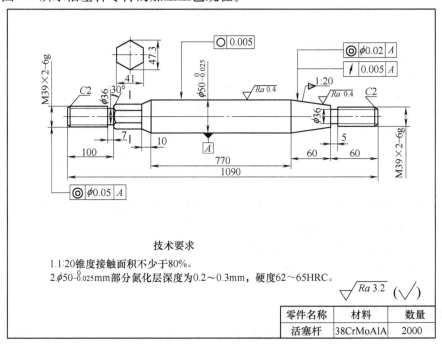

技术要求

1. 1:20 锥度接触面积不少于80%。
2. $\phi 50^{\ 0}_{-0.025}$mm部分氮化层深度为0.2~0.3mm，硬度62~65HRC。

零件名称	材料	数量
活塞杆	38CrMoAlA	2000

图 4-9　活塞杆零件图

任务二　盘套类零件工艺与钻床专用夹具

【学习目标】

1）会编制盘套类零件的工艺规程。
2）能设计钻床专用夹具。

【知识体系】

一、套类零件的主要工艺分析

（一）套类零件的分析

1. 套类零件的结构特点

套类零件的应用比较广泛，在机器和设备中主要起着支承和导向作用，例如：内燃机上的气缸套、电液伺服阀的阀套、夹具上的导向套、镗床主轴套以及支承回转轴的各种形式的滑动轴承等，其大致结构形式如图4-10所示。

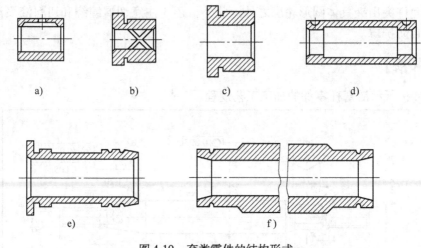

图4-10　套类零件的结构形式
a)、b) 滑动轴承　c) 钻套　d) 轴承衬套　e) 气缸套　f) 液压缸

套类零件的结构与尺寸随其用途不同而异，但其结构一般都具有以下特点：
1）外圆直径 d 一般小于其长度 L，通常 $L/d < 5$。
2）内孔与外圆直径差较小，故壁薄易变形。
3）内、外圆回转面的同轴度要求较高。
4）结构比较简单。

2. 套类零件的主要技术要求

套类零件的外圆表面多以过盈或过渡配合与机架或箱体孔相配合起支承作用。内孔主要起导向作用或支承作用，常与运动轴、主轴、活塞、滑阀相配合。有些套的端面或凸缘端面有定位或承受载荷的作用。根据使用情况可对外圆与内孔提出如下要求：

（1）内孔与外圆的精度要求　外圆直径公差等级通常为 IT7～IT5，表面粗糙度值为 $Ra5$ ～0.63μm，要求较高的可达 0.04μm；内孔的尺寸公差等级一般为 IT7～IT6，为保证其耐磨性和功能要求，要求表面粗糙度值为 $Ra2.5$～0.16μm。有的精密阀套的内孔，尺寸公差等级要求为 IT5～IT4，也有的套（如液压缸、气缸筒等）由于与其相配的活塞上有密封圈，故对尺寸公差等级要求较低，一般为 IT8～IT9。

（2）几何形状精度要求　通常将外圆与内孔的几何形状精度控制在直径公差以内即可，较精密的可控制在孔径公差的 1/2～1/3，甚至更严格。对较长的套除圆度有要求外，还应有孔的圆柱度要求。

（3）相互位置精度要求

1）内、外圆表面之间的同轴度要求根据加工与装配要求而定。如果内孔的最终加工是在套装入机座或箱体之后进行的，可降低套内、外圆表面的同轴度要求；如果内孔的最终加工是在装配之前进行的，则同轴度要求较高，通常为 0.01～0.06mm。

2）套端面（或凸缘端面）常用来定位或承受载荷，故对端面与外圆和内孔轴线的垂直度要求较高，一般为 0.02～0.05mm。

3）套类零件毛坯与材料的选择。套类零件毛坯，要视其结构尺寸与材料而定。孔径较大（如 $d>20$mm）时，一般选用带孔的铸件、锻件或无缝钢管；孔径较小时，可选用棒料或实心铸件。在大批量生产的情况下，为节省原材料、提高生产率，也可以冷挤压、粉末冶金工艺制造精度较高的毛坯。

套类零件一般选用钢、铸铁、青铜或黄铜等材料。滑动轴承宜选用铜料，有些要求较高的滑动轴承，为节省贵重材料而采用双金属结构，即用离心铸造法在钢或铸铁套的内壁上浇注一层巴氏合金等材料，用来提高轴承的使用寿命。有些强度和硬度要求较高的套（如伺服阀的阀套、镗床主轴套等），则选用优质合金钢（如 18CrNiWA、38CrMoAlA 等）。

（二）套类零件的加工工艺分析

1. 套类零件的工艺路线

大多数套类零件加工主要是围绕着如何保证内孔与外圆表面的同轴度、端面与其轴线的垂直度，相应的尺寸精度、形状精度和套筒零件的厚度薄、易变形的工艺特点来进行的。在零件的加工顺序上，采用先主后次的原则来处理，主要有以下两种情况：

1）粗加工外圆→粗、精加工内孔→最终精加工外圆。这种方案适用于外圆表面为工作面的套类零件的加工。

2）粗加工内孔→粗、精加工外圆→最终精加工内孔。这种方案适用于内孔表面为工作面的套类零件的加工。

2. 套类零件的主要加工工艺

（1）保证位置精度的方法　套类零件内、外表面的同轴度以及端面与孔轴线的垂直度一般有较高要求，为保证这些要求通常采用下列方法：

1）在一次装夹中，完成内、外表面及其端面的全部加工，可消除工件的装夹误差并获得很高的相互位置精度。但由于工序较集中，对尺寸较大的长套装夹不方便，故多用于尺寸较小的套类零件进行车削加工。

2）主要表面的加工分在几次装夹中进行，这种方法内孔与外圆互为基准，反复加工，每一工序都为下一工序准备了精度更高的定位基面，因而可得到较高的相互位置精度。

（2）防止变形的措施　套类零件的工艺特点是孔的壁厚较薄，在切削加工中常由于夹紧力、切削力、内应力和切削热等因素的影响而产生变形，为此应注意以下几点：

1）为减少切削力和切削热的影响，粗、精加工应分开进行。

2）为减少夹紧力的影响，将径向夹紧改为轴向夹紧；如果需径向夹紧时，应尽可能增大夹紧部位的面积，使径向夹紧力均匀，多用过渡套或弹簧套夹紧工件或做出工艺凸缘来增加刚性。

3）为减小热变形引起的误差，热处理工序应安排在粗、精加工阶段之间。轴套零件热处理后，一般会产生较大变形，应注意适当放大加工余量，以便将热处理引起的变形在精加工中予以消除。

（三）液压缸零件的工艺过程实例

1. 液压缸使用性能与设计要求

液压缸零件如图 4-11 所示，液压缸为比较典型的长薄套筒零件，结构简单，壁薄且容易变形，加工面比较少，加工量变化不大，液压缸的材料一般有无缝钢管和铸铁两种。本零件采用的材料为无缝钢管，若为铸铁，则要求其组织紧密，不得有砂眼、针孔及疏松，必要时需要用泵检测。

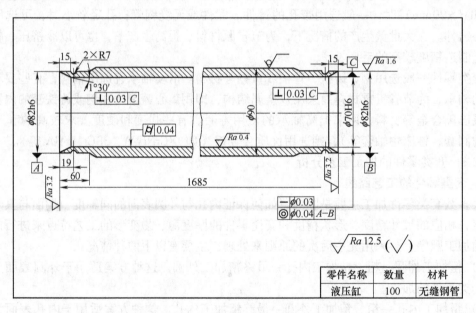

零件名称	数量	材料
液压缸	100	无缝钢管

图 4-11　液压缸零件图

2. 液压缸零件的加工工艺分析

（1）加工工艺过程　根据上述分析并考虑到液压缸结构简单，其工艺路线的编制相对简单，制订加工工艺路线为：下料→粗车→镗→滚压内孔→精车→检验。

（2）液压缸加工工艺过程分析

1）为保证内、外圆的同轴度，在加工外圆时，以孔的轴线为定位基准，用双顶尖顶孔口棱边或一头夹紧、一头用顶尖顶孔加工；加工孔时，夹一头，另一头用中心架托住外圆，作为定位基准的外圆应为已加工表面。

2）为保证活塞与内孔的相对运动顺利，对孔的形状精度及表面质量要求较高，所以采用滚压内孔来提高孔的质量，粗加工时可采用镗或浮动铰来保证较高的圆柱度和孔的直线度要求。

3）该液压缸壁薄，采用径向夹紧容易变形，但由于轴向长度大，加工时需要两端支承，为使外圆受力均匀，先在一端外圆表面上加工出工艺螺纹，使下面的工序可用工艺螺纹夹紧外圆，当最终加工完孔后，再去除工艺螺纹达到外圆要求的尺寸。

3. 液压缸的加工工艺过程卡

液压缸加工工艺过程卡见表4-2。

二、轮盘类零件的工艺分析

（一）轮盘类零件的分析

1. 轮盘类零件的功用

轮盘类零件包括齿轮、带轮、凸轮、链轮、联轴节和端盖等，如图4-12所示。轮盘类零件一般是回转体，其结构特点是径向尺寸较大，轴向尺寸相对较小；主要几何构成表面有孔、外圆、端面和沟槽等；其中孔和一个端面常常是加工、检验和装配的基准。齿轮、带轮等轮盘类零件用来传递运动和动力，端盖、法兰盘等轮盘类零件则对传动轴起支承和导向作用。轮盘类零件工作时一般承受较大的转矩和径向载荷，且大都在交变载荷作用下工作。

2. 轮盘类零件的材料、毛坯及热处理

（1）轮盘类零件的材料　齿轮、链轮、凸轮等传递动力的轮盘类零件，常用45钢或40Cr合金钢等材料制造。对于重载、高速或精度要求较高的轮盘类零件，常用20Cr、20CrMnTi等低碳合金钢制造并经表面化处理。带轮、轴承压盖等轮盘类零件多用HT150 ~ HT300等铸铁或Q235等普通碳素钢制造。有些受力不大、尺寸较小的轮盘类零件，可用尼龙、塑料或胶木等非金属材料制造。

（2）轮盘类零件的毛坯　孔径小的盘一般选择热轧棒料或冷棒料，根据不同材料，也可选择实心铸件，孔径较大时，可作预制孔。若生产批量较大，可选择冷挤压等先进毛坯制造工艺。

（3）轮盘类零件的热处理　轮盘类零件由于其使用性能和场合，一般要求进行热处理。锻件要求正火或调质，铸件要求退火。

3. 轮盘类零件的主要技术要求

（1）尺寸精度　轮盘类零件的内孔和一个端面是该类零件安装于轴上的装配基准，设计时大多以内孔和端面为设计基准来标注尺寸和各项技术要求。所以孔的精度要求较高，通常孔的直径尺寸公差等级一般为IT7。一般轮盘件的外圆精度要求较低，外径尺寸公差等级通常取IT7或更低。根据工作特点和作用条件，对用于传动的轮盘件还有一些专项要求。如齿轮需要足够的传动精度，其外圆的精度则要相应提高。

（2）几何公差　轮盘类零件往往对支承用端面有较高平面度要求及两端面的平行度要求；对转接作用中的内孔等有与平面的垂直度要求，对外圆、内孔间有同轴度要求等。

（3）表面粗糙度　孔的表面粗糙度值一般为 $Ra1.6 \sim 0.8\mu m$，要求高的精密齿轮内孔可达 $Ra0.4\mu m$。端面作为零件的装配基准，其表面粗糙度值一般为 $Ra1.6 \sim 3.2\mu m$。

表4-2 液压缸零件加工工艺过程卡

企业名称		机械加工工艺过程卡	产品型号		零(部)件型号		工艺表1
			产品名称		零(部)件名称	液压缸	共1页 第1页
材料牌号	无缝钢管	毛坯种类	毛坯外形尺寸	每毛坯件数	每台件数 1		备注
工序号	工序名称	工序内容	车间	工段	设备	设 备	定位与夹紧
10	下料	切断无缝钢管,使其长度为1692mm					
20	车	1) 车φ82mm外圆到φ88mm及车M88×1.5mm螺纹(工艺用) 2) 车端面 3) 调头车φ82mm外圆到φ84mm 4) 车端面,取总长1686mm(留加工余量1mm)			1	CA6140车床	自定心卡盘夹一端外圆,大头顶尖顶夹一端另一端孔 自定心卡盘夹一端外圆,搭中心架托φ88mm处 自定心卡盘夹一端外圆,大头顶尖顶夹一端另一端孔 自定心卡盘夹一端外圆,搭中心架托φ84mm处
30	深孔准镗	1) 半精镗孔到φ68mm 2) 精镗孔到φ69.85mm 3) 精铰(浮动镗刀镗孔)到φ70±0.02mm,表面粗糙度值Ra2.5μm				CA6140车床	一端用M88×1.5mm工艺螺纹固定在夹具上,另一端搭中心架
40	滚压孔	用滚压头滚压孔至φ70H6,表面粗糙度值Ra0.4μm				CA6140车床	一端用工艺螺纹固定在夹具上,另一端搭中心架
50	车	1) 车去工艺螺纹,车φ82h6到尺寸,车R7mm槽 2) 镗内锥孔1°30'及车端面及倒角 3) 调头,车φ82h6到尺寸,车R7mm槽 4) 镗内锥孔1°30'及车端面及倒角				CA6140车床	软爪卡盘夹一端,中心架托另一端,以孔定位顶夹另一端 软爪卡盘夹一端,中心架托另一端(百分表找正孔) 软爪卡盘夹一端,顶夹另一端 软爪卡盘夹一端,中心架托另一端(百分表找正孔)
60	检验	检验入库					
					编制(日期)	审核(日期)	标准化(日期)	会签(日期)
							批准(日期)
标记	处数	更改文件号	签字	日期			

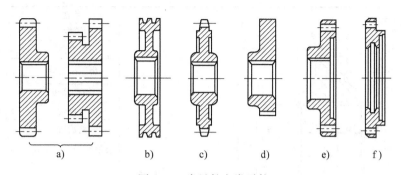

图 4-12 常见轮盘类零件

a) 齿轮 b) 带轮 c) 链轮 d) 盘状凸轮 e) 联轴节 f) 轴承盖

（二）轮盘类零件的主要加工工艺

1. 轮盘类零件的定位基准

根据零件作用的不同，零件主要基准会有所不同：一是以端面为主，其零件加工中的主要定位基准为端面；二是以孔为主，由于盘的轴向尺寸小，往往在以孔为定位基准（径向）的同时，辅以端面的配合；三是以外圆为主（较少），往往也需要有端面的辅助配合。

2. 轮盘类零件的加工工艺特点

1）轮盘类零件往往长径比小，径向刚度比轴类零件高很多，加工时沿径向装夹变形很小，能够承受较大的夹紧力和切削力，允许采用较大的切削用量。

轮盘类零件的主要表面大多是具有公共轴线的回转面，可按工序集中原则制订工艺路线，大多数轮盘类零件具有一般精度要求，广泛使用普通设备和工艺装备。

2）轮盘类零件上的特殊形面，如齿轮的齿形面、凸轮的工作面、V 带轮的槽形面等，都是在基本回转面的基础上由专用设备或工艺装备加工而成的，因此其加工过程具有明显的阶段性。

3）由于轮盘类零件的内孔和一个端面往往是加工、检验和装配时的基准面，因此内孔和基准面间有较高的垂直度要求，可通过在一次装夹中将内孔和基准端面同时加工的方法来保证。

（三）中间轴齿轮零件的工艺过程实例

1. 中间轴齿轮零件的分析

某拖拉机变速器倒挡中间轴齿轮零件图如图 4-13 所示。该中间轴齿轮为标准齿轮，主要用于传递动力，工作中承受较大的冲击载荷，要求零件有较高的强度和韧性。本零件主要加工面是内孔和齿面，且两者有较高的同轴度要求，其值为 $\phi0.04\text{mm}$；其次，两轮毂端面由于装配要求，对内孔有轴向圆跳动要求，其值为 0.05mm。两齿圈端面在滚齿时要作为定位基准使用，故对内孔也有轴向圆跳动要求，其值为 0.05mm。两轮毂端面和两齿圈端面的表面粗糙度均为 $Ra3.2\mu\text{m}$。$\phi62^{+0.009}_{-0.021}\text{mm}$ 为本零件尺寸精度要求最高的表面，公差等级为 IT7 级，表面粗糙度为 $Ra0.8\mu\text{m}$。零件要求渗碳淬火 58～62HRC。齿廓的精度等级为 8-7-7FL 级。其中，8-7-7 代表第 Ⅰ、第 Ⅱ 和第 Ⅲ 公差组，即齿轮传动中传递运动的准确性、传递动力的平稳性（含噪声及振动）和载荷分布的均匀性；FL 为齿轮上、下齿厚极限偏差代号。

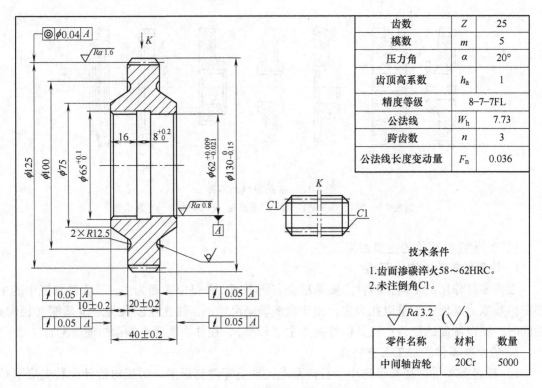

齿数	Z	25
模数	m	5
压力角	α	20°
齿顶高系数	h_a	1
精度等级		8-7-7FL
公法线	W_h	7.73
跨齿数	n	3
公法线长度变动量	F_n	0.036

技术条件

1. 齿面渗碳淬火58～62HRC。
2. 未注倒角C1。

零件名称	材料	数量
中间轴齿轮	20Cr	5000

图4-13　中间轴齿轮零件图

2. 主要加工工艺

（1）定位基准的选择　齿轮加工时的定位基准应符合基准重合与基准统一的原则，对于本例中的齿轮，采用 $\phi62^{+0.009}_{-0.021}$ mm 内孔及齿圈端面作为主要定位基准。

（2）加工工艺路线

1）齿轮加工的一般路线为：毛坯制造→齿坯加工→轮齿加工→齿端加工→热处理→修正内孔。

2）中间轴齿轮属于大批生产，为提高生产率，其定位基准加工时可采用钻—拉的方案，中间轴齿轮内孔直径较大，毛坯制造应预制有孔，故可直接拉削加工定位基准。

3）齿轮淬火后，基准孔常发生变形，要进行修正。一般采用磨孔工艺，加工精度高，效果好。

3. 齿轮零件的加工工艺过程

中间轴齿轮零件的加工工艺过程卡见表4-3。

三、钻床专用夹具设计

钻床夹具（通称钻模）是用来在钻床上钻孔、扩孔、铰孔的机床夹具。通过钻套引导刀具进行加工是钻模的主要特点。钻削时，被加工孔的尺寸精度主要由刀具本身的尺寸精度来保证；而孔的位置精度则是由钻套在夹具上相对于定位元件的位置精度来保证。因此，通过钻套引导刀具进行加工，既可提高刀具系统的刚性，防止钻头引偏，加工孔的位置又不需划线和找正，工序时间大大缩短，显著地提高了生产率，故钻模在成批生产中应用很广。

表4-3　中间轴齿轮加工工艺过程卡

企业名称	机械加工工艺过程卡		产品型号		零(部)件型号		共2页 第1页 工艺表1
			产品名称	拖拉机	零(部)件名称	中间轴齿轮	
材料牌号 20Cr	毛坯种类 锻件	毛坯外形尺寸 φ136mm×45mm	每毛坯件数	每台件数 1			

工序号	工序名称	工序内容	车间	工段	设备	工艺装备	备注
10	锻	锻造毛坯	锻造				
20	热处理	正火	热处理				
30	扩孔	用扩孔钻扩孔至尺寸 $\phi 60.9^{+0.19}_{0}$ mm	机加工		Z550	气动自定心卡盘,φ60.5mm 扩孔钻,塞规	
40	粗车	1)粗车外圆到尺寸 $\phi 131.8^{0}_{-0.25}$ mm 2)粗车一端大、小端面,留半精车余量 3)一端内孔倒角	机加工		C7125	液动可胀心轴,游标卡尺 0.05/200,75°左偏车刀,45° 弯头车刀	
50	粗车	1)粗车另一端大、小端面,留半精车余量 2)另一端内孔倒角	机加工		C7125	液动可胀心轴,游标卡尺 0.05/200,75°左偏车刀,45° 弯头车刀	
60	拉	拉削内孔至尺寸 $\phi 61.6^{+0.046}_{0}$ mm	机加工		L6120	拉孔夹具,拉刀,塞规	
70	半精车	1)半精车外圆至图样尺寸 $\phi 130^{0}_{-0.19}$ mm 2)半精车一端大、小端面 3)一端外圆倒角	机加工		C6132A	液动可胀心轴,顶尖座,百 分表,游标卡尺 0.05/200,45° 弯头车刀,检验心轴	
80	半精车	1)半精车另一端大、小端面至图样尺寸 2)另一端外圆倒角	机加工		C6132A	液动可胀心轴,顶尖座,百 分表,游标卡尺 0.05/200,45° 弯头车刀,75°右偏车刀,检验 心轴	
90	车	车槽至图样尺寸 $\phi 65^{+0.1}_{0}$ mm	机加工		C6132A	自定心卡盘,切槽刀,内 槽卡板	

		编制(日期)	审核(日期)	标准化(日期)	会签(日期)	批准(日期)
标记	处数	更改文件号	签字	日期		

（续） 工艺表1

机械加工工艺过程卡

产品型号		零（部）件型号		共2页
产品名称		零（部）件名称	中间轴齿轮	第2页

企业名称 拖拉机

材料牌号	毛坯种类	毛坯外形尺寸	每毛坯件数	每台件数	1
20Cr	锻件	φ136mm×45mm		1	

工序号	工序名称	工序内容	车间	工段	设备	每台件数	工艺装备	备注
100	检	中间检验					百分表、游标卡尺、塞规、检验心轴、卡板	
110	滚	滚齿	机加工		Y3150E		滚齿夹具、剃前滚刀、滚刀杆、25~50mm公法线千分尺	
120	倒角	一端圈倒角	机加工		Y9332		倒角夹具、定位装置、倒角刀	
130	倒角	一端圈倒角	机加工		Y9332		倒角夹具、定位装置、倒角刀	
140	热处理	渗碳淬火 58~62HRC	热处理					
150	剃	剃齿	机加工		Y4232		剃齿心轴、剃刀齿刀、25~50mm公法线千分尺、标准齿轮综合检查仪	
160	检	检验	机加工				25~50mm公法线千分尺、标准齿轮、综合检查仪	
170	磨	磨内孔至图样尺寸 $\phi 62^{+0.009}_{-0.021}$ mm	机加工		M2120		节圆卡盘、砂轮、塞规	
180	总检	最终验验					25~50mm公法线千分尺、标准齿轮综合检查仪、塞规、顶尖座	

		编制（日期）	审核（日期）	标准化（日期）	会签（日期）	批准（日期）
标记	处数	更改文件号	签字	日期		

（一）钻床夹具的分类

钻模的结构形式主要决定于工件被加工孔的分布位置情况，如孔系可能分布在同一平面上，分布在几个不同表面上或分布在同一圆周上，还有单孔的情况等。因此钻模的结构形式很多，一般分为固定式、回转式、移动式、翻转式、盖板式和滑柱式等几种类型。

1. 固定式钻模

固定式钻模在使用过程中，夹具和工件在机床上的位置固定不动，主要用于在立轴式钻床上加工较大的单孔或在摇臂钻床上加工平行孔系。

2. 回转式钻模

回转式钻模主要用于加工同一圆周上的平行孔系或分布在圆周上的径向孔。它带有分度装置，按分度装置中心转轴位置不同，这种钻模分为立轴、卧轴和斜轴三种基本形式。图4-14 所示为一套专用回转式钻模，用于加工工件上均布的径向孔。

3. 移动式钻模

移动式钻模用于在单轴立式钻床上逐个钻削中、小型工件同一表面上的多个孔。一般工件和加工孔径都不大，属于小型夹具。

4. 翻转式钻模

翻转式钻模主要用于加工中、小型工件分布在不同表面上的孔。加工时整个夹具与工件一起翻转，因此，夹具连同工件的总质量不能太大。

5. 盖板式钻模

盖板式钻模没有夹具体，实际上是一块钻模板，其上除钻套外，一般还装有定位元件和夹紧装置，只要将它覆盖在工件上即可进行加工。

盖板式钻模结构简单，多用于加工大型工件上的小孔，因夹具在使用时经常搬动，故盖板式钻模的质量不宜过大。为了减小质

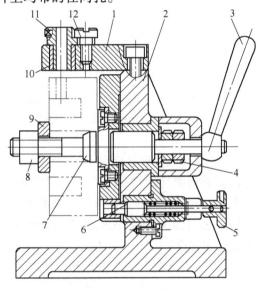

图 4-14　专用回转式钻模
1—钻模板　2—夹具体　3—手柄　4—螺母
5—把手　6—对定销　7—圆柱销　8—螺母
9—快换垫圈　10—衬套　11—钻套　12—螺钉

量，可在盖板上设置加强肋而减少其厚度，设置减轻窗孔或用铸铝件制造。

6. 滑柱式钻模

滑柱式钻模是一种带有升降钻模板的通用可调夹具，其钻模板固定在滑柱上，随滑柱的上下移动而移动，下移时可将工件夹紧，并借锁紧机构锁紧。

（二）典型钻床夹具结构分析

图 4-15a 是零件加工孔的工序图，$\phi68H7$ 孔与两端面已经加工完。本工序需加工 $\phi12H8$ 孔，要求孔中心至 N 面为 $15\pm0.1\text{mm}$，与 $\phi68H7$ 孔轴线的垂直度公差为 0.05mm，对称度公差为 0.1mm。据此，采用了图 4-15b 所示的固定式钻模来加工工件。加工时选定工件以端面 N 和 $\phi68H7$ 内圆表面为定位基面，分别在定位法兰 4 的 $\phi68h6$ 短外圆柱面和端面 N 上定位，限制了工件 5 个自由度。工件安装后，扳动手柄 8 借助圆偏心凸轮 9 的作用，通过拉杆 3 与转动开口垫圈 2 夹紧工件。反方向扳动手柄 8，拉杆 3 在弹簧 10 的作用下松开工件。

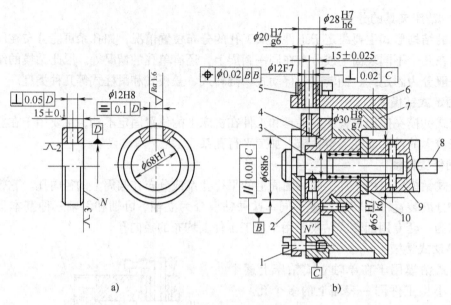

图 4-15 固定式钻模

1—螺钉 2—转动开口垫圈 3—拉杆 4—定位法兰 5—快换钻套
6—钻模板 7—夹具体 8—手柄 9—圆偏心凸轮 10—弹簧

（三）钻床夹具设计要点

（1）钻模类型的选择   在设计钻模时，需根据工件的尺寸、形状、质量和加工要求，以及生产批量、工厂的具体条件等来考虑夹具的结构类型。设计时应注意以下几点：

1）工件上被钻孔的直径大于 10mm 时（特别是钢件），钻床夹具应固定在工作台上，以保证操作安全。

2）翻转式钻模和自由移动式钻模适用于中小型工件的孔加工。夹具和工件的总质量不宜超过 10kg，以减轻操作工人的劳动强度。

3）当加工多个不在同一圆周上的平行孔系时，如果夹具和工件的总质量超过 15kg，宜采用固定式钻模在摇臂钻床上加工；若生产批量大，可以在立式钻床或组合机床上采用多轴传动头进行加工。

4）对于孔与端面精度要求不高的小型工件，可采用滑柱式钻模，以缩短夹具的设计与制造周期。但对于垂直度公差小于 0.1mm、孔距精度小于 ±0.15mm 的工件，则不宜采用滑柱式钻模。

5）钻模板与夹具体的连接不宜采用焊接的方法。因焊接应力不能彻底消除，影响夹具制造精度的长期保持性。

6）当孔的位置尺寸精度要求较高时（其公差小于 ±0.05mm），则宜采用固定式钻模板和固定式钻套的结构形式。

（2）钻模板的结构   用于安装钻套的钻模板，按其与夹具体连接的方式可分为固定式、铰链式、分离式等。

1）固定式钻模板。固定在夹具体上的钻模板称为固定式钻模板，如图 4-16a 所示。这种钻模板结构简单，钻孔精度高。

2）分离式钻模板。如图4-16b所示，工件在夹具中每装卸一次，钻模板也要装卸一次。这种钻模板加工的工件精度高，但装卸工件效率低。

3）铰链式钻模板。当钻模板妨碍工件装卸或钻孔后需要攻螺纹时，可采用铰链式钻模板，如图4-16c所示。销轴与钻模板的销孔采用G7/h6配合，与铰链座的销孔之间采用N7/h7配合，钻模板与铰链座之间采用G7/h7配合。由于铰链结构存在间隙，所以它的加工精度不如固定式钻模板高。

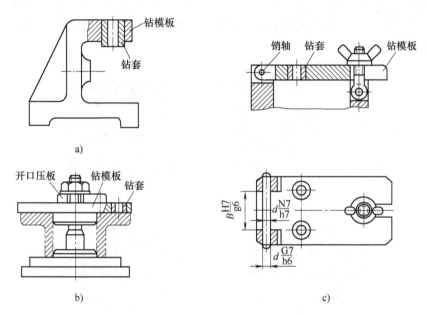

图 4-16　钻模板的结构

a）固定式钻模板　b）分离式钻模板　c）铰链式钻模板

（3）钻套的选择　钻套装配在钻模板或夹具体上，钻套的作用是确定被加工工件上孔的位置，引导钻头、扩孔钻或铰刀，并防止其在加工过程中发生偏斜。按钻套的结构和使用情况不同，可将其分为以下类型：

1）固定钻套。图4-17a、b所示为固定钻套的两种形式。钻套外圆以H7/n6或H7/r6配合直接压入钻模板或夹具体的孔中，如果在使用过程中不需更换钻套，则用固定钻套较为经济，钻孔的位置精度也较高。该类钻套适用于单一钻孔工序和小批生产。

2）可换钻套。图4-17c所示为可换钻套。当生产量较大，需要更换磨损后的钻套时，使用这种钻套较为方便。为了避免钻模板的磨损，在可换钻套与钻模板之间按H7/r6或H7/n6的配合压入衬套。可换钻套的外圆与衬套的内孔一般采用H7/g6或H7/k6的配合，并用螺钉加以固定，防止在加工过程中因钻头与钻套内孔的摩擦使钻套发生转动或退刀时随刀具升起。

3）快换钻套。当加工孔需要依次进行钻、扩、铰时，由于刀具的直径逐渐增大，需要使用外径相同而孔径不同的钻套来引导刀具。这时使用图4-17d所示的快换钻套可以减少更换钻套的时间。它和衬套的配合和可换钻套相同，但其锁紧螺钉的凸肩比钻套上凹面略高，取出钻套不需拧下锁紧螺钉，只需将钻套转过一定的角度，使半圆缺口或削边正对螺钉头部即可取出。但是削边或缺口的位置应考虑刀具与孔壁间摩擦力矩的方向，以免退刀时钻套随刀具自动拔出。

以上三类钻套已标准化，其规格可参阅有关夹具手册。

(4) 钻套的尺寸

1) 一般钻套导向孔的公称尺寸取刀具的上极限尺寸，钻孔时其公差带代号为 F7 或 F8，粗铰孔时公差带代号为 G7，精铰孔时公差带代号为 G6，若钻套引导的是刀具的导柱部分，则可按基孔制的相应配合选取，如 H7/f7、H7/g6 或 H6/g5 等。

2) 钻套的高度 H。如图 4-17b 所示，一般取 $H = (1 \sim 2.5)d$。d 为钻头直径，排屑空间 h 常取 $= (0.3 \sim 0.7)d$，钻削较难排屑的钢件时，常取 $h = (0.7 \sim 1.5)d$，工件位置精度要求很高时，可取 $h = 0$。

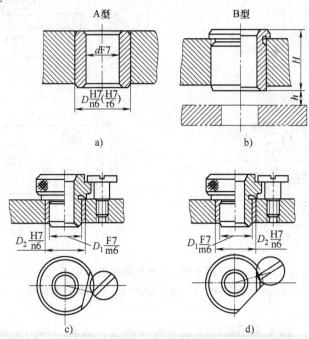

图 4-17 标准钻套

a) A 型固定钻套 b) B 型固定钻套 c) 可换钻套 d) 快换钻套

（四）钻床专用夹具设计实例

图 4-18 所示为钢套钻孔工序图，工件材料为 Q235A 钢，生产批量为 500 件，需要设计钻 $\phi 5mm$ 孔的夹具。

1. 明确设计任务

从图 4-18 可以知道，需要加工的 $\phi 5mm$ 孔未标注公差尺寸，表面粗糙度 $Ra6.3\mu m$，孔与基准面 B 的距离为 $20^{+0.1}_{0}$ mm，这三项要求不高。此外，孔的中心线对基准 A 的对称度公差为 0.1mm，且外圆面 $\phi 30mm$、孔 $\phi 20H7$、总长尺寸均

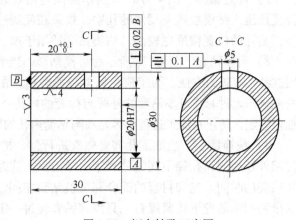

图 4-18 钢套钻孔工序图

已经加工过。本工序所使用的加工设备为 Z525 型立式钻床。

2. 确定定位方案，设计定位元件

从所加工的孔位置尺寸 $20_{0}^{+0.1}$mm 及对称度来看，该工序的工序基准为端面 B 及孔 $\phi20$H7。定位方案如图 4-19a 所示，采用一台阶面加一个轴定位，心轴限制 $\vec{y}$、$\vec{z}$、$\hat{y}$、$\hat{z}$，台阶面限制三个自由度 $\hat{x}$、$\hat{y}$、$\hat{z}$，故重复限制 $\hat{y}$、$\hat{z}$，属于过定位。但由于工件定位端面 B 与定位孔 $\phi20$H7 均已经精加工过，其垂直度要求比较高，另外定位心轴与台阶端面之间的垂直度要求更高，一般需要磨削加工。这种过定位是可以采用的。定位心轴在上部铣平，用来让刀，避免钻孔后的毛刺妨碍工件的装卸。

3. 导向和夹紧方案以及其他元件的设计

为了确定刀具相对于工件的位置，夹具上应设置导向元件钻套。由于只需要钻 $\phi5$mm 孔这一个工步，且生产批量较小，所以采用固定式钻套及固定式钻模板。钻套安装在钻模板上，钻模板与工件要留有排屑空间，以便于排屑，如图 4-19b 所示。由于工件的批量不大，宜用简单的手动夹紧装置，如图 4-19c 所示，采用带开口垫圈的螺旋夹紧机构，使工件装卸迅速、方便。

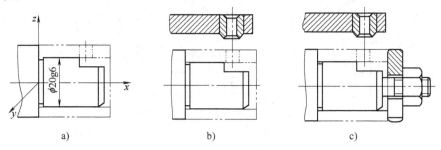

图 4-19 钢套的定位、导向、夹紧方案

4. 夹具体的设计

夹具的定位、导向、夹紧装置装在夹具体上，使其成为一体，并能正确地安装在机床上。图 4-20 所示为采用铸造夹具体的钢套钻孔钻模。夹具体 1 的 B 面作为安装基面，定位

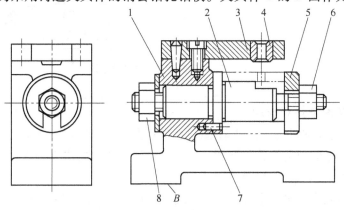

图 4-20 铸造夹具体钻模

1—夹具体 2—定位心轴 3—钻模板 4—固定钻套
5—开口垫圈 6—夹紧螺母 7—防转销钉 8—锁紧螺母

心轴 2 与夹具体 1 采用过渡配合，用锁紧螺母 8 将其夹紧在夹具体上，用防转销钉 7 保证定位心轴缺口朝上，钻模板 3 与夹具体 1 用两个螺钉、两个销钉连接。夹具装配时，待钻模板位置调整准确后，再拧紧螺钉，然后配钻，钻铰销钉孔，打入销钉定位。此方案结构紧凑，安装稳定，具有较好的抗压强度和抗振性，但生产周期长，成本略高。

本方案采用型材夹具体的钻模，如图 4-21 所示，此方案取材容易，制造周期短，成本较低，且钻模刚度好，重量轻。夹具体 1 由棒料、管料等型材加工装配而成。定位心轴 3 安装在夹具体 1 上，定位模套 2 下部为安装基准面 B，上部兼作钻模板。定位模套 2 与夹具体 1 采用过渡配合，并用三个螺钉 7 紧固，用修磨调整垫圈 11 的方法保证钻套的正确位置。

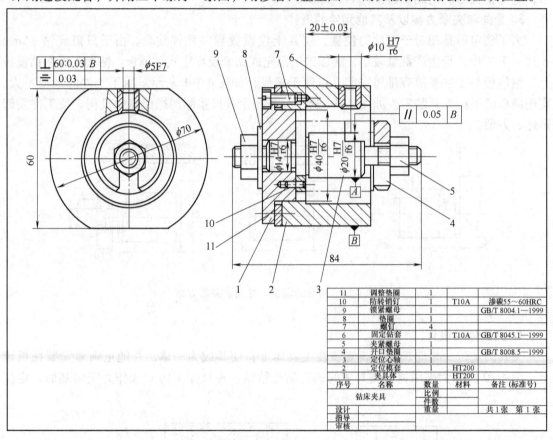

图 4-21　钢套钻孔夹具装配图

5. 夹具装配总图及尺寸标注

在上述方案确定基础上绘制夹具草图，征求各方面意见，对方案进行改进，在方案正式确定的基础上，即可绘制夹具总装配图。其尺寸标注与技术要求在前面已经详细叙述，可按下列步骤进行标注：

（1）标注夹具轮廓尺寸　其最大轮廓尺寸为 84mm（长）、$\phi70$mm（宽）、60mm（高）。

（2）影响定位精度的尺寸　心轴与工件配合尺寸为 $\phi20$H7/f6，该尺寸及公差影响定位精度。

（3）影响对刀精度的尺寸　钻套与钻模板的配合尺寸 $\phi40$H7/r6，钻套导向孔尺寸

ϕ5F7，钻头尺寸 ϕ5h9，位置尺寸 20 ± 0.03mm 及对称度公差 0.03mm。

（4）影响夹具精度的技术要求　影响夹具精度的技术要求有对刀、导向元件相对夹具体的位置要求、定位元件相对夹具体的位置要求，主要有钻套孔轴线相对基准面 B 的垂直度公差 $60:0.03$，定位心轴相对于安装基准面 B 的平行度公差 0.05mm。

（5）其他装配尺寸　定位支撑心轴与夹具体配合尺寸 ϕ14H7/r6。

（6）工件在夹具中加工精度分析　本工序的主要加工要求是：尺寸 $20_{0}^{+0.1}$mm，对称度公差为 0.1mm。其加工误差影响因素如下所述：

1）定位误差 Δ_D。对于 $20_{0}^{+0.1}$mm 来说，由于 B 面既是工序基准又是定位基准，所以 Δ_D $=0$。对于对称度公差 0.1mm 来说，其定位误差为工件定位孔与定位心轴配合的最大间隙。工件定位孔的尺寸为 ϕ20H7，定位心轴的尺寸为 ϕ20f6。

$$\Delta_D = X_{\max} = (0.021 + 0.033)\text{mm} = 0.054\text{mm}$$

2）导向误差 Δ_Z。如图 4-21 所示，钻模板底孔到定位元件尺寸公差 $\delta_{L1} = 0.05$mm，钻模板底孔相对定位心轴线对称度公差 $\delta_{L2} = 0.03$mm，由于工件被加工的孔较浅，刀具的引偏量即为钻头与钻套的最大配合间隙 X_2。钻套导向孔尺寸 ϕ5F7，钻头尺寸为 ϕ5h9，则 $X_2 = 0.052$mm，所以尺寸 $20_{0}^{+0.1}$mm 的导向误差为

$$\Delta_{Z1} = \sqrt{\delta_{L1}^2 + X_2^2} = \sqrt{0.05^2 + 0.052^2}\text{mm} = 0.072\text{mm}$$

对称度公差 0.1mm 的导向误差为

$$\Delta_{Z2} = \sqrt{\delta_{L2}^2 + X_2^2} = \sqrt{0.03^2 + 0.052^2}\text{mm} = 0.06\text{mm}$$

3）夹具误差 Δ_T。影响尺寸 $20_{0}^{+0.1}$mm 的夹具误差为导向孔对安装基面的垂直度 $\Delta_{T1} = 0.03$mm，影响对称度公差 0.1mm 的夹具误差仍为导向孔对安装基面的垂直度 $\Delta_{T1} = 0.03$mm，由于已经考虑钻模板底孔相对定位心轴对称度，其与垂直度在公差上兼容，只需计算其中较大一项即可，由于已经考虑对称度，且对称度与垂直度公差值相等，所以可以不考虑垂直度，即 $\Delta_{T2} = 0$。

4）加工方法误差 Δ_G。取加工尺寸公差 δ_K 的 1/3。对于尺寸 $20_{0}^{+0.1}$mm，加工方法误差为 $\Delta_{G1} = 0.033$mm，对于对称度公差 0.1mm，其加工方法误差同样为 $\Delta_{G2} = 0.033$mm。由于夹具的安装基面为平面，因而没有安装误差，即 $\Delta_A = 0$，总加工误差 $\sum \Delta$ 和精度储备 δ_K 的计算见表 4-4。由计算结果可知，该夹具能保证加工精度，并有一定的精度储备。

表 4-4　钻 ϕ5mm 孔夹具的加工误差计算　　　　　　　　（单位：mm）

误差计算 / 加工要求 误差名称	$20_{0}^{+0.1}$	对称度公差 0.1
Δ_D	0	0.054
Δ_Z	0.072	0.06
Δ_A	0	0
Δ_T	0.03	0
Δ_G	0.033	0.033
$\sum \Delta$	$\sqrt{0.072^2 + 0.03^2 + 0.033^2} = 0.085$	$\sqrt{0.054^2 + 0.062^2 + 0.033^2} = 0.087$
δ_K	$(0.1 - 0.085) = 0.015 > 0$	$(0.1 - 0.087) = 0.012 > 0$

【任务拓展】

试编制图 4-22 所示套筒零件的工艺规程，并完成钻铰 $\phi6mm$ 孔工序的钻夹具设计。

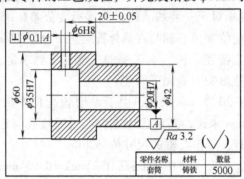

图 4-22　套筒零件图

任务三　叉架类零件工艺与铣床专用夹具

【学习目标】

1）会编制叉架类零件的工艺规程。

2）能设计铣床专用夹具。

【知识体系】

一、叉架类零件的分析

（一）叉架类零件的功用及结构

叉架类零件常是一些外形不很规则的中小零件，例如机床拨叉、发动机连杆、铰链杠杆等。叉架类零件在工作中大多承受较大的冲击载荷，受力情况比较复杂。由于这些零件在机器中的作用不同，其结构及形状有较大的差异，如图 4-23 所示，其共同点是：外形复杂，不易定位；大、小头是由细长的杆身连接的，所以弯曲刚性差，易变形；尺寸精度、形状精度和位置精度及表面粗糙度要求很高。

（二）叉架类零件的主要技术要求

叉架类零件的技术要求按其功用和结构的不同而有较大的差异。一般叉架类零件主要孔的加工精度要求都较高，孔与孔、孔与其他表面之间的相互位置精度也有较高的要求，工作表面的表面粗糙度值一般小于 $Ra1.6\mu m$。

（三）叉架类零件的材料、毛坯和热处理

为了保证叉架类零件的正常工作，要求选用的材料必须具有足够的疲劳强度等力学性能，设计的结构刚度好。叉架类零件的材料一般采用 45 钢并经调质处理，以提高其强度及抗冲击能力，少数受力不大的叉架类零件也可采用球墨铸铁铸造。

钢制叉架类零件一般采用锻造毛坯，要求金属纤维沿杆身方向，并与外形轮廓相适应，不得有咬边、裂纹等缺陷。单件小批量生产时，常用自由锻或简单的锤上模锻制造毛坯；大批量生产时，常用模锻制造毛坯。有的叉架类零件的毛坯要求经过喷丸强化处理，重要叉架类零件还需要进行硬度检查和磁力探伤或超声波探伤检查。

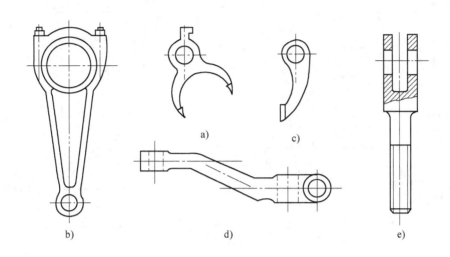

图 4-23　叉架类零件

a）拨叉　b）连杆　c）棘爪　d）连接杆　e）叉杆

二、叉架类零件的主要加工工艺

1）叉架类零件外形相对复杂，大、小头端一般为内圆表面，中间由细长杆身连接，两端孔中心线有平行度要求，因此叉架类零件的加工存在一定的困难。

2）叉架类零件上一般加工的表面并不是很多，但由于其结构形状复杂，各表面间有一定的位置精度要求，所以在加工过程中注意定位基准的选择，尽量做到基准统一，以减小定位误差对零件加工精度的影响。多数叉架类零件可选择端面作为定位基准或选择端面与孔组合定位。

3）夹紧力方向。夹紧力和夹紧点的选择要尽量减小夹紧变形对零件加工精度的影响。

4）若叉架类零件仅以端面进行定位，可选择螺旋压板进行压紧；若以端面与孔组合定位，可选择带有螺纹制的销与压板进行压紧。对于多数叉架类零件都需要进行专用夹具设计。

三、支架零件的加工工艺实例

（一）支架零件图分析

图 4-24 所示为支架零件图，斜支架孔 $\phi20^{+0.033}_{0}$ mm 与轴连接，起支承轴的作用，承受较大的力，M10 螺纹孔装螺栓起锁紧轴的作用。L 形 A、B 两面通过螺栓与机座相连，起定位作用，使零件保持正确的位置，要求它应有足够的疲劳强度和结构刚度，该零件属于典型的叉架类零件，零件结构复杂，存在一定的加工难度。其主要加工的面有 $\phi20^{+0.033}_{0}$ mm、L 形 A、B 面，为保证被支承零件的位置精度，孔 $\phi20^{+0.033}_{0}$ mm 与安装面 A、B 有较高的位置精度要求。T 形肋板连接机座与工作部分，以增强结构刚度。

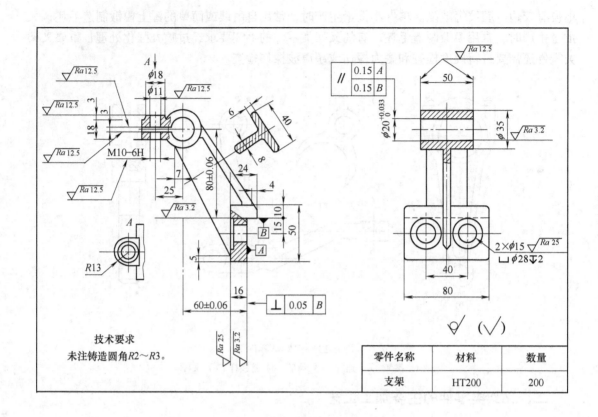

图 4-24　支架零件图

（二）加工工艺分析

1. 定位基准的选择

根据支架零件的技术要求和装配要求，可以选择 $\phi20_{\ 0}^{+0.033}$ mm 内孔及端面和 L 形连接部分的定位面 A、B 面作为定位精基准。主要工作面为 $\phi20_{\ 0}^{+0.033}$ mm 内孔，该内孔相对于 A、B 基准有几何公差要求，因此以 A、B 面及 $\phi35$ mm 外圆端面为基准加工 $\phi20_{\ 0}^{+0.033}$ mm 内孔，实现了设计基准和定位基准的重合，保证了与 L 形连接部分 A、B 面的位置度要求。加工 M10 螺孔所在的凸台及相应加工面时，由于该零件刚性较差，受力易产生弯曲变形，采用 $\phi20_{\ 0}^{+0.033}$ mm 内孔及 $\phi35$ mm 外圆端面作为主要定位精基准，在加工螺纹孔时夹紧力作用在轴端面上，夹紧可靠。

2. 支架的加工工艺

本支架的加工为轻型零件的单件小批生产，采用工序集中的原则进行工序安排，工艺装备采用通用机床及刃量具，采用划线找正和专用夹具结合进行定位夹紧。

该支架工序的安排顺序为：毛坯铸造加工→退火处理→钳工划线，划出宽度及 A、B 基准加工线→粗加工，加工侧视图宽度方向尺寸→半精加工，加工 A、B 基准→精加工 $\phi20_{\ 0}^{+0.033}$ mm 孔→加工与 M10-6H 相关各孔、台阶面，铣槽 3，攻螺纹 M10-6H→终检合格后，产品入库。

支架零件加工工艺过程见表 4-5。因为小批生产，故工艺过程比较简单。

表4-5 支架零件加工工艺过程卡

企业名称		机械加工工艺过程卡	产品型号		零(部)件型号		工艺表1
			产品名称		零(部)件名称 支架		共1页 第1页
材料牌号 HT200	毛坯种类 铸件	毛坯外形尺寸	每毛坯件数	每台件数 1			备注

工序号	工序名称	工序内容	车间	工段	设备	工艺装备
10	铸造	铸造毛坯	铸造			
20	热处理	毛坯时效处理	热处理			
30	钳	划线,划侧视图宽度50mm,80mm及A、B基准加工线	金工			
40	铣削	1)参照划线铣削侧视图宽度50mm,80mm尺寸 2)参照划线铣削A、B基准面 3)去毛刺	金工		X5032	
50	钻削	1)钻一扩一铰$\phi 20^{+0.033}_{0}$ mm孔 2)去毛刺	金工		Z525	
60	铣削	1)铣凸台平面 2)钻螺纹M10底孔,钻$\phi 11$mm沉孔 3)铣3mm切口	金工		X5032	
70	钳	1)攻螺纹M10-6H螺纹 2)去毛刺	金工		Z525	
80	检验	按图样要求检验各尺寸及几何公差	质量			
90	入库					

			编制(日期)	审核(日期)	标准化(日期)	会签(日期)
标记	处数	更改文件号	签字	日期		批准(日期)

四、铣床专用夹具设计

（一）铣床夹具的分类

按铣削时的进给方式不同，铣床夹具可分为直线进给式、圆周进给式和靠模进给式三种类型。

1. 直线进给式铣床夹具

这类夹具安装在铣床工作台上，在加工中随工作台按直线进给方式运动。按照在夹具中同时安装工件的数目和工位多少分为单件加工、多件加工和多工位加工夹具。

图 4-25 所示为多件加工的直线进给式铣床夹具，该夹具用于在小轴端面上铣一通槽。六个工件以外圆面在活动 V 形块 2 上定位，以一端面在支承钉 6 上定位。活动 V 形块装在两根导向柱 7 上，V 形块之间用弹簧 3 分离。工件定位后，由薄膜式气缸 5 推动 V 形块 2 依次将工件夹紧。由对刀块 9 和定位键 8 来保证夹具与刀具和机床的相对位置。

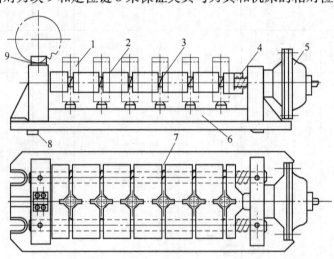

图 4-25　多件加工的直线进给式铣床夹具

1—小轴　2—活动 V 形块　3—弹簧　4—夹紧元件　5—薄膜式气缸
6—支承钉　7—导向柱　8—定位键　9—对刀块

2. 圆周进给式铣床夹具

这类夹具多用于回转工作台或回转鼓轮铣床，依靠回转台或鼓轮的旋转将工件顺序送入铣床的加工区域，实现连续切削。在切削的同时，可在装卸区域装卸工件，使辅助时间与机动时间重合，因此，它是一种高效率的铣床夹具。

3. 靠模进给式铣床夹具

这是一种带有靠模的铣床夹具，适用于专用或通用铣床上加工各种非圆曲面。按照进给运动方式不同可分为直线进给式和圆周进给式两种。

图 4-26 所示为圆周进给式靠模铣床夹具示意图。夹具装在回转工作台 3 上，回转工作台 3 装在滑座 4 上。滑座 4 受重锤或弹簧拉力 F 的作用使靠模 2 与滚子 5 保持紧密接触。滚子 5 与铣刀 6 不同轴，两轴距离为 k。当转台带动工件回转时，滑座也带动工件沿导轨相对于刀具作径向辅助运动，从而加工出与靠模外形相仿的成形面。

（二）典型铣床夹具结构分析

如图 4-27 所示，该夹具用于铣削工件 4 上的半封闭键槽，夹具的结构与组成如下：

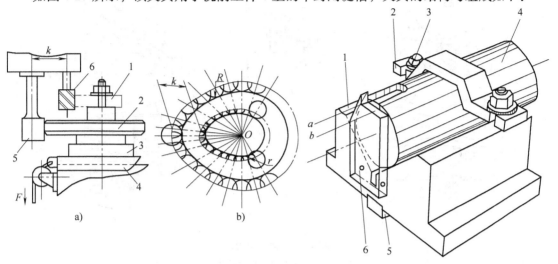

图 4-26　圆周进给式靠模铣床夹具
1—工件　2—靠模　3—回转工作台
4—滑座　5—滚子　6—铣刀

图 4-27　铣削键槽用的简易专用夹具
1—V 形块　2—压板　3—螺栓　4—工件
5—定位键　6—对刀块

V 形块 1 是夹具体兼定位元件，它使工件装夹时的轴线位置处于 V 形面的角平分线上，从而起到定位作用。对刀块 6 同时也起到端面定位作用。压板 2 和螺栓 3 及螺母是夹紧元件，它们用于阻止工件在加工过程中因受切削力而产生移动和振动。对刀块 6 除对工件起轴向定位外，主要用于调整铣刀和工件的相对位置。对刀面 a 通过铣刀周刃对刀，调整铣刀与工件的中心对称位置；对刀面 b 通过铣刀端面刃对刀，调整铣刀端面与工件外圆（或水平中心线）的相对位置。定位键 5 在夹具与机床间起定位作用，使夹具体即 V 形块 1 的 V 形槽槽向与工作台纵向进给方向平行。

（三）铣床夹具的设计要点

由于铣削时切削量较大，且为断续切削，故切削力较大，易产生冲击和振动，因此，设计铣床夹具时，要求工件定位可靠，夹紧力足够大，手动夹紧时夹紧机构要有良好的自锁性能，夹具上各组成元件应具有较高的强度和刚度。另外，铣床夹具一般有确定刀具位置和夹具方向的对刀块和定位键。

1. 对刀装置

用于确定刀具与夹具的相对位置，主要由对刀块和塞尺构成。图 4-28 所示为几种常见的铣刀对刀装置，图 4-28a 所示为高度对刀装置，用于铣平面时对刀；图 4-28b 中 3 是直角对刀块，用于加工键槽或台阶面时对刀；图 4-28c、d 所示为成形刀具对刀装置，用于加工成形表面时对刀；图 4-28e 所示为组合刀具对刀装置，3 是方形对刀块，用于组合铣刀的垂直和水平方向对刀。

对刀时，铣刀不能与对刀块工作表面直接接触，以免损坏切削刃或造成对刀块过早磨损，应通过塞尺来校准它们之间的相对位置，即将塞尺放在刀具与对刀块的工作表面之间，凭抽动塞尺的松紧感觉来判断铣刀的位置。

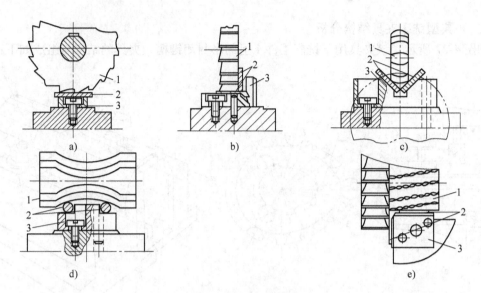

图 4-28 对刀装置

1—刀具 2—塞尺 3—对刀块

2. 定位键

为确定夹具与机床工作台的相对位置，在夹具体底面上应设置定位键。铣床夹具通过两个定位键与机床工作台上的 T 形槽配合，确定夹具在机床上的位置。如图 4-29 所示，定位键有矩形和圆形两种形式。

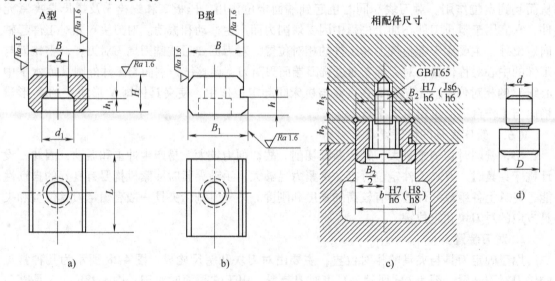

图 4-29 定位键

常用的矩形定位键有 A 型和 B 型两种结构形式。A 型定位键适用于夹具定向精度要求不高的场合。B 型定位键的侧面开有沟槽，沟槽上部与夹具体的键槽配合，在制造定位键时，B_1 应留有修磨量 0.5mm，以便与工作台 T 形槽修配，达到较高的配合精度。

3. 夹具体

为提高铣床夹具在机床上安装的稳固性，除要求夹具体有足够的强度和刚度外，还应使被加工表面尽量靠近工作台面，以降低夹具的重心。因此，夹具体的高宽比（H/B）应限制在 1～1.25 范围内，如图 4-30 所示。铣床夹具与工作台的连接部分应设计耳座，因连接要牢固稳定，故夹具上耳座两边的表面要加工平整。夹具体较宽时，可在两端各设置两个耳座，两耳座的距离应与工作台上两 T 形槽的距离一致。

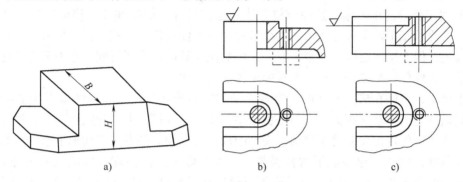

图 4-30 夹具体和座耳

铣削加工时常产生大量切屑，因此夹具应有足够的排屑空间，并注意切屑的流向，使清理切屑方便。对于重型的铣床夹具，在夹具体上要设置吊环，以便于搬运。

（四）铣床专用夹具设计实例

设计任务：图 4-31 所示为连杆的铣槽工序简图。工序要求铣工件两端面处的八个槽。槽宽 $10^{+0.2}_{0}$mm，槽深 $3.2^{+0.4}_{0}$mm，表面粗糙度值为 $Ra12.5\mu$m。槽的中心与两孔连线为 45°，偏差不大于 ±30′。

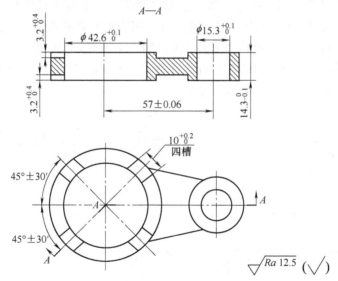

图 4-31 连杆铣槽工序图

1. 任务分析

先行工序已加工好的表面可作为本工序用的定位基准，即厚度为 $14.3^{0}_{-0.1}$mm 的两个端面和直径分别为 $\phi42.6^{+0.1}_{0}$mm 和 $\phi15.3^{+0.1}_{0}$mm 的两个孔，此两基准孔的中心距为 57 ±

0.06mm，加工时是用三刃盘铣刀在 XA6032 卧式铣床上进行。槽宽由刀具直接保证，槽深和角度位置要用夹具保证。工序规定了该工件在四次安装所构成的四个工位上加工完八个槽，每次安装的基准都用两个孔和一个端面，并在大孔端面上进行夹紧。

2. 拟定夹具的结构方案

（1）对工件的定位方案　选择定位方法和定位元件。根据连杆铣槽的工序尺寸、形状和位置精度要求，工件定位时需限制六个自由度。工件的定位基准和夹紧位置虽然在工序图上已经规定，但在拟定定位、夹紧方案时，仍然应对其进行分析研究，考查定位基准的选择是否能满足工件位置精度的要求，夹具的结构能否实现。

在本例中，工件在槽深方向的工序基准是和槽相连的端面，若以此端面为平面定位基准，可以达到与工序基准相重合。但是由于要在此面上开槽，夹具的定位面就要设计成朝下的，这会给工件的定位夹紧带来麻烦，夹具结构也较复杂。如果选择与加工槽相对的另一端面为定位基准，则会引起基准不重合误差，其大小等于工件两端面间的尺寸公差 0.1mm。考虑到槽深的公差 0.4mm 较大，估计还可以保证精度要求。而这样又可以使定位夹紧可靠，操作方便，所以应当选择工件底部面为定位基准，采用平面为定位元件。

在保证角度位置 45°±30′ 方面，工序基准是两孔的连心线，现以两孔为定位基准，可以做到基准重合，而且操作方便。为了避免发生不必要的过定位现象，采用一个圆柱销和一个菱形销作定位元件。由于被加工槽的角度位置是以大孔中心为基准，槽的中心应通过大孔的中心，并与两孔连线成 45° 角，因此应将圆柱销放在大孔，菱形销放在小孔，如图 4-32a 所示。工件以一面两孔为定位基准，而定位元件采用一面两销，分别限制工件的六个自由度，属于完全定位。

（2）对工件的夹紧方案　确定夹紧方法和夹紧装置。根据工件定位方案，考虑夹紧力的作用点及方向，采用图 4-32b 所示的方法较好。因为它的夹紧点选在大孔端面，接近被加工面，增加了工件刚度，切削过程中不易产生振动，工件夹紧变形也小，使夹紧可靠。但对夹紧机构的高度要加以限制，以防止和铣刀杆相碰。由于该工件较小，批量又不大，为使夹具结构简单，采用了手动的螺旋压板加紧机构。

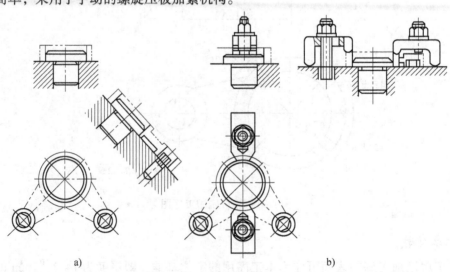

a)　　　　　　　　　　　　　　b)

图 4-32　连杆铣槽夹具设计过程图

（3）变更工位的方案　决定是否采用分度装置，若采用分度装置时，要选择其结构形式。在拟定该夹具结构方案时，遇到的另一个问题就是工件每一面的两对槽如何进行加工，在夹具结构上如何实现。可以有两种方案：一种是采用分度装置，当加工完一对槽后，将工件和分度盘一起转过90°，再加工另一对槽；另一种方案是在夹具上装两个相差为90°的菱形销（图4-32），加工完一对槽后，卸下工件，将工件转过90°后套在另一个菱形销上，重新进行夹紧后再加工另一对槽。显然分度夹具的结构要复杂一些，而且分度盘与夹具体之间也需要锁紧，在操作上节省时间并不多。该产品批量不大，因而采用后一种方案还是可行的。

（4）对刀具的对刀或导引方案　确定对刀装置或刀具导引件的结构和布局（导引方式）。用对刀块调整刀具与夹具的相对位置，适用于加工公差等级不超过IT8级的工件。因槽深的公差0.4mm较大，故采用直角对刀块，用螺钉、销钉固定在夹具体上。

（5）夹具在机床上的安装方式以及夹具体的结构形式　本夹具通过定向键与机床工作台T形槽的配合，使夹具上的定位元件工作表面对工作台的送进方向具有正确的相对位置，如图4-33所示。

在确保工件加工精度的前提下，尽可能使夹具结构简单、易制造、好使用和适应生产率要求。将所拟定的方案画成夹具结构草图，经审查后便可绘制夹具总图。

3. 夹具总图设计

先用细双点画线把工件在加工位置状态时的形状绘在图样上，并将工件看作透明体。然后，以此绘制定位件、夹紧装置和夹紧件、刀具的对刀或导引件、夹具本体及各个连接件等。结构部分绘好之后，就标注必要的尺寸、配合和技术要求。绘好的连杆铣槽夹具总图如图4-33所示。

在夹具的某些机构设计中，为了操作方便和防止将工件装反，可按具体情况设置止动销、障碍销等。如图4-33所示的手动夹紧机构，当旋转螺母进行夹紧时，可能因摩擦力而使压板发生顺时针方向转动，以致不能可靠地夹紧工件。为此，在压板一侧设置了止动销。夹紧螺栓也必须可靠地在夹具中紧固。对一些盖板、底座、壳体等工件，为防止定位时发生装错，可根据工件的特殊构造设置障碍销或其他防止误装的标志。

（1）夹具总图上标注的五类尺寸

1）夹具的轮廓尺寸，即夹具的总长、总宽和总高。对于升降式夹具要注明最高和最低尺寸；对于回转式夹具要注出回转半径或直径。这样可表明夹具的轮廓大小和运动范围，以便于检查夹具与机床、刀具的相对位置有无干涉现象以及夹具在机床上安装的可能性。

2）定位元件上定位表面的尺寸以及各定位表面之间的尺寸。例如图4-33中定位销的直径尺寸和公差（$\phi 42.6_{-0.025}^{-0.009}$mm与$\phi 15.3_{-0.034}^{-0.016}$mm），两定位销的中心距尺寸和公差（57±0.02）等。

3）定位表面到对刀件或刀具导引件间的位置尺寸，以及导引件（如钻、镗套）之间的位置尺寸（如7.85±0.02mm与8±0.02mm）。

4）主要配合尺寸。为了保证夹具上各主要元件装配后能够满足规定的使用要求，需要将其配合尺寸和配合性质在图上标注出来（如$\phi 25H7/n6$、$\phi 10H7/n6$）。

5）夹具与机床的联系尺寸。这是指夹具在机床上安装时有关的尺寸，从而确定夹具在机床上的正确位置。对于车床类夹具，主要指夹具与机床主轴端的连接尺寸；对于刨、铣夹具，是指夹具上的定向键与机床工作台T形槽的配合尺寸。标注尺寸时，常以夹具上的定位元件作为相互位置尺寸的基准。

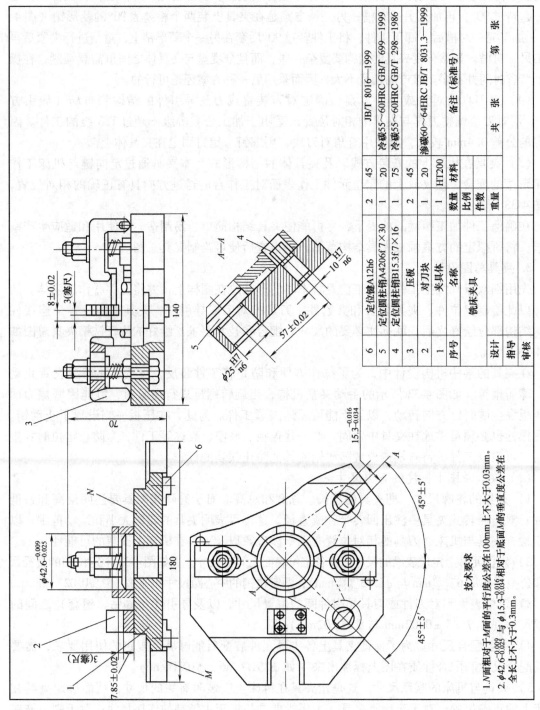

序号	名称	数量	材料	备注（标准号）
6	定位键A12h6	2	45	JB/T 8016—1999
5	定位圆柱销A4206f 7×30	1	20	冷碳55～60HRC GB/T 699—1999
4	定位圆柱销B15.3f7×16	1	75	冷碳55～60HRC GB/T 298—1986
3	压板	2	45	
2	对刀块	1	20	渗碳60～64HRC JB/T 8031.3—1999
1	夹具体	1	HT200	
序号	名称	数量	材料	备注（标准号）

铣床夹具

比例	件数			
设计		重量	共 张	第 张
指导				
审核				

技术要求

1. N面粗对于M面的平行度公差在100mm上不大于0.03mm。

2. $\phi42.6^{-0.009}_{-0.025}$ 与 $\phi15.3^{-0.016}_{-0.034}$ 相对于底面M的垂直度公差在全长上不大于0.3mm。

图4-33 铣连杆夹具总图

（2）夹具上主要元件之间的位置尺寸公差　夹具上主要元件之间的尺寸应取工件相应尺寸的平均值，其公差一般取 ±0.02 ~ ±0.05mm。当工件与之相应的尺寸有公差时，应视工件精度要求和该距离尺寸公差的大小而定，工件公差值小时，夹具上相应位置尺寸的公差宜取工件相应尺寸公差的 1/2 ~ 1/3；当工件差值较大时，宜取工件相应尺寸公差的 1/3 ~ 1/5。如图 4-33 中，两定位销之间的距离尺寸公差就按连杆相应尺寸公差 ±0.06 mm 的 1/3 取值为 ±0.02mm。定位平面 N 到对刀表面之间的尺寸，因夹具上该尺寸要按工件相应尺寸的平均值标注，而连杆上相应的这个尺寸是由 $3.2^{+0.4}_{0}$mm 和 $14.3^{0}_{-0.1}$mm 决定的，经尺寸链计算（$3.2^{+0.4}_{0}$mm 是封闭环）可知为 $11.1^{-0.1}_{-0.4}$mm，将此写成双向等偏差即为 10.85 ± 0.15mm。该平均尺寸 10.85mm，再减去塞尺厚度 3mm，即为 7.85mm。夹具上将此尺寸的公差取为 ±0.02mm（约为 ±0.15mm 的 1/7），所以标注成 7.85 ± 0.02mm。

夹具上主要角度公差一般按工件相应角度公差的 1/2 ~ 1/5 选取，常取为 ±10′，要求严格的可取 ±5′ ~ ±1′。在图 4-33 所示的夹具中，45°角的公差取得较严，是按工件相应角度公差（±30′）的 1/6 取的（为 ±5′）。

4. 精度分析和误差计算

（1）对槽精度的分析计算　影响槽深尺寸精度（3.2mm）的主要因素有：

1）基准不重合误差 $\Delta_B = 0.1$mm（即厚度 14.3mm 的公差）。因平面定位的 $\Delta_Y = 0$，所以 $\Delta_D = \Delta_B = 0.1$mm。

2）夹具的安装误差。由于夹具定位面 N 和夹具底面 M 间的平行度误差等，会引起工件倾斜，使被加工槽的底面和其端面（工序基准）不平行，因而会影响槽深的尺寸精度。夹具的技术要求的第一条规定为平行度公差不大于 100∶0.03，那么在工件大头约 50mm 范围内的公差值将是不大于 0.015mm。

3）加工方法有关误差。对刀块的制造和对刀调整误差，铣刀的跳动、机床工作台的倾斜等因素所引起的加工方法误差，可根据生产经验并参照经济加工精度进行确定，本例中取为 0.015mm。

以上三项可能造成的最大误差为 0.265mm，这远小于工件加工尺寸要求保证的公差 0.4mm。

（2）对角度 45° ±30 的误差计算

1）定位误差。由于工作定位孔与夹具定位销之间的配合间隙会造成基准位移误差，有可能导致工件两定位孔中心连线对规定位置的倾斜，其最大转角误差 $\Delta\alpha$ 为：

$$\Delta\alpha = \arctan \frac{X_{2max} + X_{1max}}{2L}$$

$$= \arctan \frac{\delta_{D1} + \delta_{d1} + X_{1min} + \delta_{D2} + \delta_{d2} + X_{2min}}{2L}$$

$$= \arctan \frac{0.1 + 0.016 + 0.009 + 0.1 + 0.018 + 0.016}{2 \times 57}$$

$$= \arctan 0.00227$$

$$= 7.8′$$

此倾斜对角度尺寸 45°的最大影响量为 ±7.8′。

2）夹具上两菱形销分别和大圆柱销中心连线的角向位置公差为 ±5′，这会直接影响工件的角度尺寸45°。

3）机床纵向进给方向对工作台T形槽方向的平行度误差，可参照机床精度标准中的规定以及机床磨损情况来确定。此值通常不大于100:0.03，经换算后，相当于角度误差为±1′。这个误差也会直接影响工件的角度尺寸45°。

综合以上三项误差，其最大角度误差为±13.8′，此值也远小于工序要求的角度公差±30′。

结论：从以上分析和计算看，这个夹具能满足连杆铣槽的工序要求，其精度储备也大，可以应用。

【任务拓展】

试编制图4-34所示三孔连杆零件的机械加工工艺规程并设计铣上、下端面的铣床夹具。

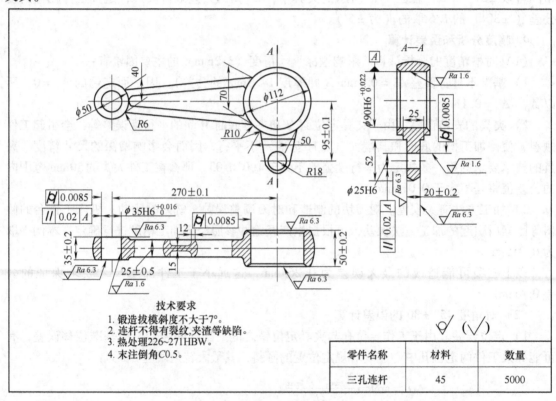

图4-34　三孔连杆零件

任务四　箱体类零件工艺与镗床专用夹具

【学习目标】

1）会制订箱体类零件的工艺规程。

2）能设计镗床专用夹具。

【知识体系】

一、箱体类零件的分析

（一）箱体零件的功用和结构特点

箱体是各类机器的基础零件，用于将机器和部件中的轴、套、轴承和齿轮等有关零件连成一个整体，使之保持正确的相对位置，并按照一定的传动关系协调地运转和工作。因此箱体的加工质量，直接影响着机器的性能、精度和使用寿命。如汽车上的变速器壳体、发动机缸体，机床上的主轴箱、进给箱等都属于箱体类零件。图 4-35 所示为几种箱体类零件的结构简图。

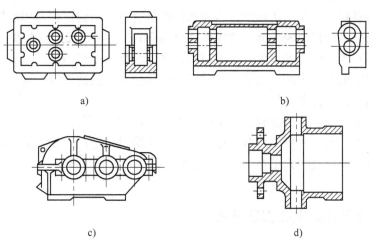

图 4-35　几种常见的箱体零件简图

a）组合机床主轴箱　b）车床进给箱　c）分离式减速箱　d）泵壳

箱体零件的尺寸大小和结构形式随其用途不同有很大差别，但在结构上仍有共同的特点：结构复杂，箱壁薄且壁厚不均匀，内部呈腔形。在箱壁上既有精度要求较高的轴承孔和装配用的基准平面，也有精度要求较低的紧固孔和次要平面。因此箱体零件的加工部位多，加工精度高，加工难度大。

（二）箱体零件的主要技术要求

1. 轴承孔的尺寸与形状精度

普通机床的主轴箱，主轴孔的尺寸公差等级为 IT6 级，表面粗糙度值为 $Ra0.8\mu m$，表面粗糙度值为 $Ra1.6 \sim 0.8\mu m$；其余孔公差等级一般为 IT7 级，表面粗糙度值为 $Ra3.2 \sim 1.6\mu m$；孔的形状精度（如圆度、圆柱度）除作特殊规定外，一般不超过孔径的尺寸公差。

2. 轴承孔的位置精度

1）各轴承孔的中心距和轴线间的平行度。箱体上有齿轮啮合关系的相邻轴承孔之间，有一定的孔距尺寸精度与轴线平行度要求，以保证齿轮副的啮合精度，减小工作中的噪声与振动，并可减小齿轮的磨损。

一般机床箱体轴承孔中心距偏差为 $\pm(0.06 \sim 0.025)mm$，轴线的平行度公差在 300mm

长度内为 0.03mm。

2）同轴线轴承孔的同轴度。安装同一轴的前、后轴承孔之间有同轴度要求，以保证轴的顺利装配和正常回转。

机床主轴轴承孔的同轴度误差一般小于 $\phi0.008$mm；其他轴承孔的同轴度误差应不超过最小孔的孔径公差的 1/2。

3）轴承孔轴线对装配基准面的平行度和对端机的垂直度。机床主轴轴线对装配基准面的平行度误差会影响机床的工作精度，对端面的垂直度误差会引起机床主轴端面圆跳动。

一般机床主轴轴线对装配基准面的平行度公差在 650mm 长度内为 0.03mm，对端面的垂直度公差为 0.02~0.015mm。

（三）箱体零件的材料及毛坯确定

箱体零件的材料一般采用灰铸铁，因为灰铸铁具有良好的铸造性和切削加工性，而且吸振性和耐磨性较好，价格也较低廉，常用的牌号为 HT150~HT350。某些负荷较大的箱体可采用铸钢件；而对于单件小批量生产中的简单箱体，为缩短生产周期，也可采用钢板焊接结构；在某些特定情况下，为减轻重量，也可采用铝镁合金或其他合金，如飞机发动机箱体及摩托车发动机箱体、变速器箱体等。

毛坯种类的选择与生产批量有关。单件小批量生产时，一般采用手工木模造型，毛坯精度低，加工余量大。大批大量生产时，通常采用金属模机器造型，毛坯的精度高，加工余量较小。单件小批生产时直径大于 50mm、成批生产时直径大于 30mm 的孔，一般都在毛坯上铸出。

二、箱体类零件的主要工艺分析

（一）箱体零件的定位基准

1. 粗基准的选择

虽然箱体零件一般都选择重要孔为粗基准，但随着生产类型不同，实现以主轴孔为粗基准的工件装夹方式也是不同的。

1）小批量生产时，由于毛坯的精度较低，一般采用划线装夹方法。

2）大批量生产时，由于毛坯精度较高，可直接以主轴孔在夹具上定位，采用专用夹具装夹。

2. 精基准的选择

箱体加工精基准的选择因生产批量的不同而有所区别。单件小批生产用装配基准作定位精基准。如图 4-36 所示，车床主轴箱单件小批加工孔系时，选择箱体底面导轨 B、C 面作为定位基准。B、C 面既是主轴孔的设计基准，也与箱体的主要纵向孔系、端面、侧面有直接的相互位置关系，故选择导轨 B、C 面做定位基准，不仅消除了基准不重合误差，而且在加工各孔时，箱口朝上，便于安装调整刀具、更换导向套、测量孔径尺寸、观察加工情况和加注切削液等。

大批量生产时采用一面两孔作定位基准。大批量生产的主轴箱常以顶面和两定位销孔为精基准，如图 4-37 所示。这种定位方式箱口朝下，中间导向支架可固定在夹具上。由于简化了夹具结构，提高了夹具的刚度，同时工件装卸也较方便，因而提高了孔系的加工质量和生产率。

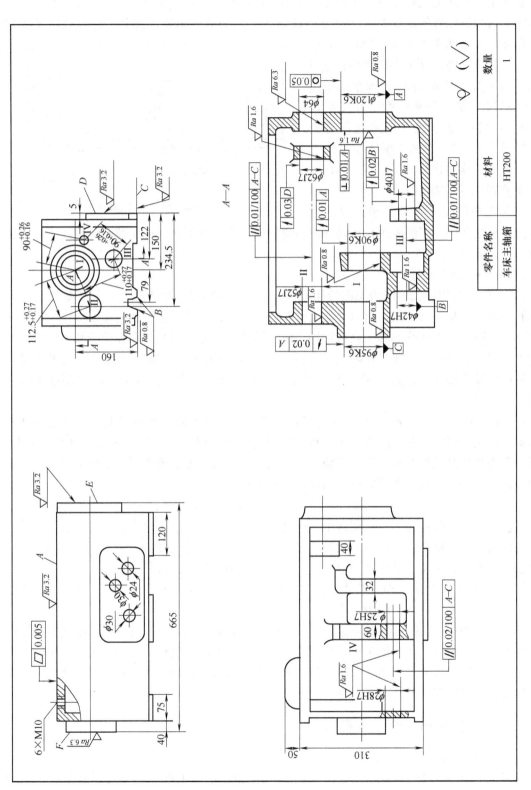

图 4-36 车床主轴箱零件图

这种定位方式也同样存在一定问题。由于定位基准与设计基准不重合，产生了基准不重合误差。为保证箱体的加工精度，必须提高作为定位基准的箱体顶面和两定位孔的加工精度。因此，大批大量生产的主轴箱工艺过程中，安排了磨 A 面工序，严格控制 A 面的平面度和 A 面至底面、A 面至主轴孔轴心线的尺寸精度与平行度，并将两定位销孔通过钻、扩、铰等工序使其直径公差带提高到 H7，增加了箱体加工的工作量。此外，这种定位方式，箱口朝下，不便于在加工中直接观察加工情况，也无法在加工中测量尺寸和调整刀具。但

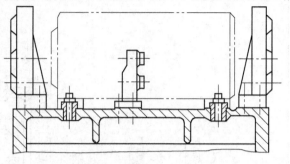

图 4-37　顶面和两销定位的镗床夹具

在大批大量生产中，广泛采用自动循环的组合机床、定尺寸刀具，加工情况比较稳定，问题也就不十分突出了。

（二）加工顺序安排

1）箱体零件的加工顺序为先面后孔，因为箱体孔的精度一般都较高，加工难度大，若先以孔为粗基准加工好平面，再以平面为精基准加工孔，这样既能为孔的加工提供稳定可靠的精基准，同时可以使孔的加工余量均匀。由于箱体上的孔一般是分布在外壁和中间隔壁的平面上，先加工平面，可通过切除毛坯表面的凸凹不平和夹砂等缺陷，减少不必要的工时消耗；还可以减少钻孔时刀具引偏及崩刃，有利于保护刀具，为提高孔加工精度创造了有利条件。

2）加工阶段粗、精分开。因为箱体的结构复杂，壁厚不均，刚性较差，而加工精度要求又高。将粗、精加工分开进行，可在精加工中削除由粗加工所产生的内应力以及切削力、夹紧力和切削热造成的变形，有利于保证加工质量。同时，还能根据粗、精加工的不同要求合理地选用设备，有利于提高效率和确保精加工的精度。

单件小批生产的箱体加工，如果从工序上也安排粗、精分开，则机床、夹具数量要增加，工件转运也费时费力，所以实际生产中将粗、精加工在一道工序内完成。但粗加工后要将工件由夹紧状态松开，然后再用较小的夹紧力夹紧工件，使工件因夹紧力而产生的弹性变形在精加工前得以恢复。虽然是一道工序，但粗、精加工是分开进行的。

3）工序间安排时效处理。箱体零件结构复杂，铸造内应力大。为了消除内应力，减少变形，铸造之后要安排人工时效处理。

普通精度的箱体，一般在铸造之后安排一次人工时效处理即可。对一些高精度的箱体或形状特别复杂的箱体，在粗加工之后还要再安排一次人工时效处理，以消除粗加工所造成的残留应力。有些精度要求不高的箱体毛坯，可以不安排时效处理，而是利用粗、精加工工序间的停放和运输时间，使之进行自然时效。

三、车床主轴箱工艺过程实例

（一）车床主轴箱零件分析

车床主轴箱零件如图 4-36 所示。主轴箱结构复杂，所以毛坯采用铸件，壁薄而且不均匀。箱体的主要构成表面是平面和孔系。主轴孔的尺寸公差等级为 IT6 级，表面粗糙度值为

$Ra0.8\mu m$，其余孔的公差等级一般为 IT7 级，表面粗糙度值为 $Ra1.6\mu m$；主轴箱零件中 Ⅱ、Ⅲ 轴孔的轴线对主轴孔 Ⅰ 的轴线平行度公差为 $0.01/100mm$，Ⅳ 轴孔的轴线对主轴孔 Ⅰ 的轴线平行度公差为 $0.02/100mm$。主轴孔 $\phi95K6$ 和 $\phi90K6$ 相对于基准 A（$\phi120K6$ 的轴线）的径向圆跳动不得大于 $0.02mm$。主轴孔箱壁内面对 $\phi120K6$ 轴线的垂直度公差为 $0.01mm$。为了保证箱盖的密封性，防止工作时润滑油泄漏。A 面的平面度公差为 $0.05mm$。

重要孔和主要平面的表面粗糙度值会影响连接面的配合性质或接触刚度，一般主轴孔的表面粗糙度值为 $Ra0.4 \sim 0.8\mu m$，其他各纵向孔的表面粗糙度值为 $Ra1.6\mu m$，孔的内端面的表面粗糙度值为 $Ra3.2\mu m$，装配基面和定位基面的表面粗糙度值为 $Ra0.63 \sim 2.5\mu m$，其他平面的表面粗糙度值为 $Ra2.5 \sim 10\mu m$。

（二）车床主轴箱主要加工工艺

1. 车床主轴箱的定位基准

（1）定位粗基准　该箱体零件选择重要孔 Ⅰ、孔 Ⅱ 为粗基准，由于是单件生产，毛坯的精度较低，故采用划线找正装夹方法。

（2）定位精基准　选用装配基准作定位精基准。箱体底面导轨。B、C 面既是主轴孔的设计基准，也与箱体的主要纵向孔系、端面、侧面有直接的相互位置关系，故选择导轨 B、C 面做定位精基准。

2. 车床主轴箱的加工工艺

小批量生产主轴箱加工工艺过程见表 4-6，因为单件生产，故工艺过程比较简单。

四、镗床专用夹具设计

镗床夹具又称为镗模，它与钻床夹具相似，除具有一般元件外，也采用了引导刀具的镗套。镗套按照工件被加工孔系的坐标布置在一个或几个导向支架（镗模架）上。镗模主要用于保证箱体、支座等工件各孔间、孔与其他基准面之间的相互位置精度。

（一）镗床夹具结构类型及特点

镗床按所用机床的不同，有立式镗模和卧式镗模之分，二者分别用于立式镗床和卧式镗床上；而按镗套及镗模支架的布置形式不同，又有单面导向镗模和双面导向镗模之分。

图 4-38a 所示为一单向导向镗模的示意图，其镗套结构简单，操作方便，适用于加工孔径较大而其长度较短及加工精度要求较低的孔系。

图 4-38b 所示为一双面导向镗模的示意图，其镗套和镗模支架布置在工件的两侧，镗杆与机床主轴采用柔性连接。镗模结构较为复杂，操作有时不太方便。孔系加工精度主要取决于镗模精度。由于这种镗模可以实现"以粗干精"的目的，即用精度较低的机床，借助于精化工艺装备，而加工出精度较高的工件来，因此，在生产中得到广泛应用。

（二）典型镗床夹具结构分析

图 4-39 所示为镗削车床尾座孔镗模。由于加工孔长度比较长，即孔长与孔径比 $L/D > 1.5$，采用前、后单支承引导，即两个镗套分别设置在工件的前方和后方，镗刀杆 9 和主轴之间通过浮动接头 10 连接。工件以底面、槽及侧面在定位板 3、4 及可调支承钉 7 上定位，限制六个自由度。采用联动夹紧机构，拧紧夹紧螺钉 6，压板 5、8 同时将工件夹紧。镗模支架 1 上装有滚动回转镗套 2，用以支承和引导镗刀杆。镗模以底面 A 装在机床工作台上，其位置用 B 面找正。

表 4-6　某主轴箱小批生产工艺过程

企业名称		机械加工工艺过程卡		产品型号		零（部）件型号			共 1 页	工艺表 1
				产品名称		零（部）件名称	支架		第 1 页	
材料牌号	HT200	毛坯种类	铸件	毛坯外形尺寸		每毛坯件数	1	每台件数	1	备注
工序号	工序名称		工序内容		车间	工段	设备		工艺装备	
10	铸造		铸造毛坯		铸造					
20	热处理		毛坯时效处理		热处理					
30	油漆		涂底漆							
40	划线		考虑主轴孔有加工余量，并尽量均匀，划 C、A 及 E、D 面加工线		金工					
50	铣		粗、精加工顶面 A		金工		X6132			
60	铣		粗、精加工 B、C 面及侧面 D		金工		X6132			
70	铣		粗、精加工两端面 E、F		金工		X6132			
80	镗		粗、半精加工各纵向孔		金工		T6180			
90	镗		精加工各纵向孔		金工		T6180			
100	镗		粗、精加工横向孔		金工		T6180			
110	钻		加工螺纹孔各次要孔		金工		Z525			
120	钳		清洗、去毛刺							
130	检		按零件要求检验							
						编制（日期）	审核（日期）	标准化（日期）	会签（日期）	
标记	处数	更改文件号	签字	日期					批准（日期）	

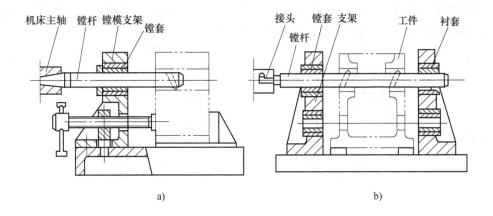

图 4-38　镗模的两种结构形式

a) 单向导向镗模　b) 双面导向镗模

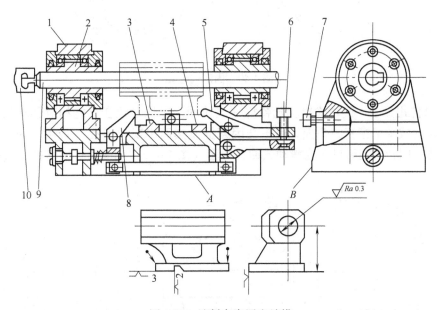

图 4-39　镗削车床尾座镗模

1—镗模支架　2—滚动回转镗套　3、4—定位板　5、8—压板　6—夹紧螺钉
7—可调支承钉　9—镗刀杆　10—浮动接头

（三）镗床专用夹具的设计要点

1. 镗套的结构

镗套的结构和精度直接影响加工孔的尺寸精度、几何形状和表面粗糙度。设计镗套时，可按加工要求和情况选用标准镗套，有特殊情况时可自行设计。一般镗孔用的镗套主要有固定式和回转式两类，都已经标准化。

（1）固定式镗套　图 4-40 所示为固定式镗套，它与钻套相似，加工时镗套不随镗杆转动。A 型固定式镗套不带油杯和油槽，靠镗杆上开的油槽润滑。B 型固定式镗套则带油杯和油槽，使镗杆和镗套之间能充分润滑，从而减少镗套的磨损。固定式镗套的优点是外形尺寸小，结构简单，精度高。但镗杆在镗套内一面回转，一面作轴向移动，使镗套容易磨损，因此只适用于低速镗孔。一般摩擦面线速度 $v < 0.3\text{m/s}$。

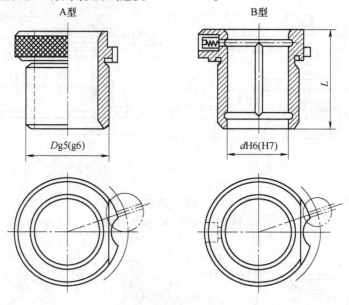

图 4-40　固定式镗套

（2）回转式镗套　回转式镗套随镗杆一起转动，镗杆与镗套只能相对移动而无相对转动，从而大大减少了镗套的磨损，也不会因摩擦发热而出现"卡死"现象。因此，它适用于高速镗孔。回转式镗套可分为滑动式回转镗套（图 4-41a）和滚动式回转镗套（图 4-41b、c）两种。

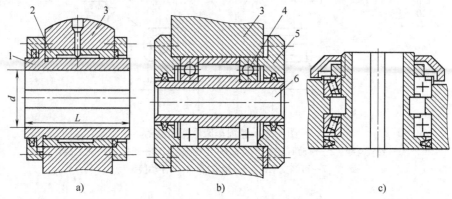

图 4-41　回转式镗套
1、6—镗套　2—滑动轴承　3—镗模支架　4—滚动轴承　5—轴承端盖

2. 镗套的设计

镗套的长度 L 直接影响导向性能，根据镗套的类型和布置方式，一般取：

固定式镗套　　　　　$L = (1.5 \sim 2)d$

滑动式回转镗套　　　$L = (1.5 \sim 3)d$

滚动式回转镗套　　　$L = 0.75d$

镗套与镗杆及衬套等的配合，根据加工精度要求，按表 4-7 所列选取。

表 4-7　镗套与镗杆、衬套等的配合

配合表面	镗杆与镗套	镗套与衬套	衬套与支架
配合性质	$\dfrac{H7}{g6}$、$\left(\dfrac{H7}{h6}\right)$、$\dfrac{H6}{g5}$、$\left(\dfrac{H6}{h5}\right)$	$\dfrac{H7}{g6}$、$\left(\dfrac{H7}{js6}\right)$、$\dfrac{H6}{h5}$、$\left(\dfrac{H6}{j5}\right)$	$\dfrac{H7}{h6}$、$\dfrac{H6}{h5}$

注：括号内为非优先选用配合。

镗套可选用铸铁、青铜、粉末冶金材料制成，硬度一般应低于镗杆的硬度。在生产批量不大时多用铸铁，负荷大时采用 20 钢渗碳，经热处理淬硬至 55～60HRC。青铜比较贵，因此多用于生产批量较大的场合。

3. 镗杆的结构及其参数设计

镗杆是连接刀具与机床的辅助工具，不属于夹具范畴。但镗杆的一些设计参数与镗模的设计关系密切，而且不少生产单位把镗杆的设计归于夹具的设计中。镗杆的导引部分是镗杆与镗套的配合，按与之配合的镗套不同，镗杆的导引部分可分为下列两种形式：

（1）固定式镗套的镗杆导引部分结构　图 4-42a 所示为开油槽的镗杆，镗杆的刚度和强度较好，但镗杆与镗套的接触面积大，磨损大。图 4-42b、c 所示为有较深直槽和螺旋槽的镗杆，这种结构可大大减少镗杆与镗套的接触面积，沟槽有一定的存屑能力，可以减少出现"卡死"现象，但其刚度较低。当镗杆导向部分的直径大于 50mm 时，常常采用图 4-42d 所示的镶条式结构。镶条应采用摩擦因数小和耐磨的材料，如铜或钢。镶条磨损后，可在底部添加垫片，重新修磨使用。这种结构的摩擦面积小，容屑量大，不容易出现"卡死"现象。

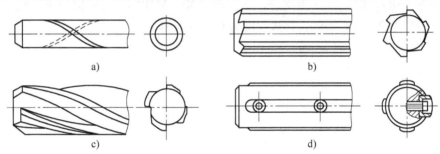

a)　　　　　b)

c)　　　　　d)

图 4-42　用于固定式镗套的镗杆导向部分结构

（2）回转式镗套的镗杆导引部分结构　如图 4-43a 所示，镗套上开有键槽，镗杆上装键。镗杆上的键都是弹性键，当镗杆伸入镗套时，弹簧被压缩，在镗杆旋转过程中，弹性键便自动弹出落入镗套的键槽中并带动镗套一起回转。如图 4-43b 所示，镗套上装键，镗杆上开键槽，镗杆端部做成螺旋导引结构，其螺旋角小于 45°。镗套为带尖头键的滚动镗套。当镗杆伸入镗套时，其两侧螺旋面中任一面与尖头键的任一侧相接触，因而拨动尖头键带动镗套回转，可使尖头键自动进入镗杆的键槽内。

（3）镗杆的直径和长度　镗杆的直径和长度对镗杆的刚性影响较大，所以镗杆的设计主要是确定恰当的直径和长度。直径受到加工孔径的限制，但在可能的情况下应尽量取大些，使镗杆在一定的长度下有足够的刚度，以保证镗孔的精度，镗杆的直径一般取 $d = (0.6$

~0.8)D。在设计镗杆时，镗孔直径 D、镗杆直径 d、镗刀的截面积 $B \times B$ 之间尺寸的关系可从表4-8中选取。

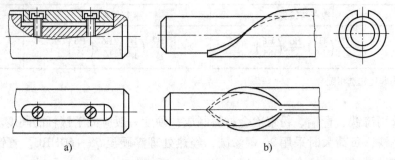

图 4-43 用于回转式镗套的镗杆导引部分结构

表 4-8 镗孔直径 D、镗杆直径 d、镗刀的截面积 $B \times B$ 之间尺寸的关系

（单位：mm）

D	30 ~ 40	40 ~ 50	50 ~ 70	70 ~ 90	90 ~ 100
d	20 ~ 30	30 ~ 40	40 ~ 50	50 ~ 65	65 ~ 90
$B \times B$	8 × 8	10 × 10	12 × 12	16 × 16	16 × 60 20 × 20

根据镗杆的工作情况，一般要求其表面硬度较镗套高，而内部则要有较好的韧性。因此，镗杆一般采用45钢、40Cr钢制造，淬火硬度40 ~ 45HRC；也可以用20钢或20Cr钢渗碳淬火，渗碳层厚0.8 ~ 1.2mm，淬火硬度为61 ~ 63HRC。

附　　录

附录A　金属切削机床类、组、系划分及主参数
（摘自 GB/T 15375—2008）

类	组	系	机床名称	主参数的折算系数	主参数	第二主参数
	1	1	单轴纵切自动车床	1	最大棒料直径	
	1	2	单轴横切自动车床	1	最大棒料直径	
	1	3	单轴转塔自动车床	1	最大棒料直径	
	2	1	多轴棒料自动车床	1	最大棒料直径	轴数
	2	2	多轴卡盘自动车床	1/10	卡盘直径	轴数
	2	6	立式多轴半自动车床	1/10	最大车削直径	轴数
	3	0	回轮车床	1	最大棒料直径	
	3	1	滑鞍转塔车床	1/10	最大车削直径	
	3	3	滑枕转塔车床	1/10	最大车削直径	
	4	1	万能曲轴车床	1/10	最大工件回转直径	最大工件长度
	4	6	万能凸轮轴车床	1/10	最大工件回转直径	最大工件长度
车床	5	1	单柱立式车床	1/100	最大车削直径	最大工件长度
	5	2	双柱立式车床	1/100	最大车削直径	最大工件长度
	6	0	落地车床	1/100	最大工件回转直径	最大工件长度
	6	1	卧式车床	1/10	床身上最大回转直径	最大工件长度
	6	2	马鞍车床	1/10	床身上最大回转直径	最大工件长度
	6	4	卡盘车床	1/10	床身上最大回转直径	最大工件长度
	6	5	球面车床	1/10	刀架上最大回转直径	最大工件长度
	7	1	仿形车床	1/10	刀架上最大车削直径	最大车削长度
	7	5	多刀车床	1/10	刀架上最大车削直径	最大车削长度
	7	6	卡盘多刀车床	1/10	刀架上最大车削直径	
	8	4	轧辊车床	1/10	最大工件直径	最大工件长度
	8	9	铲齿车床	1/10	最大工件直径	最大模数
	9	1	多用车床	1/10	床身上最大回转直径	最大工件长度
	1	3	立式坐标镗钻床	1/10	工作台面宽度	工作台面长度
	2	1	深孔钻床	1/10	最大钻孔直径	最大钻孔深度
钻床	3	0	摇臂钻床	1	最大钻孔直径	最大跨距
	3	1	万向摇臂钻床	1	最大钻孔直径	最大跨距

（续）

类	组	系	机床名称	主参数的折算系数	主参数	第二主参数
钻床	4	0	台式钻床	1	最大钻孔直径	
	5	0	圆柱立式钻床	1	最大钻孔直径	
	5	1	方柱立式钻床	1	最大钻孔直径	
	5	2	可调多轴立式钻床	1	最大钻孔直径	轴数
	8	1	中心孔钻床	1/10	最大工件直径	最大工件长度
	8	2	平端面中心孔钻床	1/10	最大工件直径	最大工件长度
镗床	4	1	单柱坐标镗床	1/10	工作台面宽度	工作台面长度
	4	2	双柱坐标镗床	1/10	工作台面宽度	工作台面长度
	4	5	卧式坐标镗床	1/10	工作台面宽度	工作台面长度
	6	1	卧式铣镗床	1/10	镗轴直径	
	6	2	落地镗床	1/10	镗轴直径	
	6	9	落地铣镗床	1/10	镗轴直径	铣轴直径
	7	0	单面卧式精镗床	1/10	工作台面宽度	工作台面长度
	7	1	双面卧式精镗床	1/10	工作台面宽度	工作台面长度
	7	2	立式精镗床	1/10	最大镗孔直径	
磨床（1M）	0	4	抛光机			
	0	6	刀具磨床			
	1	0	无心外圆磨床	1	最大磨削直径	
	1	3	外圆磨床	1/10	最大磨削直径	最大磨削长度
	1	4	万能外圆磨床	1/10	最大磨削直径	最大磨削长度
	1	5	宽砂轮外圆磨床	1/10	最大磨削直径	最大磨削长度
	1	6	端面外圆磨床	1/10	最大回转直径	最大工件长度
	2	1	内圆磨床	1/10	最大磨削孔径	最大磨削深度
	2	5	立式行星内圆磨床	1/10	最大磨削孔径	最大磨削深度
	2	9	坐标磨床	1/10	工作台面宽度	工作台面长度
	3	0	落地砂轮机	1/10	最大砂轮直径	
	5	0	落地导轨磨床	1/100	最大磨削宽度	最大磨削长度
	5	2	龙门导轨磨床	1/100	最大磨削宽度	最大磨削长度
	6	0	万能工具磨床	1/10	最大回转直径	最大工件长度
	6	3	钻头刃磨床	1	最大刃磨钻头直径	
	7	1	卧轴矩台平面磨床		工作台面宽度	工作台面长度
	7	3	卧轴圆台平面磨床	1/10	工作台面直径	
	7	4	立轴圆台平面磨床	1/10	工作台面直径	
	8	2	曲轴磨床	1/10	最大回转直径	最大工件长度
	8	3	凸轮轴磨床	1/10	最大回转直径	最大工件长度
	8	6	花键轴磨床	1/10	最大磨削直径	最大磨削长度
	9	0	工具曲线磨床	1/10	最大磨削长度	

（续）

类	组	系	机 床 名 称	主参数的折算系数	主参数	第二主参数
齿轮加工机床	2	0	弧齿锥齿轮磨齿机	1/10	最大工件直径	最大模数
	2	2	弧齿锥齿轮铣齿机	1/10	最大工件直径	最大模数
	2	3	直齿锥齿轮刨齿机	1/10	最大工件直径	最大模数
	3	1	滚齿机	1/10	最大工件直径	最大模数
	3	6	卧式滚齿机	1/10	最大工件直径	最大模数或最大工件长度
	4	2	剃齿机	1/10	最大工件直径	最大模数
	4	6	珩齿机	1/10	最大工件直径	最大模数
	5	1	插齿机	1/10	最大工件直径	最大模数
	6	0	花键轴铣床	1/10	最大工件直径	最大铣削长度
	7	0	碟形砂轮磨齿机	1/10	最大工件直径	最大模数
	7	1	锥形砂轮磨齿机	1/10	最大工件直径	最大模数
	7	2	蜗杆砂轮磨齿机	1/10	最大工件直径	最大模数
	8	0	车齿机	1/10	最大工件直径	最大模数
	9	3	齿轮倒角机	1/10	最大工件直径	最大模数
	9	9	齿轮噪声检查机	1/10	最大工件直径	
螺纹加工机床	3	0	套螺纹机	1	最大套螺纹直径	
	4	8	卧式攻螺纹机	1/10	最大攻螺纹直径	轴数
	6	0	丝杠铣床	1/10	最大铣削直径	最大铣削长度
	6	2	短螺纹铣床	1/10	最大铣削直径	最大铣削长度
	7	4	丝杠磨床	1/10	最大工件直径	最大工件长度
	7	5	万能螺纹磨床	1/10	最大工件直径	最大工件长度
	8	6	丝杠车床	1/10	最大工件直径	最大工件长度
	8	9	短螺纹车床	1/10	最大车削直径	最大车削长度
铣床	2	0	龙门铣床	1/100	工作台面宽度	工作台面长度
	3	0	圆台铣床	1/10	工作台面直径	
	4	3	平面仿形铣床	1/10	最大铣削宽度	最大铣削长度
	4	4	立体仿形铣床	1/10	最大铣削宽度	最大铣削长度
	5	0	立式升降台铣床	1/10	工作台面宽度	工作台面长度
	6	0	卧式升降台铣床	1/10	工作台面宽度	工作台面长度
	6	1	万能升降台铣床	1/10	工作台面宽度	工作台面长度
	7	1	床身铣床	1/100	工作台面宽度	工作台面长度
	8	1	万能工具铣床	1/10	工作台面宽度	工作台面长度
	9	2	键槽铣床	1	最大键槽宽度	
刨插床	1	0	悬臂刨床	1/100	最大刨削宽度	最大刨削长度
	2	0	龙门刨床	1/100	最大刨削宽度	最大刨削长度

（续）

类	组	系	机床名称	主参数的折算系数	主参数	第二主参数
刨插床	2	2	龙门铣磨刨床	1/100	最大刨削宽度	最大刨削长度
	5	0	插床	1/10	最大插削长度	
	6	0	牛头刨床	1/10	最大刨削长度	
	8	8	模具刨床	1/10	最大刨削长度	最大刨削宽度
拉床	3	1	卧式外拉床	1/10	额定拉力	最大行程
	4	3	连续拉床	1/10	额定拉力	
	5	1	立式内拉床	1/10	额定拉力	最大行程
	6	1	卧式内拉床	1/10	额定拉力	最大行程
	7	1	立式外拉床	1/10	额定拉力	最大行程
	9	1	汽缸体平面拉床	1/10	额定拉力	最大行程
锯床	5	1	立式带锯床	1/10	最大工件高度	
	6	0	卧式圆锯床	1/100	最大圆锯片直径	
	7	1	卧式弓锯床	1/10	最大锯片直径	
其他机床	1	6	管接头车螺纹机	1/10	最大加工直径	
	2	1	木螺钉螺纹加工机	1	最大工件直径	最大工件长度
	4	0	圆刻线机	1/100	最大加工直径	
	4	1	长刻线机	1/100	最大加工长度	

附录 B 常用通用机床的主轴转速和进给量

类别	型号	技术参数			
		主轴转速/（r/min）		进给量/（mm/r）	
车床	CA6140	正转	10、12.5、16、20、25、32、40、50、63、80、100、125、160、200、250、320、400、450、500、560、710、900、1120、1400	纵向（部分）	0.028、0.032、0.036、0.039、0.043、0.046、0.050、0.054、0.08、0.10、0.12、0.14、0.16、0.18、0.20、0.24、0.28、0.30、0.33、0.36、0.41、0.46、0.48、0.51、0.56、0.61、0.66、0.71、0.81、0.91、0.96、1.02、1.09、1.15、1.22、1.29、1.47、1.59、1.71、1.87、2.05…
		反转	14、22、36、56、90、141、226、362、565、633、1018、1580	横向（部分）	0.014、0.016、0.018、0.019、0.021、0.023、0.025、0.027、0.04、0.05、0.06、0.08、0.09、0.1、0.12、0.14、0.15、0.17、0.20、0.23、0.25、0.28、0.30、0.33、0.35、0.4、0.43、0.45、0.5、0.56、0.61、0.73、0.86…
	CM6125	正转	25、63、125、160、320、400、500、630、800、1000、1250、2000、2500、3150	纵向	0.02、0.04、0.08、0.1、0.2、0.4
				横向	0.01、0.02、0.04、0.05、0.1、0.2

（续）

类别	型号	技术参数	
		主轴转速/（r/min）	进给量/（mm/r）
钻床	Z3050 （摇臂）	25、40、50、63、80、100、125、160、200、250、315、400、500、800、1250、200	0.04、0.06、0.10、0.13、0.16、0.20、0.25、0.32、0.40、0.50、0.63、0.80、1.00、1.25、2.00、3.2
	Z525 （立钻）	97、140、195、272、392、545、680、960、1360	0.10、0.13、0.17、0.22、0.28、0.36、0.48、0.62、0.81
	Z535 （立钻）	68、100、140、195、275、400、530、750、1100	0.11、0.15、0.20、0.25、0.32、0.43、0.57、0.72、0.96、1.22、1.6
	Z512 （台钻）	460、620、850、1220、1610、2280、3150、4250	手动
铣床	X6132 （卧式）	30、37.5、47.5、60、75、95、118、150、190、235、300、375、475、600、760、950、1180、1500	纵向及横向进给量/（mm/min） 23.5、30、37.5、47.5、60、75、95、118、150、190、235、300、375、475、600、750、950、1180

附录 C　标准公差等级与孔、轴的基本偏差
（摘自 GB/T 1800—2009）

附表 C-1　标准公差等级（摘自 GB/T 1800.1—2009）

公称尺寸		μm												mm						
大于	至	IT01	IT0	IT1	IT2	IT3	IT4	IT5	IT6	IT7	IT8	IT9	IT10	IT11	IT12	IT13	IT14	IT15	IT16	IT17	IT18
—	3	0.3	0.5	0.8	1.2	2	3	4	6	10	14	25	40	60	0.10	0.14	0.25	0.40	0.60	1.0	1.4
3	6	0.4	0.6	1	1.5	2.5	4	5	8	12	18	30	48	75	0.12	0.18	0.30	0.48	0.75	1.2	1.8
6	10	0.4	0.6	1	1.5	2.5	4	6	9	15	22	36	58	90	0.15	0.22	0.36	0.58	0.90	1.5	2.2
10	18	0.5	0.8	1.2	2	3	5	8	11	18	27	43	70	110	0.18	0.27	0.43	0.70	1.10	1.8	2.7
18	30	0.6	1	1.5	2.5	4	6	9	13	21	33	52	84	130	0.21	0.33	0.52	0.84	1.30	2.1	3.3
30	50	0.6	1	1.5	2.5	4	7	11	16	25	39	62	100	160	0.25	0.39	0.62	1.00	1.60	2.5	3.9
50	80	0.8	1.2	2	3	5	8	13	19	30	46	74	120	190	0.30	0.46	0.74	1.20	1.90	3.0	4.6
80	120	1	1.5	2.5	4	6	10	15	22	35	54	87	140	220	0.35	0.54	0.87	1.40	2.20	3.5	5.4
120	180	1.2	2	3.5	5	8	12	18	25	40	63	100	160	250	0.40	0.63	1.00	1.60	2.50	4.0	6.3
180	250	2	3	4.5	7	10	14	20	29	46	72	115	185	290	0.46	0.72	1.15	1.85	2.90	4.6	7.2
250	315	2.5	4	6	8	12	16	23	32	52	81	130	210	320	0.52	0.81	1.30	2.10	3.20	5.2	8.1
315	400	3	5	7	9	13	18	25	36	57	89	140	230	360	0.57	0.89	1.40	2.30	3.60	5.7	8.9
400	500	4	6	8	10	15	20	27	40	63	97	155	250	400	0.63	0.97	1.55	2.50	4.00	6.3	9.7
500	630	4.5	6	9	11	16	22	30	44	70	110	175	280	440	0.70	1.10	1.75	2.80	4.40	7.0	11.0
630	800	5	7	10	13	18	25	35	50	80	125	200	320	500	0.80	1.25	2.00	3.20	5.00	8.0	12.5
800	1000	5.5	8	11	15	21	29	40	56	90	140	230	360	560	0.90	1.40	2.30	3.60	5.60	9.0	14.0
1000	1250	6.5	9	13	18	24	34	46	66	105	165	260	420	660	1.05	1.65	2.60	4.20	6.60	10.5	16.5
1250	1600	8	11	15	21	29	40	54	78	125	195	310	500	780	1.25	1.95	3.10	5.60	7.80	12.5	19.5
1600	2000	9	13	18	25	35	48	65	92	150	230	370	600	920	1.50	2.30	3.70	6.00	9.20	15.0	23.0
2000	2500	11	15	22	30	41	57	77	110	175	280	440	700	1100	1.75	2.80	4.40	7.00	11.00	17.5	28.0
2500	3150	13	18	26	36	50	69	93	135	210	330	540	860	1350	2.10	3.30	5.40	8.60	13.50	21.0	33.0

附表 C-2　孔的基本偏差

公称尺寸/mm	A	B	C	CD	D	E	EF	F	FG	G	H	Js	J IT6	J IT7	J IT8	K ≤IT8	K >IT8	M ≤IT8	M >IT8
	下极限偏差 EI												上极限偏						
	所有标准公差等级																		
≤3	+270	+140	+60	+34	+20	+14	+10	+6	+4	+2	0		+2	+4	+6	0	0	−2	−2
>3~6	+270	+140	+70	+46	+30	+20	+14	+10	+6	+4	0		+5	+6	+10	−1+Δ	—	−4+Δ	−4
>6~10	+280	+150	+80	+56	+40	+25	+18	+13	+8	+5	0		+5	+8	+12	−1+Δ	—	−6+Δ	−6
>10~14 / >14~18	+290	+150	+95	—	+50	+32	—	+16	—	+6	0	偏差等于 ±ITn/2，式中 ITn 是 IT 值数	+6	+10	+15	−1+Δ	—	−7+Δ	−7
>18~24 / >24~30	+300	+160	+110	—	+65	+40	—	+20	—	+7	0		+8	+12	+20	−2+Δ	—	−8+Δ	−8
>30~40	+310	+170	+120	—	+80	+50	—	+25	—	+9	0		+10	+14	+24	−2+Δ	—	−9+Δ	−9
>40~50	+320	+180	+130																
>50~65	+340	+190	+140	—	+100	+60	—	+30	—	+10	0		+13	+18	+28	−2+Δ	—	−11+Δ	−11
>65~80	+360	+200	+150																
>80~100	+380	+220	+170	—	+120	+72	—	+36	—	+12	0		+16	+22	+34	−3+Δ	—	−13+Δ	−13
>100~120	+410	+240	+180																
>120~140	+460	+260	+200		+145	+85	—	+43	—	+14	0		+18	+26	+41	−3+Δ	—	−15+Δ	−15
>140~160	+520	+280	+210																
>160~180	+580	+310	+230																
>180~200	+660	+340	+240	—	+170	+100	—	+50	—	+15	0		+22	+30	+47	−4+Δ	—	−17+Δ	−17
>200~225	+740	+380	+260																
>225~250	+820	+420	+280																
>250~280	+920	+480	+300	—	+190	+110	—	+56	—	+17	0		+25	+36	+55	−4+Δ	—	−20+Δ	−20
>280~315	+1050	+540	+330																
>315~355	+1200	+600	+360		+210	+125	—	+62	—	+18	0		+29	+39	+60	−4+Δ	—	−21+Δ	−21
>355~400	+1350	+680	+400																
>400~450	+1500	+760	+440	—	+230	+135	—	+68	—	+20	0		+33	+43	+66	−5+Δ	—	−23+Δ	−23
>450~500	+1650	+840	+480																

注：1. 公称尺寸小于或等于 1mm 时，基本偏差 A 和 B 及大于 IT8 的 N 均不采用。

　　2. 公差带 JS7~JS11，若 IT_n 的数值为奇数，则取偏差 $\pm\dfrac{IT_n-1}{2}$。

　　3. 特殊情况：当公称尺寸大于 250~315mm 时，M6 的 ES 等于 −9（不等于 −11）。

　　4. 对小于或等于 IT8 的 K、M、N 和小于或等于 IT7 的 P~ZC，所需 Δ 值从表内右侧选取。例如大于 6~10mm 的

数值（$D \leqslant 500\text{mm}$）（GB/T 1800.2—2009） （单位：μm）

差 ES			上极限偏差 ES												Δ/μm					
N	P~ZC		P	R	S	T	U	V	X	Y	Z	ZA	ZB	ZC						
≤IT8	>IT8	≤IT7	>7												IT3	IT4	IT5	IT6	IT7	IT8
−4	−4		−6	−10	−14	—	−18	—	−20	—	−26	−32	−40	−60	0					
−8+Δ	0	在大于IT7级的相应数值上增加一个Δ值	−12	−15	−19	—	−23	—	−28	—	−35	−42	−50	−80	1	1.5	1	3	4	6
−10+Δ	0		−15	−19	−23	—	−28	—	−34	—	−42	−52	−67	−97	1	1.5	2	3	6	7
−12+Δ	0		−18	−23	−28	—	−33	—	−40	—	−50	−64	−90	−130	1	2	3	3	7	9
								−39	−45	—	−60	−77	−108	−150						
−15+Δ	0		−22	−28	−35	—	−41	−47	−54	−63	−73	−98	−136	−188	1.5	2	3	4	8	12
						−41	−48	−55	−64	−75	−88	−118	−160	−218						
−17+Δ	0		−26	−34	−43	−48	−60	−68	−80	−94	−112	−148	−200	−274	1.5	3	4	5	9	14
						−54	−70	−81	−97	−114	−136	−180	−242	−325						
−20+Δ	0		−32	−41	−53	−66	−87	−102	−122	−144	−172	−226	−300	−405	2	3	5	6	11	16
				−43	−59	−75	−102	−120	−146	−174	−210	−274	−360	−480						
−23+Δ	0		−37	−51	−71	−91	−124	−146	−178	−214	−258	−335	−445	−585	2	4	5	7	13	19
				−54	−79	−104	−144	−172	−210	−254	−310	−400	−525	−690						
−27+Δ	0		−43	−63	−92	−122	−170	−202	−248	−300	−365	−470	−620	−800	3	4	6	7	15	23
				−65	−100	−134	−190	−228	−280	−340	−415	−535	−700	−900						
				−68	−108	−146	−210	−252	−310	−380	−465	−600	−780	−1000						
−31+Δ	0		−50	−77	−122	−166	−236	−284	−350	−425	−520	−670	−880	−1150	3	4	6	9	17	26
				−80	−130	−180	−258	−310	−385	−470	−575	−740	−960	−1250						
				−84	−140	−196	−284	−340	−425	−520	−640	−820	−1050	−1350						
−34+Δ	0		−56	−94	−158	−218	−315	−385	−475	−580	−710	−920	−1200	−1550	4	4	7	9	20	29
				−98	−170	−240	−350	−425	−525	−650	−790	−1000	−1300	−1700						
−37+Δ	0		−62	−108	−190	−268	−390	−475	−590	−730	−900	−1150	−1500	−1900	4	5	7	11	21	32
				−114	−208	−294	−435	−530	−660	−820	−1000	−1300	−1650	−2100						
−40+Δ	0		−68	−126	−232	−330	−490	−595	−740	−920	−1100	−1450	−1850	−2400	5	5	7	13	23	34
				−132	−252	−360	−540	−660	−820	−1000	−1250	−1600	−2100	−2600						

P6，Δ=3，所以 ES=（−15+3）μm=−12μm。

附表 C-3　轴的基本偏差

公称尺寸/mm	上极限偏差 es												下极				
	a	b	c	cd	d	e	ef	f	fg	g	h	js	j			k	
	所有标准公差等级												IT5 ~ IT6	IT7	IT8	IT4 ~ IT7	≤IT3 >IT7
≤3	−270	−140	−60	−34	−20	−14	−10	−6	−4	−2	0	偏差等于 ±$\frac{IT_n}{2}$ IT$_n$是 IT 值数	−2	−4	−6	0	0
>3 ~6	−270	−140	−70	−46	−30	−20	−14	−10	−6	−4	0		−2	−4	—	+1	0
>6 ~10	−280	−150	80	−56	−40	−25	−18	−13	−8	−5	0		−2	−5	—	+1	0
>10 ~14 >14 ~18	−290	−150	−95	—	−50	−32	—	−16	—	−6	0		−3	−6	—	+1	0
>18 ~24 >24 ~30	−300	−160	−110	—	−65	−40	—	−20	—	−7	0		−4	−8	—	+2	0
>30 ~40 >40 ~50	−310 −320	−170 −180	−120 −130	—	−80	−50	—	−25	—	−9	0		−5	−10	—	+2	0
>50 ~65 >65 ~80	−340 −360	−190 −200	−140 −150	—	−100	−60	—	−30	—	−10	0		−7	−12	—	+2	0
>80 ~100 >100 ~120	−380 −410	−220 −240	−170 −180	—	−120	−72	—	−36	—	−12	0		−9	−15	—	+3	0
>120 ~140 >140 ~160 >160 ~180	−460 −520 −580	−260 −280 −310	−200 −210 −230	—	−145	−85	—	−43	—	−14	0		−11	−18	—	+3	0
>180 ~200 >200 ~225 >225 ~250	−660 −740 −820	−340 −380 −420	−240 −260 −280	—	−170	−100	—	−50	—	−15	0		−13	−21	—	+4	0
>250 ~280 >280 ~315	−920 −1050	−480 −540	−300 −330	—	−190	−110	—	−56	—	−17	0		−16	−26	—	+4	0
>315 ~355 >355 ~400	−1200 −1350	−600 −680	−360 −400	—	−210	−125	—	−62	—	−18	0		−18	−28	—	+4	0
>400 ~450 >450 ~500	−1500 −1650	−760 −840	−440 −480	—	−230	−135	—	−68	—	−20	0		−20	−32	—	+5	0

注:1. 公称尺寸小于或等于 1mm 时,基本偏差 a 和 b 均不采用。

2. 公差带 js7 ~ js11,若 IT$_n$ 的数值为奇数,则取偏差 ±$\frac{IT_n - 1}{2}$。

数值（$d \le 500$mm）（GB/T 1800. 1—2009） （单位：μm）

限偏差 ei

m	n	p	r	s	t	u	v	x	y	z	za	zb	zc
所有标准公差等级														
+2	+4	+6	+10	+14	—	+18	—	+20	—	+26	+32	+40	+60
+4	+8	+12	+15	+19	—	+23	—	+28	—	+35	+42	+50	+80
+6	+10	+15	+19	+23	—	+28	—	+34	—	+42	+52	+67	+97
+7	+12	+18	+23	+28	—	+33	—	+40	—	+50	+64	+90	+130
							+39	+45	—	+60	+77	+108	+150
+8	+15	+22	+28	+35	—	+41	+47	+54	+63	+73	+98	+138	+188
					+41	+48	+55	+64	+75	+88	+118	+160	+218
+9	+17	+26	+34	+43	+48	+60	+68	+80	+94	+112	+148	+200	+274
					+54	+70	+81	+97	+114	+136	+180	+242	+325
+11	+20	+32	+41	+53	+66	+87	+102	+122	+144	+172	+226	+300	+405
			+43	+59	+75	+102	+120	+146	+174	+210	+274	+360	+480
+13	+23	+37	+51	+71	+91	+124	+146	+178	+214	+258	+335	+445	+585
			+54	+79	+104	+144	+172	+210	+256	+310	+400	+525	+690
+15	+27	+43	+63	+92	+122	+170	+202	+248	+300	+365	+470	+620	+800
			+65	+100	+134	+190	+228	+280	+340	+415	+535	+700	+900
			+68	+108	+146	+210	+252	+310	+380	+465	+600	+780	+1000
+17	+31	+50	+77	+122	+166	+236	+284	+350	+425	+520	+670	+880	+1150
			+80	+130	+180	+258	+310	+385	+470	+575	+740	+960	+1250
			+84	+140	+196	+284	+340	+425	+520	+640	+820	+1050	+1350
+20	+34	+56	+94	+158	+218	+315	+385	+475	+580	+710	+920	+1200	+1550
			+98	+170	+240	+350	+425	+525	+650	+790	+1000	+1300	+1700
+21	+37	+62	+108	+190	+268	+390	+475	+590	+730	+900	+1150	+1500	+1900
			+114	+208	+294	+435	+530	+660	+820	+1000	+1300	+1650	+2100
+23	+40	+68	+126	+232	+330	+490	+595	+740	+920	+1100	+1450	+1850	+2400
			+132	+252	+360	+540	+660	+820	+1000	+1250	+1600	+2100	+2600

附录 D 铸件机械加工余量与铸件尺寸公差
（摘自 GB/T 6414—1999）

附表 D-1 大批量生产的毛坯铸件的公差等级

方　　法		公差等级 CT					
		铸件材料					
		钢	灰铸铁	球墨铸铁	可锻铸铁	铜合金	锌合金
砂型铸造 手工造型		11～14	11～14	11～14	11～14	10～13	10～13
砂型铸造 机器造型和壳型		8～12	8～12	8～12	8～12	8～10	8～10
金属型铸造			8～10	8～10	8～10	8～10	7～9
压力铸造						6～8	4～6
熔模铸造	水玻璃	7～9	7～9	7～9		5～8	
	硅溶胶	4～6	4～6	4～6		4～6	

附表 D-2 小批量生产或单件生产的毛坯铸件的公差等级

方法	造型材料	公差等级 CT					
		铸件材料					
		钢	灰铸铁	球墨铸铁	可锻铸铁	铜合金	轻金属合金
砂型铸造 手工造型	黏土砂	13～15	13～15	13～15	13～15	13～15	11～13
	化学黏结 剂砂	12～14	11～13	11～13	11～13	10～12	10～12

附表 D-3 铸件尺寸公差　　　　　　　　　（单位：mm）

毛坯铸件公称尺寸		铸件尺寸公差等级 CT								
大于	至	4	5	6	7	8	9	10	11	12	13
	10	0.26	0.36	0.52	0.74	1	1.5	2	2.8	4.2	
10	16	0.28	0.38	0.54	0.78	1.1	1.6	2.2	3.0	4.4	
16	25	0.30	0.42	0.58	0.82	1.2	1.7	2.4	3.2	4.6	6
25	40	0.32	0.46	0.64	0.9	1.3	1.8	2.6	3.6	5	7
40	63	0.36	0.50	0.70	1	1.4	2	2.8	4	5.6	8
63	100	0.40	0.56	0.78	1.1	1.6	2.2	3.2	4.4	6	9
100	160	0.44	0.62	0.88	1.2	1.8	2.5	3.6	5	7	10
160	250	0.50	0.72	1	1.4	2	2.8	4	5.6	8	11
250	400	0.56	0.78	1.1	1.6	2.2	3.2	4.4	6.2	9	12
400	630	0.64	0.90	1.2	1.8	2.6	3.6	5	7	10	14

附表 D-4　铸件机械加工余量（单边）　　　　　（单位：mm）

最大尺寸		机械加工余量等级							
大于	至	C	D	E	F	G	H	J	K
	40	0.2	0.3	0.4	0.5	0.5	0.7	1	1.4
40	63	0.3	0.3	0.4	0.5	0.7	1	1.4	2
63	100	0.4	0.5	0.7	1	1.4	2	2.8	4
100	160	0.5	0.8	1.1	1.5	2.2	3	4	6
160	250	0.7	1	1.4	2	2.8	4	5.5	8
250	400	0.9	1.3	1.4	2.5	3.5	5	7	10
400	630	1.1	1.5	2.2	3	4	6	9	12

附表 D-5　铸件机械加工余量等级

方　　法	要求的机械加工余量等级					
	铸件材料					
	钢	灰铸铁	球墨铸铁	可锻铸铁	铜合金	锌合金
砂型铸造手工造型	G ~ K	F ~ H	F ~ H	F ~ H	F ~ H	F ~ H
砂型铸造机器造型和壳型	F ~ H	E ~ G	E ~ G	E ~ G	E ~ G	E ~ G
金属型铸造		D ~ F	D ~ F	D ~ F	D ~ F	D ~ F
压力铸造					B ~ D	B ~ D
熔模铸造	E	E	E		E	

附表 D-6　铸件孔的最小尺寸　　　　　（单位：mm）

铸造方法	合金种类	一般最小孔径	特殊最小孔径
砂型及壳型铸造	全部	30	8 ~ 10
金属型铸造	非铁材料	10 ~ 20	5
压力铸造	锌合金	5 ~ 10	1
	铝合金		2.5
	镁合金		2
	铜合金		3
熔模铸造	非铁材料	5 ~ 10	2
	钢铁材料		2.5

附录 E 钢质模锻件尺寸公差、极限偏差及机械加工余量

附表 E-1 钢质模锻件尺寸公差、宽度、高度及错差、残留飞边公差（普通级）（摘自 GB/T 12362—2003）

（单位：mm）

左侧索引栏：

错差公差	残留飞边公差（平直或对称）	残留飞边公差（非对称）	锻件质量/kg 大于	锻件质量/kg 到	锻件材质系数 M_1、M_2	形状复杂系数 S_1、S_2、S_3、S_4	锻件的长度、宽度、高度及错差、残留飞边公差
0.4	0.5		0	0.4			
0.5	0.6		0.4	1.0			
0.6	0.7		1.0	1.8			
0.8	0.8		1.8	3.2			
1.0	1.0		3.2	5.6			
1.2	1.2		5.6	10.0			
1.4	1.4		10.0	20.0			
1.6	1.7		20.0	50.0			
1.8	2.0		50.0	120.0			
2.0	2.4		120.0	250.0			
2.4	2.8						

锻件基本尺寸 公差值及极限偏差：

大于0 到30	大于30 到80	大于80 到120	大于120 到180	大于180 到315	大于315 到500	大于500 到800	大于800 到1250	大于1250 到2500
$1.1^{+0.8}_{-0.3}$	$1.2^{+0.8}_{-0.4}$	$1.4^{+0.9}_{-0.5}$	$1.6^{+1.2}_{-0.6}$	$1.8^{+1.2}_{-0.6}$	—	—	—	—
$1.2^{+0.8}_{-0.4}$	$1.4^{+0.9}_{-0.5}$	$1.6^{+1.1}_{-0.5}$	$1.8^{+1.3}_{-0.7}$	$2.0^{+1.3}_{-0.7}$	$2.2^{+1.5}_{-0.7}$	—	—	—
$1.4^{+0.9}_{-0.5}$	$1.6^{+1.1}_{-0.5}$	$1.8^{+1.2}_{-0.6}$	$2.0^{+1.5}_{-0.7}$	$2.2^{+1.5}_{-0.7}$	$2.5^{+1.7}_{-0.8}$	$2.8^{+1.9}_{-0.9}$	—	—
$1.6^{+1.1}_{-0.5}$	$1.8^{+1.2}_{-0.6}$	$2.0^{+1.3}_{-0.7}$	$2.2^{+1.7}_{-0.8}$	$2.5^{+1.7}_{-0.8}$	$2.8^{+1.9}_{-0.9}$	$3.2^{+2.1}_{-1.1}$	$3.6^{+2.1}_{-1.1}$	—
$1.8^{+1.2}_{-0.6}$	$2.0^{+1.3}_{-0.7}$	$2.2^{+1.5}_{-0.7}$	$2.5^{+1.9}_{-0.9}$	$2.8^{+1.9}_{-0.9}$	$3.2^{+2.1}_{-1.1}$	$3.6^{+2.4}_{-1.2}$	$4.0^{+2.4}_{-1.2}$	$4.5^{+3.0}_{-1.5}$
$2.0^{+1.3}_{-0.7}$	$2.2^{+1.5}_{-0.7}$	$2.5^{+1.7}_{-0.8}$	$2.8^{+2.1}_{-1.1}$	$3.2^{+2.1}_{-1.1}$	$3.6^{+2.4}_{-1.2}$	$4.0^{+2.7}_{-1.3}$	$4.5^{+2.7}_{-1.3}$	$5.0^{+3.3}_{-1.7}$
$2.2^{+1.5}_{-0.7}$	$2.5^{+1.7}_{-0.8}$	$2.8^{+1.9}_{-0.9}$	$3.2^{+2.4}_{-1.2}$	$3.6^{+2.4}_{-1.2}$	$4.0^{+2.7}_{-1.3}$	$4.5^{+3.0}_{-1.5}$	$5.0^{+3.0}_{-1.5}$	$5.6^{+3.7}_{-1.9}$
$2.5^{+1.7}_{-0.8}$	$2.8^{+1.9}_{-0.9}$	$3.2^{+2.1}_{-1.1}$	$3.6^{+2.7}_{-1.3}$	$4.0^{+2.7}_{-1.3}$	$4.5^{+3.0}_{-1.5}$	$5.0^{+3.3}_{-1.7}$	$5.6^{+3.3}_{-1.7}$	$6.3^{+4.2}_{-2.1}$
$2.8^{+1.9}_{-0.9}$	$3.2^{+2.1}_{-1.1}$	$3.6^{+2.4}_{-1.2}$	$4.0^{+3.0}_{-1.5}$	$4.5^{+3.0}_{-1.5}$	$5.0^{+3.3}_{-1.7}$	$5.6^{+3.7}_{-1.9}$	$6.3^{+3.7}_{-1.9}$	$7.0^{+4.7}_{-2.3}$
$3.2^{+2.1}_{-1.1}$	$3.6^{+2.4}_{-1.2}$	$4.0^{+2.7}_{-1.3}$	$4.5^{+3.3}_{-1.7}$	$5.0^{+3.3}_{-1.7}$	$5.6^{+3.7}_{-1.9}$	$6.3^{+4.2}_{-2.1}$	$7.0^{+4.2}_{-2.1}$	$8.0^{+5.3}_{-2.7}$
$3.6^{+2.4}_{-1.2}$	$4.0^{+2.7}_{-1.3}$	$4.5^{+3.0}_{-1.5}$	$5.0^{+3.7}_{-1.9}$	$5.6^{+3.7}_{-1.9}$	$6.3^{+4.2}_{-2.1}$	$7.0^{+4.7}_{-2.3}$	$8.0^{+4.7}_{-2.3}$	$9.0^{+6.0}_{-3.0}$
$4.0^{+2.7}_{-1.3}$	$4.5^{+3.0}_{-1.5}$	$5.0^{+3.3}_{-1.7}$	$5.6^{+4.2}_{-2.1}$	$6.3^{+4.2}_{-2.1}$	$7.0^{+4.7}_{-2.3}$	$8.0^{+5.3}_{-2.7}$	$9.0^{+5.3}_{-2.7}$	$10.0^{+6.7}_{-3.3}$
	$5.0^{+3.3}_{-1.7}$	$5.6^{+3.7}_{-1.9}$	$6.3^{+4.7}_{-2.3}$	$7.0^{+4.7}_{-2.3}$	$8.0^{+5.3}_{-2.7}$	$9.0^{+6.0}_{-3.0}$	$10.0^{+6.0}_{-3.0}$	$11.0^{+7.3}_{-3.7}$
		$6.3^{+4.2}_{-2.1}$	$7.0^{+5.3}_{-2.7}$	$8.0^{+5.3}_{-2.7}$	$9.0^{+6.0}_{-3.0}$	$10.0^{+6.7}_{-3.3}$	$11.0^{+6.7}_{-3.3}$	$12.0^{+8.0}_{-4.0}$
		$7.0^{+4.7}_{-2.3}$		$9.0^{+6.0}_{-3.0}$	$10.0^{+6.7}_{-3.3}$	$11.0^{+7.3}_{-3.7}$	$12.0^{+7.3}_{-3.7}$	$13.0^{+8.7}_{-4.3}$

例：锻件质量6kg，材质系数为M_1，形状复杂系数为S_2，最大厚度尺寸为160mm，平直分模线时各类公差查法。

注：锻件的高度或台阶高度及边缘尺寸及边缘尺寸的允许偏差，其正负符号与表中相反。长度、宽度尺寸的上、下偏差按2/3、±1/3的比例分配。内表面尺寸公差，按±1/2的比例分配。

附表 E-2　锻件内外表面加工余量　　　　　　　　（单位：mm）

锻件质量/kg		零件表面粗糙度 Ra/μm		形状复杂系数 S₁ S₂ S₃ S₄	单边余量/mm							
					厚度方向	水平方向						
大于	至	≥1.6	<1.6			0	315	400	630	800	1250	1600
						315	400	630	800	1250	1600	2500
0	0.4				1.0~1.5	1.0~1.5	1.5~2.0	2.0~2.5	—	—	—	—
0.4	1.0				1.5~2.0	1.5~2.0	1.5~2.0	2.0~2.5	2.0~3.0	—	—	—
1.0	1.8				1.5~2.0	1.5~2.0	1.5~2.0	2.0~2.7	2.0~3.0	—	—	—
1.8	3.2				1.7~2.2	1.7~2.2	2.0~2.5	2.0~2.7	2.0~3.0	2.5~3.5	—	—
3.2	5.6				1.7~2.2	1.7~2.2	2.0~2.5	2.0~2.7	2.5~3.5	2.5~4.0	—	—
5.6	10				2.0~2.5	2.0~2.5	2.0~2.5	2.3~3.0	2.5~3.5	2.7~4.0	3.0~4.5	—
10	20				2.0~2.5	2.0~2.5	2.0~2.7	2.3~3.0	2.5~3.5	2.7~4.0	3.0~4.5	—
20	50				2.3~3.0	2.3~3.0	2.5~3.0	2.5~3.5	2.7~4.0	3.0~4.5	3.0~4.5	—
50	120				2.5~3.2	2.5~3.2	2.5~3.5	2.7~3.5	2.7~4.0	3.0~4.5	3.5~4.5	4.0~5.5
120	250				3.0~4.0	2.5~3.5	2.5~3.5	2.7~4.0	3.0~4.5	3.0~4.5	3.0~4.5	4.0~5.5
					3.5~4.5	2.7~3.5	2.7~3.5	3.0~4.0	3.0~4.5	3.0~5.0	4.0~5.0	4.5~6.0
					4.0~5.5	2.7~4.0	3.0~4.0	3.0~4.5	3.5~4.5	3.5~5.0	3.0~5.5	4.5~6.0

例：当锻件质量为 3kg，零件表面粗糙度参数 $Ra = 3.2\mu m$，形状复杂系数为 S_3，长度为 480mm 时查出该锻件余量是：厚度方向为 1.7~2.2mm，水平方向为 2.0~2.7mm。

附表 E-3　锻件形状复杂系数

级　别	S 数值范围	级　别	S 数值范围
S_1 简单	>0.63~1	S_3 较复杂	>0.16~0.32
S_2 一级	>0.32~0.63	S_4 复杂	≤0.16

注：$S =$ 锻件重量 m_t/锻件外廓包容体重量 m_n。

附表 E-4　锻件材质系数

级　别	钢中碳的质量分数	合金钢中合金元素最高质量分数
M_1	<0.65%	<3%
M_2	≥0.65%	≥3%

附录 F　轴类零件采用热精轧圆棒料时的毛坯直径

零件公称尺寸/mm	零件长度与公称尺寸之比				零件公称尺寸/mm	零件长度与公称尺寸之比			
	≤4	>4~8	>8~12	>12~20		≤4	>4~8	>8~12	>12~20
	毛坯直径/mm					毛坯直径/mm			
5	7	7	8	8	11	14	14	14	14
6	8	8	8	8	12	14	14	15	15
8	10	10	10	11	14	16	16	17	18
10	12	12	13	13	16	18	18	18	19

（续）

零件公称尺寸/mm	零件长度与公称尺寸之比				零件公称尺寸/mm	零件长度与公称尺寸之比			
	≤4	>4~8	>8~12	>12~20		≤4	>4~8	>8~12	>12~20
	毛坯直径/mm					毛坯直径/mm			
17	19	19	20	21	44	48	48	50	50
18	20	20	21	22	45	48	48	50	50
19	21	21	22	23	46	50	52	52	52
20	22	22	23	24	50	54	54	55	55
21	24	24	24	25	55	58	60	60	60
22	25	25	26	26	60	65	65	65	70
25	28	28	28	30	65	70	70	70	75
27	30	30	32	32	70	75	75	75	80
28	32	32	32	32	75	80	80	85	85
30	33	33	34	34	80	85	85	90	90
32	35	35	36	36	85	90	90	95	95
33	36	38	38	38	90	95	95	100	100
35	38	38	39	39	95	100	105	105	105
36	39	40	40	40	100	105	110	110	110
37	40	42	42	42	110	115	120	120	120
38	42	42	42	43	120	125	125	130	130
40	43	45	45	45	130	140	140	140	140
42	45	48	48	48	140	150	150	150	150

附录 G　常用加工方法的余量及公差

附表 G-1　粗车及半精车外圆加工余量及公差

零件公称尺寸/mm	直径余量/mm				直径公差等级	
	粗车		半精车			
	长度				粗车前	半精车前
	≤200	>200~400	≤200	>200~400		
≤10	1.5	1.7	0.8	1.0		
>10~18	1.5	1.7	1.0	1.3		
>18~30	2.0	2.2	1.3	1.3		
>30~50	2.0	2.2	1.4	1.5		
>50~80	2.3	2.5	1.5	1.8	IT14	IT12~13
>80~120	2.5	2.8	1.5	1.8		
>120~180	2.5	2.8	1.8	2.0		
>180~250	2.8	3.0	2.0	2.3		
>250~315	3.0	3.3	2.0	2.3		

附表 G-2　半精车后磨外圆加工余量及公差

零件公称尺寸/mm	直径余量/mm		直径公差等级	
	粗磨	半精磨	半精车	粗磨
≤10	0.2	0.1	IT11	IT9
>10 ~ 18	0.2	0.1		
>18 ~ 30	0.2	0.1		
>30 ~ 50	0.25	0.15		
>50 ~ 80	0.3	0.2		
>80 ~ 120	0.3	0.2		
>120 ~ 180	0.5	0.3		
>180 ~ 250	0.5	0.3		
>250 ~ 315	0.5	0.3		

附表 G-3　镗削内孔的加工余量及公差

零件公称尺寸/mm	直径余量/mm		直径公差等级	
	粗镗	半精镗	钻孔	粗镗
≤18	0.8	0.5	IT12 ~ 13	IT11 ~ 12
>18 ~ 30	1.2	0.8		
>30 ~ 50	1.5	1.0		
>50 ~ 80	2.0	1.0		
>80 ~ 120	2.0	1.3		
>120 ~ 180	2.0	1.5		

附表 G-4　拉削内孔的加工余量及公差

零件公称尺寸/mm	直径余量/mm			前工序公差等级
	拉孔长度/mm			
	≤25	>25 ~ 45	>45 ~ 120	
≤18	0.5	0.5	0.5	IT11
>18 ~ 30	0.5	0.5	0.7	
>30 ~ 50	0.5	0.7	0.7	
>50 ~ 80	0.7	0.7	1.0	
>120 ~ 180	0.7	1.0	1.0	

附表 G-5　磨削内孔的加工余量及公差

零件公称尺寸/mm	直径余量/mm		直径公差等级	
	粗磨	半精磨	半精镗	粗磨
>10 ~ 18	0.2	0.1	IT10	IT8
>18 ~ 30	0.2	0.1		
>30 ~ 50	0.2	0.1		
>50 ~ 80	0.3	0.1		
>80 ~ 120	0.3	0.2		
>120 ~ 180	0.3	0.2		

附表 G-6 基孔制 H7、H8、H9 孔的加工余量

加工孔的直径/mm	直径/mm						加工孔的直径/mm	直径/mm					
	钻		用车刀镗以后	扩孔	粗铰	精铰		钻		用车刀镗以后	扩孔	粗铰	精铰
	第一次	第二次						第一次	第二次				
3	2.9	—	—	—	—	3	24	22.0	—	23.8	23.8	23.94	24
4	3.9	—	—	—	—	4	25	23.0	—	24.8	24.8	24.94	25
5	4.8	—	—	—	—	5	26	24.0	—	25.8	25.8	25.94	26
6	5.8	—	—	—	—	6	28	26.0	—	27.8	27.8	27.94	28
8	7.8	—	—	—	7.96	8	30	15.0	28.0	29.8	29.8	29.93	30
10	9.8	—	—	—	9.96	10	32	15.0	30.0	31.7	31.75	31.93	32
12	11.0	—	—	11.85	11.95	12	35	20.0	33.0	34.7	34.75	34.93	35
13	12.0	—	—	12.85	12.95	13	38	20.0	36.0	37.7	37.75	37.93	38
14	13.0	—	—	13.85	13.95	14	40	25.0	38.0	39.7	39.75	39.93	40
15	14.0	—	—	14.85	14.95	15	42	25.0	40.0	41.7	41.75	41.93	42
16	15.0	—	—	15.85	15.95	16	45	25.0	43.0	44.7	44.75	44.93	45
18	17.0	—	—	17.85	17.94	18	48	25.0	46.0	47.7	47.75	47.93	48
20	18.0	—	19.8	19.8	19.94	20	50	25.0	48.0	49.7	49.75	49.93	50
22	20.0	—	21.8	21.8	21.94	22	60	30.0	55.0	59.5	—	59.9	60

附表 G-7 按照 H7、H8、H9 加工预铸孔的加工余量

加工孔的直径/mm	直径/mm				粗铰	精铰
	粗镗		精镗			
	第一次	第二次	镗以后的直径	按照 H11 的公差		
30	—	28.0	29.8	+0.13	29.93	30
35	—	33.0	34.7	+0.16	34.93	35
40	—	38.0	39.7	+0.16	39.93	40
45	—	43.0	44.7	+0.16	44.93	45
50	45	48.0	49.7	+0.16	49.93	50
55	51	53.0	54.5	+0.19	54.92	55
60	56	58.0	59.5	+0.19	59.92	60
65	61	63.0	64.5	+0.19	64.92	65
70	66	68.0	69.5	+0.19	69.90	70
75	71	73.0	74.5	+0.19	74.90	75
80	75	78.0	79.5	+0.19	79.9	80
85	80	83.0	84.3	+0.22	84.85	85
90	85	88.0	89.3	+0.22	89.75	90
95	90	93.0	94.3	+0.22	94.85	95
100	95	98.0	99.3	+0.22	99.85	100

附表 G-8　半精车轴端面的加工余量及公差

工件长度/mm	端面半精车余量/mm				粗车端面后的尺寸公差等级
	端面最大直径/mm				
	≤30	>30~120	>120~260	>260~500	
≤10	0.5	0.6	1.0	1.2	IT12~IT13
>10~18	0.5	0.7	1.0	1.2	
>18~30	0.6	1.0	1.2	1.3	
>30~50	0.6	1.0	1.2	1.3	
>50~80	0.7	1.0	1.3	1.5	
>80~120	1.0	1.0	1.3	1.5	
>120~180	1.0	1.3	1.5	1.7	
>180~250	1.0	1.3	1.5	1.7	

附表 G-9　磨削轴端面的加工余量及公差

工件长度/mm	端面半精车余量/mm				半精车端面后的尺寸公差等级
	端面最大直径/mm				
	≤30	>30~120	>120~260	>260~500	
≤10	0.2	0.2	0.3	0.4	IT11
>10~18	0.2	0.3	0.3	0.4	
>18~30	0.2	0.3	0.3	0.4	
>30~50	0.2	0.3	0.3	0.4	
>50~80	0.3	0.3	0.4	0.5	
>80~120	0.3	0.3	0.5	0.5	
>120~180	0.3	0.4	0.5	0.6	
>180~250	0.3	0.4	0.5	0.6	

附表 G-10　铣平面加工余量及公差

工件厚度/mm	荒铣后粗铣/mm						粗铣后半精铣/mm						厚度公差等级	
	宽度≤200			宽度>200~400			宽度≤200			宽度>200~400				
	平面长度												荒铣	粗铣
	≤100	>200~250	>250~400	≤100	>200~250	>250~400	≤100	>200~250	>250~400	≤100	>200~250	>250~400		
>6~30	1.0	1.2	1.5	1.2	1.5	1.7	0.7	1.0	1.0	1.0	1.0	1.0	IT14	IT12~13
>30~50	1.0	1.5	1.7	1.5	1.7	2.0	1.0	1.0	1.2	1.0	1.2	1.2		
>50	1.5	1.7	2.0	1.7	2.0	2.5	1.0	1.3	1.5	1.3	1.5	1.5		

附表 G-11　磨平面加工余量及公差

工件厚度/mm	荒铣后粗铣/mm						粗铣后半精铣/mm						厚度公差等级	
	宽度≤200			宽度>200~400			宽度≤200			宽度>200~400				
	平面长度												荒铣	粗铣
	≤100	>200~250	>250~400	≤100	>200~250	>250~400	≤100	>200~250	>250~400	≤100	>200~250	>250~400		
>6~30	0.2	0.2	0.3	0.2	0.3	0.3	0.1	0.1	0.2	0.1	0.2	0.2	IT14	IT12~13
>30~50	0.3	0.3	0.3	0.3	0.3	0.3	0.2	0.2	0.2	0.2	0.2	0.2		
>50	0.3	0.3	0.3	0.3	0.3	0.3	0.2	0.2	0.2	0.2	0.2	0.2		

附表 G-12　普通螺纹攻螺纹前钻孔用麻花钻直径

螺纹公称直径/mm	细牙螺纹/mm		粗牙螺纹/mm		螺纹公称直径/mm	细牙螺纹/mm		粗牙螺纹/mm	
	螺距	钻头直径	螺距	钻头直径		螺距	钻头直径	螺距	钻头直径
1	0.2	0.8	0.25	0.75	8	0.75,1	7.2,7	1.25	6.8
1.1		0.9		0.85	9		8.2,8		7.8
1.2		1	0.3	0.95	10	0.75,1,1.25	9.2,9,8.8	1.5	8.5
1.4		1.2		1.1	11	0.75,1	10.2,10		9.5
1.6		1.4	0.35	1.25	12	1,1.25,1.5	11,10.8,10.5	1.75	10.2
1.8		1.6		1.45	14		13,12.8,12.5	2	12
2	0.25	1.75	0.4	1.6	16	1,1.5	15,14.5		14
2.2		1.95	0.45	1.75	18		17,16.5,16	2.5	15.5
2.5	0.35	2.15		2.05	20		19,18.5,18		17.5
3		2.65	0.5	2.5	22	1,1.5,2	21,20.5,20		19.5
3.5		3.1	0.6	2.9	24		23,22.5,25	3	21
4	0.5	3.5	0.7	3.3	27		26,25.5,25		24
4.5		4	0.75	3.7	30		29,28.5,28	3.5	26.5
5		4.5	0.8	4.2	33		31.5,31,30		29.5
6	0.75	5.2	1	5	36	1.5,2,3	34.5,34,33	4	32
7		6.2		6	39		37.5,37,36		35

参 考 文 献

[1] 贾文. 零件加工工艺与工装设计 [M]. 北京：北京理工大学出版社，2010.

[2] 林若森，贾文. 机械制造技术基础 [M]. 北京：电子工业出版社，2006.

[3] 陈家芳. 实用金属切削加工工艺手册 [M]. 上海：上海科学技术出版社，2005.

[4] 崇凯. 机械制造技术基础课程设计指南 [M]. 北京：化学工业出版社，2007.

[5] 陈海魁. 机械制造工艺基础 [M]. 北京：中国劳动社会保障出版社，2005.

[6] 卢秉恒. 机械制造技术基础 [M]. 北京：机械工业出版社，2005.

[7] 陆剑中，孙家宁. 金属切削原理与刀具 [M]. 北京：机械工业出版社，2005.

[8] 兰建设，曹龙斌. 机械制造应用技术 [M]. 北京：机械工业出版社，2006.

[9] 宁传华. 机械制造技术课程设计指导 [M]. 北京：北京理工大学出版社，2009.

[10] 邹青. 机械制造技术基础课程设计指南 [M]. 北京：机械工业出版社，2004.

[11] 吴慧媛，韩邦华. 零件制造工艺与装备 [M]. 北京：电子工业出版社，2010.

[12] 马振福. 机械制造技术 [M]. 北京：机械工业出版社，2005.

[13] 李凯岭，宋强. 机械制造技术基础 [M]. 济南：山东科学技术出版社，2005.

[14] 吴拓. 机械制造工程 [M]. 北京：机械工业出版社，2005.

[15] 钱同一. 机械制造工艺基础 [M]. 北京：冶金工业出版社，2004.

[16] 张普礼. 机械加工设备 [M]. 北京：机械工业出版社，2005.

[17] 杜可可. 机械制造技术基础 [M]. 北京：人民邮电出版社，2007.

[18] 倪森寿. 机械制造工艺与装备 [M]. 北京：化学工业出版社，2004.

[19] 刘越. 机械制造技术 [M]. 北京：化学工业出版社，2003.

[20] 苏建修. 机械制造技术基础课程设计指导教程 [M]. 北京：机械工业出版社，2009.

[21] 王丹. 机械加工夹具及选用 [M]. 北京：化学工业出版社，2009.

[22] 薛源顺. 机床夹具设计 [M]. 北京：机械工业出版社，2000.